国家科学技术学术著作出版基金资助出版

过鱼设施关键技术与实践

石小涛 著

科 学 出 版 社

北 京

内 容 简 介

  本书对过鱼设施修建的关键技术和部分案例进行解析，总结出有效的过鱼设施需要注意的几个关键技术，内容包括过鱼对象分析、水力学参数确定、辅助诱驱鱼技术方案设计，以及过鱼效果监测与评价和运行管理等。本书通过对关键技术的解析和相关案例分析，对过鱼设施的设计和运行提供一定的参考依据。

  本书内容适合生态水工学领域及相关领域的研究人员阅读和参考。

图书在版编目（CIP）数据

过鱼设施关键技术与实践/石小涛著. —北京：科学出版社，2024.6
ISBN 978-7-03-076936-7

Ⅰ.① 过… Ⅱ.① 石… Ⅲ.① 过鱼设施 Ⅳ.① S956

中国国家版本馆 CIP 数据核字（2023）第 217256 号

责任编辑：闫　陶/责任校对：张小霞
责任印制：彭　超/封面设计：无极书装

科学出版社 出版
北京东黄城根北街 16 号
邮政编码：100717
http://www.sciencep.com

武汉中科兴业印务有限公司印刷
科学出版社发行　各地新华书店经销
*

开本：787×1092　1/16
2024 年 6 月第 一 版　印张：12 3/4
2024 年 6 月第一次印刷　字数：299 000
定价：98.00 元
（如有印装质量问题，我社负责调换）

序

随着长江大保护的提出，国家把修复长江生态环境摆在重要位置。在过去数十年，我国建设的大小水利水电工程数万座。这些水利水电工程在为我国现代化建设提供防洪、航运、发电等效益的同时，也给生态环境，尤其是水生态环境、水生生物多样性等造成一定影响。那么，协助鱼类过坝是水利水电行业实现可持续发展、维护淡水生态系统平衡、践行世界生物多样性公约的时代刚需。过鱼设施作为缓解这一矛盾的重要手段，可在一定程度上修复鱼类洄游通道，进而实现保护鱼类资源、恢复和维持河流生物多样性的目的。同时，过鱼设施不仅可提供鱼类洄游通道，也可成为实现上下游物质、能量与鱼类基因交流的重要通道，能够发挥河流生态廊道的功能，有助于解决大坝修建带来的生境破碎问题。基于这一现实需求，撰写一部兼顾工程学和鱼类学交叉、理论和应用案例并举、体现最新科技前沿的参考书，尤为重要。

《过鱼设施关键技术与实践》以过鱼设施为主线，通过梳理国内外的重要文献成果，介绍各类过鱼设施的结构、功能、应用现状；总结我国过鱼设施在设计和实施过程中需要注意的关键因素；通过解读国内外过鱼设施设计标准，对比提炼过鱼设施设计与运行管理的要点；通过总结作者及团队在过鱼设施水力学、鱼类行为学等方面的研究成果，提出提升过鱼设施效率的关键技术，并通过案例来进行分析和讲解。全书聚焦过鱼设施，集成作者成果和国内外最新科研进展，梳理工程学和鱼类学知识点，参考国内外设计标准，提炼过鱼设施研究和设计关键因素，结合典型案例，构建"基础研究-参数设计-运行管理-效果监测"的知识体系，兼具学术性和应用性。因此该专著的出版能够有力促进国内过鱼设施设计和应用领域学术研究和成果交流，对当前国内过鱼设施设计和应用有现实指导意义。

2023 年 10 月

前　　言

　　水电开发利用在我国现代化建设中发挥着巨大作用，它在缓解我国电力需求和电力供应不足矛盾的同时，也给生态环境，尤其是水生态环境造成了不同程度的影响。鱼类作为水生态系统中的重要组成部分，其资源量受到水利水电工程的影响。水利水电工程对鱼类影响的突出表现之一是阻断了洄游性鱼类的洄游通道，导致洄游性鱼类无法顺利地完成生活史。如何协助鱼类过坝实现洄游是水电行业实现绿色发展必须解决的问题。加强水利水电工程过鱼技术研究是修复鱼类洄游通道，进而保护鱼类资源、恢复和维持河流生物多样性的重要途径之一。

　　过鱼设施是帮助鱼类通过障碍物的人工通道和设施。过鱼设施在美国、加拿大、日本、澳大利亚和欧洲等发达国家和地区得到了长足发展。当前，国内外对如何帮助鱼类安全过坝十分重视，欧美多关注过鱼设施的过鱼效果，同时强调过鱼设施运行管理、景观休闲与大众教育的综合价值。

　　国内有关过鱼设施的研究，起步较晚。近年来，鉴于《中华人民共和国水法》等法律法规对过鱼设施的要求和社会各界人士对生态文明建设认识程度的提高，我国的过鱼设施建设热潮再次兴起，并且在高坝过鱼设施的研究方面取得了进展。如鱼闸、升鱼机和集运鱼系统等方面获得了一批专利，研制出浮筒式升鱼机和平衡重式升鱼机等新型升鱼机形式，在应用方面有水利部中国科学院水工程生态研究所在乌江彭水水电站建设并正在试运行的集运鱼平台，三峡大学则尝试在贵州北盘江马马崖一级水电站使用集运鱼系统过鱼，中国电建集团昆明勘测设计研究院有限公司在黄登水电站拟采用升鱼机进行过鱼，中国电建集团成都勘测设计院有限公司拟采用升鱼机实现两河口水电站过鱼，藏木水电站则开拓性地实现了全球最高水头过鱼的鱼道设计和建设。各种过鱼方式各有侧重，形成了我国过鱼设施的蓬勃发展局面。尽管我国已经具备了一定的过鱼设施建设基础，相比于国外过鱼设施形式多样和在部分物种的保护中已经发挥重要作用的现状，我国过鱼设施研究仍处于过鱼设施建设的初期，有必要加强对国外技术的学习。

　　针对生态保护方面的不足，2011年中华人民共和国环境保护部提出以下发展要求：要加强流域生态保护基础调查与研究工作。基于水利水电工程对鱼类洄游通道的阻隔效应，结合生态安全和绿色水电的国家需求，有必要进行流域河流生态系统功能及关键种的生物学背景调查，并系统开展过鱼设施如鱼道、升鱼机和集运鱼系统等鱼类洄游通道修复技术的研究。

　　近年来，我国学者对大型工程的生态环境影响逐渐重视，围绕三峡工程、南水北调工程等大型水利工程在内的水资源开发与利用，在鱼类生态保护、生态调度和生态需水量等方面的研究工作取得了突破。但是与国外长时间的技术积累相比，我国的鱼类保护研究仍然相对落后，存在诸多的科学问题和实践困难，如鱼类分布对环境改变的适应策略、鱼类行为对水力特征的响应关系和辅助鱼类通过闸坝的救鱼技术等，这些问题的解决都需要鱼类行为学与生态水工学方面的专业知识，同时需要在过鱼设施的设计方面进行工程实践。

作　者

2023 年 6 月

目　　录

第1章 绪 论

1.1 过鱼设施发展概要

1.1.1 过鱼设施的发展背景与现实需求

1. 发展背景

据史料记载，我国于公元前 600 年建成第一座水利工程芍陂，并在其后相继成功修建了诸多水利设施。其中，位于四川的都江堰（建于公元前 250 年）和位于广西的灵渠（建于公元前 214 年）历经 2200 多年仍可正常运作并造福当地百姓。随着我国现代化进程的不断推进，特别是全面建成小康社会这一历史壮举的实现，人民对可靠能源和清洁环境的需求也日益提高。在此背景下，我国水电事业蓬勃发展，全国主要流域的水电潜能已被开发或正处于开发之中。当前，梯级水电站已成体系，如何实现水电工程与生态保护的协调发展成为新的课题。根据国家新的发展要求，我国针对水电开发与环境保护形成了"生态优先、统筹考虑、适度开发、确保底线"的原则与共识。过鱼设施作为沟通闸、坝或天然障碍，促进鱼类洄游而设置的一种工程手段应运而生。

2. 现实需求

水电工程的建设不可避免地将原本通畅的河流分割成为不同片段，阻断了洄游性鱼类的迁徙通道，阻隔了当地鱼类种群的基因交流。同时，河流连通性的降低也阻滞了上下游各生物与非生物要素的交换，削弱了河流系统的完整性，导致其在能量流动、物质循环及信息传递等方面发生功能性退化。拦河筑坝改变了河道内原有的水文情势，破坏了鱼类生存所需的生境条件，从而降低了各鱼种的丰度和遗传多样性，最终对种群的繁衍和鱼类资源的可持续发展产生不利影响。综上所述，为保护鱼类，恢复河流生态多样性，修建过鱼设施势在必行。

1.1.2 过鱼设施的发展历程

1. 过鱼设施的起步、停滞与重启

与西方发达国家相比，我国过鱼设施的建设与研究起步较晚。据统计我国从 1958 年至 2017 年水利水电项目中已建和在建的过鱼设施共 150 座[1]。

我国于 1958 年修建富春江七里垄水电站时首次提出过鱼设施的概念。工程进行了原

位生态环境调查和水工模型试验，为鱼道修建奠定了基础。而在之后的 20 世纪 60 年代至 70 年代，我国共修造了 10 多条鱼道，主要分布在江苏、浙江、上海、安徽、广东、湖南。这些鱼道大多直接参照西方的技术与经验，缺乏鱼道所在地基础渔业资料的支撑，因而未能充分发挥过鱼功能。

考虑到过鱼设施较高的建设成本及不尽如人意的过鱼效果，国内学者和工程人员开始转而寻求包括增殖放流在内的其他方式作为过鱼设施的替代方案。这些措施在葛洲坝工程建设初期引发了广泛讨论，并被最终确定为后续水电工程鱼类资源补偿的主要方法。受此影响，从 1980 年至 2000 年，我国过鱼设施建造减缓。增殖放流在保护和维系水产资源的实践初期效果良好，但随即也暴露出诸多弊端，如保护对象种质退化、养殖个体野外存活率低及河流生态环境持续恶化等问题。此外，因过鱼设施工程需求的下降，相应的科研与技术研究工作鲜有开展，这直接导致我国过鱼设施建设在这 20 年间几乎停滞。

21 世纪初，我国水电开发飞速发展，珍稀特有鱼类的保护变得更加棘手。鱼类资源所面临的严重危机使过鱼设施的研究和建设重新获得关注，国家更在法律层面为过鱼设施的回归奠定基础。其中，2002 年颁布的《中华人民共和国水法》第二十七条明确要求：国家鼓励开发、利用水运资源。在水生生物洄游通道、通航或者竹木流放的河流上修建永久性拦河闸坝，建设单位应当同时修建过鱼、过船、过木设施，或者经国务院授权的部门批准采取其他补救措施，并妥善安排施工和蓄水期间的水生生物保护、航运和竹木流放，所需费用由建设单位承担。在不通航的河流或者人工水道上修建闸坝后可以通航的，闸坝建设单位应当同时修建过船设施或者预留过船设施位置。而其他一些法规也规定，在鱼、虾、蟹洄游通道建闸、筑坝，对渔业资源有严重影响的，建设单位应当建造过鱼设施或者采取其他补救措施。在法律出台的同时，中国渔业管理人员和科研人员也开始从多种渠道了解西方的鱼类通道和鱼类保护方法。

2. 过鱼形式的多样化

过鱼设施包含所有能够让鱼类通过障碍物的一切人工通道和设施。早期的过鱼设施通过开凿河道中的礁石和疏浚急滩等天然障碍以疏通鱼类的洄游路线。伴随着社会和科学的发展，过鱼设施的种类更为多样，主要包含上行过鱼设施和下行过鱼设施两大类。上行过鱼设施包括鱼道、鱼闸、升鱼机、集运鱼系统及其他诱鱼导流附属设施。鱼道适用于低水头水利枢纽，鱼闸和升鱼机适用于高水头水利枢纽，而集运鱼船则可以跨越梯级电站河段。相对于上行过鱼设施，我国在下行过鱼设施方面研究和实践尚不深入。根据国外发展经验，下行过鱼设施既可以通过设置物理栏栅或行为屏障（如电栅、声驱鱼阵列等）来防止下行鱼类进入危险通道（如传统水轮机室），也可以对原有下行通道进行优化，使其生态友好化。下行过鱼设施通常包括过鱼旁路、生态友好型溢流堰、生态友好型水轮机及其他附属物理屏障。

3. 高坝过鱼带来的挑战

经过数十年发展，我国建设的水利枢纽有数万座。截至 2017 年，建设坝高在 100 m

以上的水利枢纽共计 191 座,其中已建水利枢纽 172 座,在建水利枢纽 19 座(图 1-1);建设库容 10 亿 m³ 以上水利枢纽 137 座,其中已建 126 座,在建 11 座。从时间上看,20 世纪 90 年代后期至 21 世纪是我国高坝建设的高峰,尤其是坝高 200 m 以上的水利枢纽基本兴建于 21 世纪[2]。

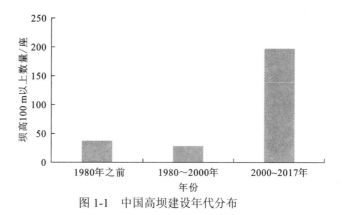

图 1-1　中国高坝建设年代分布

随着我国高水头大坝数量的增加,高坝过鱼问题日益突出。针对高坝过鱼,过鱼设施工程可考虑选择集运鱼系统、升鱼机或鱼闸,并根据当地条件,比较各设施类型的优缺点进行合理设计。同时,还需对各类型设施在国内应用的可行性做进一步探讨,选择有代表性的流域和地区开展前期试点研究。我国的第一座集运鱼系统位于乌江水电基地 12 级开发中的第 10 级彭水水电站。此后,更多的集运鱼系统在不同流域相继建成,为我国高坝过鱼实践积累了宝贵经验。

当前,过鱼设施在我国发展势头迅猛,全国对生态环境保护的认知及重视程度不断提高。过鱼设施不仅是鱼类洄游通道,也已成为实现上下游物质、能量与水生生物基因交流的重要通道,充分发挥了河流生态廊道的功能,最大限度地解决大坝修建带来的生境破碎化等问题。

1.1.3　过鱼设施的改进与完善

过鱼设施优化与众多工程技术手段密切相关,而生物种类、水力条件、地形工况等诸多因素都制约着过鱼设施的设计。不同鱼类的游泳能力将直接影响过鱼设施特征流速的取值,是过鱼设施设计必须考虑的因素。纵观国内外过鱼设施建设的经验,任何成功的过鱼项目都必须在工程设计上充分考虑鱼类的生态习性和当地的生态环境特征。

具体而言,合理高效的过鱼设施必须从以下几个方面进行考虑:一方面,要充分解析过鱼设施周围资源环境参数水平;另一方面,要分析鱼类对环境因子的行为响应。以鱼道为例,作为鱼道设计的关键参数,鱼类游泳能力对指导优化鱼道设计至关重要,鱼道流速应与过鱼对象的游泳能力相适应,从而保证鱼类能够成功克服水流完成上溯洄游。

基于此，工程人员通常需要以主要过鱼对象的游泳能力、游泳行为等特性为依据来确定鱼道类型、鱼道设计流速及鱼道池室参数。主要过鱼对象持续游泳速度的快慢直接决定着鱼道内的设计流速大小，而鱼道休息池的距离主要通过主要过鱼对象持续游泳速度及游泳恢复能力等相关信息进行确定。此外，鱼道有效性还与通道内水深、紊动能、紊动耗散等参数有关，通常而言，竖缝式鱼道池室竖缝宽度与池宽比为 0.1～0.2 时较为合理。综上，选择合理鱼道设计流速对鱼类迅速高效地通过过鱼设施，提高过鱼通过率，以达到较好过鱼效果具有重大的意义。

1.2 我国过鱼设施主要特征

过鱼设施作为缓解筑坝工程对鱼类洄游通道和河流连通性影响的常用措施，对促进坝址上下游鱼类遗传信息交流，维护自然鱼类基因库、保证鱼类种质资源、维护鱼类种群结构等有着重要作用。当前，过鱼设施的研究、设计和建设正处于高潮，各大流域凡筑坝修堤阻断河流连通性且有鱼类保护要求的工程，都在积极论证、研究合理的过鱼和鱼类保护措施。

中国境内"七大水系"均为河流构成，为"江河水系"，均属太平洋水系，包括：珠江水系、长江水系、黄河水系、淮河水系、辽河水系、海河水系和松花江水系。各大水系因地理位置不同，水电资源特色各不相同，相应的水电站建设也形式各异，过鱼和鱼类保护措施类型也有所不同。例如：在东部沿海、长江下游沿江平原地区的低水头闸坝建有湖南洋塘鱼道、安徽裕溪闸鱼道和江苏浏河鱼道等 40 座以上的过鱼设施，形式主要为结构型鱼道；葛洲坝由于过鱼对象中华鲟的特殊性，故采用增殖放流取代过鱼设施。水头较低或水头中等的水电建设项目，设计阶段可采用鱼道或仿自然通道措施，而对水头较高的水电建设项目，可采取鱼道、升鱼机、集运鱼系统或不同组合方式的过鱼措施。

基于以上分析，本节梳理了国内各大水系水利水电工程过鱼设施的建设情况。相比于数量众多的水电站，过鱼设施数量明显不足。表 1-1 列举出截至 2003 年七大水系上建有过鱼设施的水电站，以及该水电站采用的过鱼设施类型，表 1-2 列举出了截至 2014 年其他流域的过鱼设施类型。

表 1-1 截至 2003 年七大水系水电站及过鱼设施分布情况[3]

水系	水电站数量	建有过鱼设施的	过鱼设施类型
长江	5 748	安谷水电站	鱼道
		沙坪二级水电站	鱼道
		枕头坝一级水电站	鱼道
		金川水电站	人工隧洞

续表

水系	水电站数量	建有过鱼设施的	过鱼设施类型
长江	5 748	硬梁包水电站	鱼道
		绰斯甲水电站	鱼道
		沙湾水电站	鱼道
		新集水电站	鱼道
		旬阳水电站	鱼道
		白河水电站	鱼道
		崔家营航电枢纽	鱼道
		两河口水电站	鱼道、升鱼机、索道运输、运鱼船
		杨房沟水电站	鱼道、集鱼系统、公路轨道提升
		卡拉水电站	鱼道、集鱼系统、公路轨道提升
		金沙水电站	鱼道
		苏洼龙水电站	鱼道、升鱼机、集运鱼系统
		伏龙口水电站	鱼道
		井冈山水电站	鱼道
		湖南洋塘水闸大坝	鱼道
		峡江水利枢纽	鱼道
		兴隆水利枢纽	鱼道
		长沙综合枢纽	鱼道
		石虎塘航电枢纽	鱼道
		老口航运枢纽	鱼道
		走马塘拓浚延伸	鱼道
黄河	535	引大济湟	鱼道
珠江	1 759	广西长洲水利枢纽	鱼道
		连江西牛航运枢纽	鱼道
淮河	185	太平闸	鱼道
海河	295	曹娥江大闸枢纽	鱼道
松花江	33	丰满水电站	升鱼机、鱼道
		依兰航电枢纽	鱼道
		生态环保型壅水坝	鱼道
辽河	16	盘山闸	鱼道

表 1-2　截至 2014 年其他水系流域鱼道建设相关情况[4]

所属河流	水电站名称	主要过鱼对象	过鱼设施类型
爱河	丹东三湾水利枢纽	松江鲈鱼	垂直竖缝式鱼道
右江	右江鱼梁航运枢纽	倒刺鲃、赤眼鳟、鳊、四大家鱼*	垂直竖缝式鱼道
开都河	开都河第二分水枢纽	新疆裸重唇鱼、塔里木裂腹鱼	垂直竖缝式鱼道
狮泉河	狮泉河水电站	裂腹鱼亚科、条鳅亚科	垂直竖缝式鱼道
珲春河	老龙口水利枢纽	马苏大麻哈鱼、大麻哈鱼	垂直竖缝式鱼道
尼洋河	多布水电站	巨须裂腹鱼、异齿裂腹鱼、拉萨裂腹鱼、尖裸鲤	垂直竖缝式鱼道
雅鲁藏布江	藏木水电站	异齿裂腹鱼、巨须裂腹鱼、拉萨裂腹鱼、尖裸鲤、双须叶须鱼、拉萨裸裂尻鱼、黑斑原鮡、黄斑褶鮡	竖缝式鱼道
澜沧江	澜沧江里底水电站	澜沧裂腹鱼、光唇裂腹鱼、灰裂腹鱼等	垂直竖缝式鱼道

*"四大家鱼"指青鱼、草鱼、鲢、鳙。

我国水能资源空间分布不均衡，具有明显的空间集聚特点。西南地区的水能资源最为丰富，而东部地区的水能资源则较为贫乏，在全国总体上呈现出"西部丰富、东部贫乏"的状况。水能资源在不同流域之间的分布也有较大的差异，长江流域的水能资源最丰富，远高于其他流域。水电开发方面，长江流域的水电站装机容量最大，占全国总量的一半以上。从开发程度看，我国水能资源总体开发利用程度较低。因我国水资源的分布不均匀，所以不同流域水电站数量有很大不同。中国的七大水系上，长江流域分布的水电站最多，有 5 748 座；其次是珠江流域，1 759 座；松花江和辽河上的水电站数量较少，分别为 33 座和 16 座。各水系之间水电站的数量差距较明显，这可能与每个水系的水资源量有关。长江流域的水电开发已从三峡上溯到金沙江及其他上游支流，长江上游流域水电开发规模大、梯级密、水坝高[5]。

因不同流域水文条件、过鱼对象等不同，所以过鱼设施的种类和数量也有所不同。长江流域虽然水电站的数量最多，但过鱼设施的建设与其水电站数量不存在正比关系（图 1-2），这可能与长江一些水利工程坝址所处环境、施工技术及过鱼种类有关。随着水能资源的开发利用，长江成为世界上拥有拟建或在建大坝最多的河流，大坝的建设水头往往较高，修建鱼道的技术和成本较高。长江流域梯级开发形成的水利工程联合调度大大增加了过鱼难度，这些地区过鱼设施的建设不能只针对未建或在建大坝，有必要根据具体情况，决定是否在已建大坝补建过鱼设施或考虑一体化的过鱼方案。若大坝距离较近，分开建设过鱼设施就不现实，而水电开发过于密集的地区，支流消失，过坝后鱼类很难寻找到栖息地，这些地区采用集运鱼系统或许更为合适[6]。相反，松花江流域相较其他流域，过鱼设施数量与水电站数量的比值接近 10%（图 1-2），即平均每 10 座水电站会建一座过鱼设施，这样河流中鱼类的多样性能得到很大的保障。

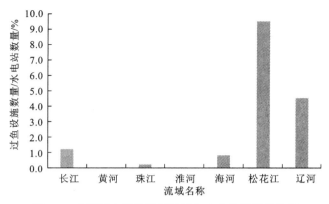

图 1-2　各流域上过鱼设施数量与水电站数量的比值

从过鱼设施设计类型来看，国内大多数过鱼设施采用鱼道形式（图 1-3），设计过鱼设施需考虑区域生态、河流水文、鱼类生境等因素，首先应满足鱼类行为习性和生理机能的基本需求[7]。作为最常见的上行过鱼设施，鱼道一般只适用于低水头水利设施。鱼道的设计要结合过鱼对象、水利设施建筑物、闸坝地形等因素综合考虑[8]。

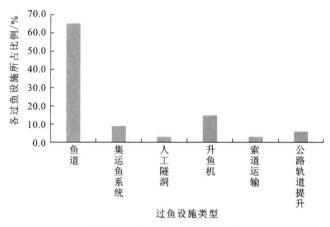

图 1-3　各过鱼设施所占比例

近年来，我国修建的水电站很大一部分为中高水头水电站，鱼道的适用性值得商榷。值得一提的是，水利部中国科学院水工程生态研究所应用其所拥有的集运鱼平台专利技术，在乌江彭水水电站建设集运鱼系统，这是高坝过鱼设施中的一个示范案例。另外，贵州省北盘江流域的马马崖一级水利枢纽最初考虑升鱼机的过鱼方案，但最后结合江段地形和河道特点，经过方案比选，最后选用集运鱼系统的过鱼方案[5]。总之，我国水利水电行业对过鱼设施的规划设计还比较粗略，未在工程前期规划时给予充分重视，大多数水利枢纽工程对鱼类洄游造成威胁，使鱼类多样性降低。过鱼设施的建设不仅是为了保护鱼类，更是为了保护水生生境的完整性，保证河道水域连通性，补偿大坝阻断带来的负面影响。因此，过鱼设施建设在设计时，就应该从整个生态环境的全局出发，依据不同鱼类的生活习性、水工建筑物的种类和规模、地形条件、河流水文等要素，合理地选择过鱼设施位置、形式、规模与坡度，同时根据实际需要创造诱鱼水流条件，调整或重新布置建筑物各要素的位置。此外，在过鱼设施建设基础上，还要考虑采取增殖放流、栖息地保护、禁渔等多种措施保护鱼类。

1.3　过鱼设施设计关键因素

过鱼设施设计需要综合考虑水利、生态、生物、环境、地理、水文等众多因子的影响，评价过鱼设施的设计是否合理取决于其是否有良好的过鱼效果。为了让过鱼设施发挥出良好的过鱼效果，在过鱼设施设计过程中需注意以下几个关键问题。

1.3.1　过鱼对象的确定

过鱼设施的目的和作用是帮助鱼类越过水坝等障碍物，对于过鱼对象的选择，需考虑其空间迁徙受工程影响的所有鱼类，而不是仅考虑具有洄游性需求的鱼类。研究发现，北美哥伦比亚河、密西西比河等主要流域水电工程所影响的鱼类一般不超过30种。因此，国外大部分已建过鱼设施将其中大部分鱼类甚至是全部鱼类列为过鱼对象。经查阅国内过鱼设施设计报告等相关资料发现，我国长江中下游、珠江中下游、金沙江中下游等流域受水利水电工程影响的鱼类众多，有100～150种；部分流域上游所建水利工程对鱼类影响较小，有5～20种。对于鱼类资源较丰富的流域，一般选取其中5～10种鱼类作为主要过鱼对象，其他鱼类作为兼顾过鱼对象。

过鱼设施以主要过鱼对象为依据进行过鱼设施的设计，这种方法虽减少了过鱼设施的设计难度，但不同鱼类的游泳特性和趋向性是有区别的，单一类型的过鱼设施及相关配套措施设计很难同时满足所有过鱼对象的上溯需求，这也给鱼类群落结构的稳定性埋下了隐患。若过鱼设施的设计考虑所有鱼类，就需考虑所有鱼类的游泳特性和趋向特征，这将会使设计工作难度非常大，且至今暂未看到这种有效创新设计。目前国内对过鱼对象的选择是依据《水电工程过鱼设施设计规范》（NB/T 35054—2015），主要考虑的过鱼对象为具有洄游特性的鱼类，受到保护的鱼类，珍稀、特有、土著及易危鱼类，具有经济价值的鱼类及具有其他迁徙特征的鱼类。未来为加强过鱼设施整体结构设计的严谨性及合理性，需要全面详细调查流域内的鱼的种类，对鱼类进行游泳特性及趋向性研究，尽量减少工程对河流生境的影响。

1.3.2　鱼道进口设计

国内外研究成果及工程实践表明，鱼道进口布置的好坏，直接决定整个鱼道过鱼效果的好坏，鱼类能否较快地发现和顺利进入鱼道进口，是鱼类能否成功上溯的关键。现阶段关于鱼道进口位置布置及结构的研究较为薄弱，所以在很多工程中，鱼类进入鱼道非常困难甚至根本无法进入鱼道，导致鱼道诱鱼效果差。因此，如何设计鱼道进口，使鱼类能够快速进入鱼道，具有重要的意义。目前对鱼道进口进行布置设计时，一般遵循以下布置原则。

（1）鱼道进口应能适应过鱼季节运行水位的变化，尽量延长鱼道在一年中的过鱼时间，使鱼道进口在保证鱼道流量、流速及水深的基础上最大限度地适应闸坝下游的水位变化。当上下游水位变化较大，布置一个鱼道进口无法满足水位变化需求时，可考虑在鱼类上溯路径的不同位置布置鱼道进口。

（2）鱼道的进口一般布置在经常有水流下泄、鱼类洄游路线及鱼类经常集群的区域，应尽可能靠近鱼类依靠自身能力能上溯到达的最前沿即阻碍鱼类上溯的障碍物附近。在水利水电工程中，宜将鱼道进口布置于水利水电工程下游尾水墩处，从而方便被水利水电工程尾水吸引到此处的洄游鱼类进入鱼道，另外，鱼道建于靠近河岸的位置比建于河谷中要好，河道岸边的低流速区更适宜鱼类的上溯，在流量较大时这种现象更加明显，且修建于河岸位置的鱼道更便于运行、监控、观察、检修及维护。

（3）鱼道进口附近不应有漩涡、水跃和回流等不利于鱼类上溯的水流条件，由于鱼类的趋流性，漩涡、水跃和回流等均有可能使洄游性鱼类在上溯过程中迷失方向，从而导致其无法顺利找到鱼道进口，降低鱼道的过鱼效率。

（4）鱼道进口应具有较大的吸引流，吸引鱼类在鱼道进口聚集，同时鱼道进口与附近河道之间应该存在明显的区别流，容易被鱼类发现和分辨，更易于将鱼类从闸坝的其他泄流处吸引过来，方便鱼类找到鱼道的进口。

（5）鱼道进口位置应避开泥沙淤积处，选择水质良好、饵料丰富的水域，避开有噪声、油污、化学性污染和漂浮物的水域，进而有利于目标鱼类在鱼道进口附近觅食、滞留、休息及聚集，同时避免泥沙淤积造成鱼道进口功能的下降[9]。

在深入对鱼道进口进行水力学研究的同时，还需加强鱼道生态学方面的研究。通过放鱼试验验证鱼道进口水力学条件，充分考虑鱼类游泳能力与鱼道进口处水力学指标之间的关系，建立鱼道进口的生态学指标，同时充分考虑鱼类集群与鱼道进口设计之间的联系。

1.3.3 鱼道流量保证

鱼道内部水力学条件取决于其过水流量，而内部水力学条件决定了鱼类在鱼道内能否成功完成上溯。鱼道内部流量直接决定着鱼道内部的水流流速，对于一般过鱼对象来说，当过水流量太少，水流流速小于过鱼对象感应流速时，就会使过鱼对象无法感应上溯水流，不能顺利完成洄游；同时鱼道内部水流量也会直接影响鱼道内部水深，当水流量太少，鱼道内部水深太浅，也不利于鱼类在鱼道内游泳。联合国粮食及农业组织（Food and Agriculture Organization of the United Nations，FAO）等机构提出，一般情况下鱼道的流量为河流流量的 1%～5%，且鱼道内流量越大，其过鱼效果也越好。然而在实际运行过程中，一般鱼道在主要过鱼季节其内部无法达到水利工程高泄流期间总下泄量的

1%，这直接影响鱼道的过鱼效率。综上所述，加大鱼道内部过水流量，不仅有利于提高过鱼效果，也有利于改善水利水电工程下泄的生态流量。

1.3.4　鱼类游泳行为研究

鱼类的游泳行为是鱼道设计中必须考虑的重要因素，缺乏对鱼类行为学研究的鱼道设计往往是失败的。例如，1991 年在北非塞布河上加尔德大坝修建的鱼道就不适合当地河流中的西鲱；在澳大利亚，多数洄游鱼类是河湖洄游性鱼类，但在澳大利亚东南部的新南威尔士州，直到 20 世纪 80 年代中期仍使用适合欧洲鲑科鱼类的过鱼设施设计标准来设计当地鱼道，这些鱼道因不适于当地鱼类最终被判定为无效[10]。鱼类作为使用鱼道的主体，其游泳行为决定着鱼道设计的各个细节，根据现有规范，鱼道的设计主要是依据鱼类的游泳行为，来确定鱼道布置、进出口设计、池室设计、进口的吸引水流和鱼道内的流速设计等。

由于对鱼类游泳行为研究还较少，所以目前在对过鱼设施设计时，不得不利用早期有限的资料，依据经验公式对鱼类的游泳速度进行估算，但其经验公式的应用是有局限的，这就要求在进行鱼道设计时应尽可能多地掌握目标鱼类的相关资料，对其进行游泳行为研究，为鱼道设计提供合理的参考。同时，在借鉴国外鱼类行为学研究成果时，由于研究对象和环境的不同，其鱼类游泳行为可能有差别，如国外多数以鲑科鱼类为研究对象，而国内大部分目标鱼类是鲤科鱼类，所以国外对鱼类游泳行为的研究主要是为我国提供相关研究方法。

在研究中，需要加强复杂流场条件下鱼类行为学研究。运动训练可以提高鱼类游泳能力，所以可以利用其规律提高鱼类通过过鱼设施的成功率，不同目标鱼类游泳能力有差异，所以需要提出新的设计使单个过鱼设施满足所有目标鱼类的过鱼需求，各研究单位使用不同的鱼类行为数据处理方法，造成各研究结果之间难以直接用于比较分析，所以亟须政府有关部门和业内人士尽快深入研究并以行业内规范、导则或其他方式将鱼类行为研究数据处理方法标准化。

1.3.5　过鱼设施效果监测评估

科学的过鱼设施设计固然重要，但另一项重要的工作是在过鱼设施实际运行时，对其过鱼效果进行全面的监测评估，效果监测评估通过监测鱼类在通过过鱼设施时所表现出来的运动行为及其变化，找出鱼道设计和建设过程中所存在的问题，为过鱼设施的功能完善和优化设计提供依据和积累经验。目前对于过鱼效果监测评估，尚需解决的问题有以下几方面。

（1）监测方法与指标不统一。国内外对鱼道过鱼效果所采用的监测方法有张网法、堵截法、电捕鱼法、视频监测、水声学监测、无线电监测法等，其监测指标包括过鱼鱼类种类、数量、规格及年度/不同季节/昼夜过鱼规律、鱼道水力流场、鱼道进口诱鱼效果、池室通过性、出口效率等。对于不同的工程，由于监测方法及监测指标的多样性，所获得的监测指标存在差异，在监测中无法形成统一的监测方法与指标，不利于形成科学体系及参考价值。

（2）野外监测精度不高。由于野外监测较容易受各种外部因素的影响，监测仪器易受到干扰，降低了监测数据的精度。另外，自动监测设备（视频监测、水声学监测等），在识别鱼的种类方面存在不足，给监测带来了巨大困难。

（3）鱼类成功通过鱼道后，可能出现由次致死因子而带来延迟死亡、上溯鱼类未能到达产卵场、洄游性鱼类到达产卵场而无法产卵等现象。因此在研究鱼道过鱼效率及成功率的同时，应进一步加强鱼类通过鱼道以后的监测及鱼类生理学等方面的研究。

我国河流空间跨度大，江河生态环境差异显著，鱼类种类数量多，长期以来，我国对水生生物的基础研究相对薄弱，对鱼类生活习性研究及生境监测也相对匮乏。且我国大多数过鱼设施处于建设完成的初步运行阶段，在鱼道运行过程中大多还未开展过鱼设施运行效果的监测和评估。未来需加强过鱼设施效果监测评估方法的基础研究，完善相关监测标准，尽早规范我国过鱼设施运行效果监测方法，出台运行效果监测评估技术规范以指导实践工作，确保过鱼设施真正发挥实际作用。

参 考 文 献

[1] 蔡露, 张鹏, 侯轶群, 等. 我国过鱼设施建设需求、成果及存在的问题[J]. 生态学杂志, 2020, 39(1): 292-299.

[2] 刘六宴, 温丽萍. 中国高坝大库统计分析[J]. 水利建设与管理, 2016, 36(9): 12-16，32.

[3] 钱玉杰. 我国水电的地理分布及开发利用研究[D]. 兰州: 兰州大学, 2013.

[4] 曹娜, 钟治国, 曹晓红, 等. 我国鱼道建设现状及典型案例分析[J]. 水资源保护, 2016, 32(6): 156-162.

[5] 姚磊, 陈盼盼, 胡利利, 等. 长江上游流域水电开发现状与存在的问题[J]. 绵阳师范学院学报, 2016, 35(2): 91-97.

[6] 郑金秀, 韩德举. 高坝过鱼设施在长江流域的应用探讨[J]. 环境科学与技术, 2013, 36(12): 218-222.

[7] 祁昌军, 曹晓红, 温静雅, 等. 我国鱼道建设的实践与问题研究[J]. 环境保护, 2017, 45(6): 47-51.

[8] 曹庆磊, 杨文俊, 周良景. 国内外过鱼设施研究综述[J]. 长江科学院院报, 2010, 27(5): 39-43.

[9] 汪亚超, 陈小虎, 张婷, 等. 鱼道进口布置方案研究[J]. 水生态学杂志, 2013, 34(4): 30-34.

[10] 郑金秀, 韩德举, 胡望斌, 等. 与鱼道设计相关的鱼类游泳行为研究[J]. 水生态学杂志, 2010, 31(5): 104-110.

第 2 章　主要过鱼设施简介

2.1　上行过鱼设施

2.1.1　鱼道

1. 鱼道定义

鱼道是鱼类通过水闸、大坝等水工建筑物或天然障碍物的人工通道。其生态意义在于减缓工程设施对鱼类的阻隔，帮助鱼类顺利通过工程设施等其他障碍物而到达其繁殖场、诱饵场或越冬场等重要生活区。鱼道通常修建为上倾斜通道，由附带开口的堰、挡板或者导流栅组成。挖掘岩石、基岩形成的通道也称为鱼道。鱼道内适宜的水流环境为鱼类洄游创造了基本的水力条件。

2. 鱼道结构分类

在水利工程中有多种使鱼类不受河坝阻碍而能上行的鱼道形式，如斜坡式鱼槽、梯级式鱼梯和升鱼机等。鱼道按结构可分为竖缝式鱼道、丹尼尔式鱼道、池堰式鱼道和涵洞式鱼道。由于鱼类原有的生境习性，不同物理结构与水力学特征的鱼道适用于不同的鱼类，一个有效的鱼道更容易吸引鱼类进入鱼道入口，能够让鱼类花费最少的时间和能量安全通过。

1）竖缝式鱼道

在竖缝式鱼道中，通过安装固定间距的挡板形成一系列的池室（图 2-1），由于竖缝处流速高，鱼在通过鱼道每一个竖缝时需要耗费较多体力。竖缝式鱼道的主要优点是能够更好地适应水位的大幅变化。

2）丹尼尔式鱼道

丹尼尔式鱼道因其发明者而得名，丹尼尔式鱼道由一系列指向上游、与鱼道底部成 45° 夹角的平面挡板组成，斜槽中的挡板也指向上游方向，但是更靠近斜槽边壁。

由于大量流体微团的动量交换和高能量消耗，丹尼尔式鱼道内部的流态非常混乱，从垂向流速的分布情况可以看出，鱼道底板附近的水流较小，而自由液面附近的流速则较大。丹尼尔式鱼道更适合流量较大的水流环境，因为可以有效减少鱼道内悬移质泥沙的沉积，也能对鱼类起到良好的吸引效果，辅助其找到鱼道进口。由于鱼在通过丹尼尔式鱼道时需要不停游泳，所以在鱼道内部每隔 5～10 m 需要为上溯成鱼设置休息池。多年来，人们对各种类型的丹尼尔式鱼道进行了改造利用，丹尼尔式鱼道常见的挡板结构形式如图 2-2 所示。

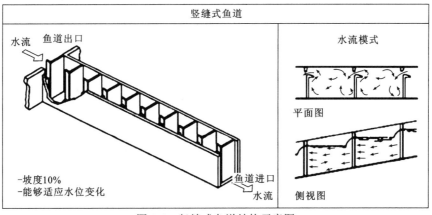

图 2-1　竖缝式鱼道结构示意图

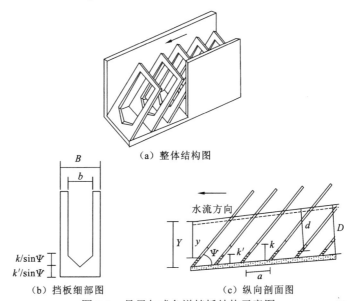

（a）整体结构图

（b）挡板细部图　　　　（c）纵向剖面图

图 2-2　丹尼尔式鱼道挡板结构示意图

a 代表挡板间距；b 代表挡板净宽；B 代表鱼道底部到挡板 V 形截面顶部的垂直高度；y 代表 V 形截面底部至水面的正常水深；Y 代表底部到水面的水深；d 代表挡板 V 形截面底部的垂直高度；D 代表鱼道底部至水面的垂直高度；k' 代表鱼道底部至挡板 V 形截面底部的垂直高度；Ψ 代表倾斜角度

3）池堰式鱼道

池堰式鱼道由多阶梯分离模式的池室组成，每个池室都要略高于下一级池室（图 2-3）。由于水流的吸引，鱼会从一个池室上溯至另一个池室，鱼在池室之间的运动速度通常需要达到爆发游泳速度才能成功克流上溯。为满足底栖鱼类的上溯需求，可在堰的淹没部分设计一个孔口，使鱼类可以沿堰的底部顺利通过鱼道。池堰式鱼道的结构简单，鱼道的坡度一般为 10%。

4）涵洞式鱼道

涵洞是指在公路建设中，为了使公路顺利通过水渠而不妨碍交通，修筑于路面以下的排水孔道（过水通道）。涵洞的横截面通常为圆形、椭圆形、矩形和方形等。将涵洞作为过鱼设施，需要确保鱼类能进入和安全通过涵洞。在很多情况下涵洞修建于河床底部，并使用抛石、挡板、堰、砌块或板材等形成涵洞式鱼道（图 2-4），涵洞式鱼道主要与道路建设相关，其坡度通常为 0.5%～5%。

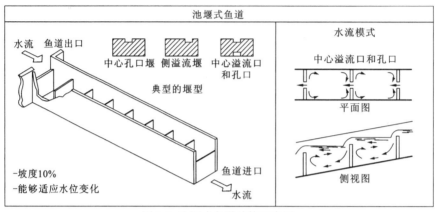

图 2-3　池堰式鱼道结构示意图

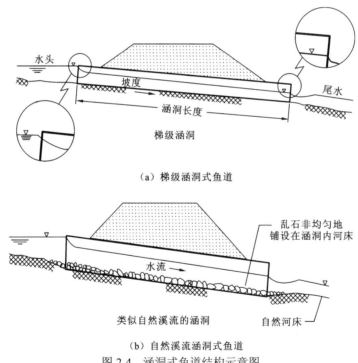

（a）梯级涵洞式鱼道

（b）自然溪流涵洞式鱼道

图 2-4　涵洞式鱼道结构示意图

3. 鱼道发展历史及现状

鱼道的最早的记录出现在 17 世纪的法国（1662 年），初期建设的鱼道结构比较简单，缺乏科学论证。1883 年，英国人在泰晤士河上修建了世界上第一座鱼道，但其规划不符合鱼类的生态习性，所以过鱼效果并不理想。20 世纪初，丹尼尔经过多年的系统研究，发明了丹尼尔式鱼道。随后的几十年，美国和欧洲建造了许多丹尼尔式鱼道。目前，世界上最长的鱼道建于巴拉那河的伊泰普大坝上，全长约 10 km[1]，如图 2-5 所示。

图 2-5 伊泰普大坝试验鱼道

我国对鱼道的研究始于 1958 年，常见的鱼道类型有竖缝式鱼道、丹尼尔式鱼道和池堰式鱼道等。自 2000 年以来，随着环境保护政策的完善，河流连通性和鱼道的生态意义受到重视，相关机构逐步开始规划、勘察、设计和建设一批新的鱼道，自此我国的鱼道建设进入了新的发展阶段。

常规鱼道水流在隔板或障碍物处跌落，形成流速较大的单一流态，只能满足某种特定过鱼对象的上溯要求。其他游泳能力较弱的鱼类或过鱼对象的幼鱼难以通过常规鱼道。为了营造和现实一样的生存生境，仿自然通道也随之兴起，仿自然通道是最具发展潜力的鱼道形式之一，其显著特点是通道结构采用当地河床基质上的卵石，尽可能地模拟天然河流的水流流态。

鱼道的设计人员需要考虑当地鱼类的游泳能力、空间要求和行为，以确保它们能够安全地跨越潜在的洄游障碍。目前国内外学者对鱼道研究较多，但还是停留在流场分析等基础研究领域，关键技术的相关研究较薄弱，缺乏系统的实时监测数据。一些鱼道存在监管、运行管理不到位等问题，导致鱼道的通过率不太理想，甚至导致鱼道被弃用。

2.1.2 升鱼机

1. 升鱼机定义

升鱼机也称为"举鱼机"，是一种适用于高水头的鱼类过坝设施。升鱼机设计原理与电梯相似，主要通过诱鱼设施将鱼类诱进金属网笼或水槽式的集鱼箱，再将集鱼箱转运至大坝上游实现鱼类上行过坝的目的。运行原理如图 2-6 所示。

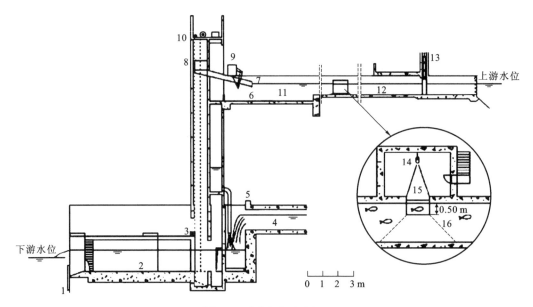

图 2-6　升鱼机运行原理

1.自动闸门；2.养鱼池；3.绞车；4.主要辅助牵引放电；5.从渠道排放流量；6.屏幕；7.落下；8.升高舱；9.控制流量的闸门；
10.用于移动屏幕的绞车；11.接待池；12.传输通道；13.隔离闸；14.相机；15.计数窗口；16.屏幕

升鱼机利用机械设施将鱼输送过坝，优点是适用于高坝过鱼，能适应水库水位的较大变幅，便于长途转运，常用于施工期过鱼。缺点是机械设备容易发生故障，可能会耽误鱼类过坝，不适合大量过鱼。

2. 升鱼机结构和功能

升鱼机由诱鱼系统、过坝系统和放鱼系统三大主要部分组成。诱鱼系统主要由进鱼槽、捕鱼室、集鱼箱、转运通道、丁坝及闸门组成；过坝系统主要由运鱼箱、运鱼车、转运段、轨道段和过坝段组成；放鱼系统主要由转运船组成。根据提升装置的不同，分为垂直式升鱼机及倾斜轨道式升鱼机（图 2-7）。

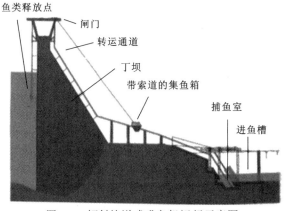

图 2-7　倾斜轨道式升鱼机运行示意图

垂直式升鱼机由于在竖井内运行，受风力等环境因素影响较小，设备运行平稳，对鱼类干扰较小，后期运行维护成本不高，对坝区景观影响较小。倾斜轨道式升鱼机需要在坝体下游修建轨道支墩，支墩位于接近坝顶部位，且为细长结构，因其体积较小，所以对坝体结构影响很小，但地震时坝顶支墩响应较大，轨道抗震问题需重点关注。

3. 升鱼机历史及发展现状

1924 年，美国的华盛顿州怀特萨蒙（White Solmon）河修建了一座试验性的升鱼机。1933 年欧洲第一座升鱼机建于芬兰阿博福乐斯。同一时期美国建造了提升高度达 132 m 的朗德比尤特坝升鱼机、提升高度为 87 m 的下贝克坝升鱼机（图 2-8）、提升高度为 90 m 的泥山坝升鱼机和提升高度为 106 m 的格陵彼得坝升鱼机等[2]，2000 年后又建造了圣克拉拉升鱼机等。

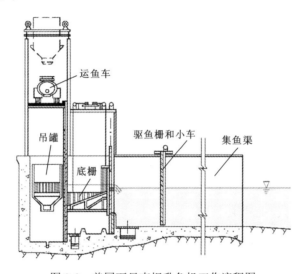

图 2-8　美国下贝克坝升鱼机工作流程图

在美国东部，垂直式升鱼机应用较广，主要用于解决鲱的上溯问题。1936 年日本在庄川小牧水坝及祖山水坝设置了升鱼机，小牧水坝的升鱼机有相当好的过鱼效果，但运营不到十年即报废。1952 年，苏联在顿河流域兴建了齐姆良升鱼机，之后又在伏尔加河上修建了伏尔加格勒升鱼机、萨拉托夫升鱼机和克拉斯诺达尔升鱼机等（图 2-9）。加拿大也建有克利夫益坝升鱼机，其提升高度可达 90 m。因为国外水利工程及过鱼设施建设起步较早，现在水能开发停滞，所以近年来关于升鱼机新建工程的报道较少。

升鱼机在国内外发展程度不一，鱼类保护的效果也不同。在国外，升鱼机作为一种过鱼设施已有成功的经验，并发挥了一定的鱼类保护作用，如美国格林维尔坝升鱼机在1999 年过鱼数量达到最高峰，全年共过鱼 17 787 尾，其中 4～6 月通过的重点保护鱼种2 540 尾；葡萄牙的图韦多坝升鱼机在 1998 年共完成 7 种鱼类共 1 194 条个体的过坝。升鱼机多见于高坝过鱼，但在低坝过鱼过程中也能起到帮助鱼类过坝的保护效果，如哈

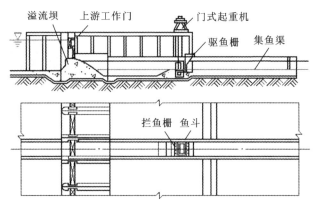

图 2-9　苏联克拉斯诺达尔升鱼机示意图

德利瀑布升鱼机在美国康涅狄格河的鱼类保护中发挥了重要作用，2010 年仅美洲鲥就通过了 164 439 尾[3]。

2.1.3　上行集运鱼系统

上行过鱼设施除了有鱼道、鱼闸和升鱼机等固定过鱼设施外，还有一种活动过鱼设施——上行集运鱼系统[4]。上行集运鱼系统主要由"集鱼"和"运鱼"两大系统组成。上行集鱼系统包括集鱼船、深水网箱和底层诱鱼装置；运鱼系统包括运鱼车和运鱼船。

1. 上行集运鱼系统概述

上行集运鱼系统具有机动灵活、对枢纽布置无干扰、能够适应水库水位的较大变幅以及鱼类过坝体力消耗少等优点，适用于中、高坝过鱼。目前，国内规划建设的大中型水利水电工程大部分集中于高山峡谷区，筑坝高度较高，上行集运鱼系统可以在中、高坝过鱼中发挥重要作用。国内外对上行集运鱼系统的研究较少，目前已经建成的比较成功的上行集运鱼系统有美国哥伦比亚河的集运鱼船。我国上行集运鱼系统的研究起步较晚，关键技术研究尚属空白。截至目前，国内上行集运鱼系统相关基础研究工作仍处于探索阶段，建成运行的上行集运鱼系统包括重庆乌江彭水水电站集运鱼系统、贵州北盘江马马崖一级水电站集运鱼系统和西藏扎曲果多水电站集运鱼系统等。

2. 上行集运鱼系统组成和分类

上行集运鱼系统一般利用集鱼船进行集鱼，然后通过运鱼船或运鱼车进行鱼类的运输和投放，以实现鱼类过坝的目的。上行集运鱼系统一般由集鱼设施、运鱼设施和相关配套设施组成，主要设施包括集鱼船（平台）、运鱼船、运鱼车等。

集鱼设施一般由集鱼平台、深水网箱和其他辅助设施组成。其中，集鱼平台由集鱼船或者其他漂浮在水面的平台组成，集鱼平台主要采取灯光诱鱼和水流诱鱼，平台内设有一个集鱼箱，将诱集的鱼类暂存于此；深水网箱有利于底栖鱼类的诱集，是独立于集鱼平台的单独设施；其他辅助设施由底层水流诱鱼装置、导鱼网等构成，根据工程所需，还可以设立电驱鱼设施和气泡幕设施。

运鱼设施一般采用陆运和水运两种方式，不同的运鱼方式产生了不同的过鱼流程：水运一般采用运鱼船装载集鱼箱过坝至上游放流点；陆运一般将集鱼平台内的集鱼箱通过吊机转运到运鱼车，再由运鱼车将诱集的鱼托运至上游放流点进行放流，运鱼车的运鱼量、水箱内的水体大小、运鱼路线的选取都根据工程需求和实际现场情况进行选择。

监测系统。在集鱼平台建立前期，需通过水声学监测设备进行坝下水域鱼类资源分布情况的监测，为集鱼平台放置位置的选择提供有力依据。一般采用视频监控进行监测，在集鱼平台的进口处、集鱼通道、集鱼平台附近都应布置摄像设备，这将有利于渔获物的分辨及评估集鱼效果。

上行集运鱼系统分为以下两大类。

1）移动式集运鱼系统

移动式集运鱼系统可根据鱼类集群位置移动，通常为具备自航能力的集鱼船。传统集运鱼船的集鱼与运鱼互为一体，运鱼时无法集鱼，且由于集运鱼船自身动力系统的噪声、振动及油污等对鱼群造成惊扰，影响集鱼效果。为避免上述不利影响，后将集鱼功能和运鱼功能分离，分为集鱼平台和运鱼船。过鱼流程见图 2-10。

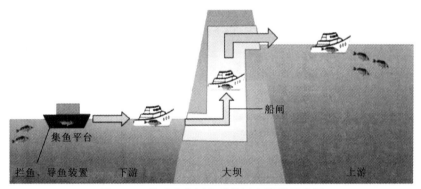

图 2-10　移动式集运鱼系统过鱼流程示意图

集鱼平台设有专门的集鱼舱道与补水机组，为扩大诱鱼水流的影响范围，集鱼舱道进口往往设置成"喇叭形"。工作时，集鱼平台在适当位置抛锚固定，开启集鱼舱道两端闸门，让水流从舱道中流过，并利用补水机组使进鱼口流速高于附近河水流速 0.2～0.3 m/s，诱使鱼类进入集鱼舱道。此外，为保证集鱼效果，还采用水下诱鱼灯、声控诱鱼装置等辅助诱鱼设施，以及物理拦鱼栅、驱鱼机等进行拦鱼导鱼。在集鱼平台进鱼口下端可设置一个可以下翻的格栅，集鱼时将格栅下翻，落入河底，以阻挡鱼类从集鱼平台底部通过；在诱鱼设施和拦导鱼设施的引导下，鱼类进入集鱼平台的集鱼舱道。在集鱼达到一定数量后，舱道上方的驱鱼装置驱赶鱼类进入集鱼舱道尾部的运鱼箱。集鱼完成后，运鱼船与集鱼平台对接，由集鱼平台上的伸缩吊机将运鱼箱吊装至运鱼船，运鱼船过坝放流或转运至岸边运鱼车,然后进行放流。一般 1 座集鱼平台配备 2～3 艘运鱼船,交替使用,保障连续作业。

2)固定式集运鱼系统

受水深、地形、地质及枢纽布置等条件的制约,在部分中、高坝水利工程建设鱼道技术上并不可行,此时通常采用一种综合性的集运鱼系统,即在大坝下游设置集鱼设施进行诱鱼,并在集鱼设施出口进行集鱼。集鱼完成后,将集鱼池内的鱼转运至运鱼车中,由运鱼车运往上游适宜的水生生境进行放流,具体流程见图 2-11,这种形式的上行集运鱼系统在运行过程中不会产生噪声和振动,所以不会对鱼类造成干扰,但因集鱼地点较为固定,集鱼效果较移动式集运鱼系统稍差。

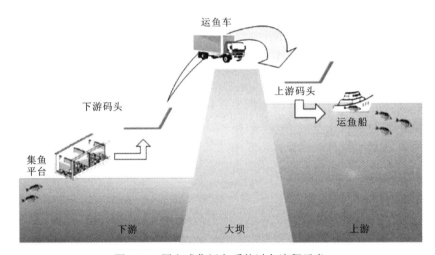

图 2-11　固定式集运鱼系统过鱼流程示意

3. 上行集运鱼系统发展现状

上行集运鱼系统体系具有移动性和灵活性,与鱼道相比成本更低。20 世纪 50 年代,为克服升鱼机的高投资及固定过鱼设施(鱼梯、鱼闸等)进口不能完全适应下游流态变化的问题,苏联最先开始上行集运鱼系统的相关研究。20 世纪 60 年代,大、中型水利枢纽的过鱼问题,引起国外研究者广泛关注,此时上行集运鱼系统作为一种新型过鱼设施得到初步发展。上行集运鱼系统的首次应用是在美国贝克水库项目中的下贝克坝。因下贝克坝最初修建未考虑鱼类过坝问题,后重新翻修补建过鱼设施,因其集运鱼船与枢纽布置无干扰的特点独具优势。随后,上行集运鱼系统的试验研究陆续展开。如 Raymond 和 Howard[5]对美国哥伦比亚河-斯内克河中的大鳞大麻哈鱼及虹鳟进行的相关试验。1989 年,苏联在伏尔加河、顿河和库班河流域设计了鲟科、鲱科和鲤科鱼类的上行集运鱼系统。我国直到 1974 年才开始上行集运鱼系统研究,当时讨论了如何让洄游鱼类通过葛洲坝[6]。

21 世纪以来,我国已重新把研究重点放在高坝过鱼设施的建设。上行集运鱼系统作为高坝上游的永久性过鱼设施获得了支持。重庆市乌江彭水水电站集运鱼系统(图 2-12),

图 2-12　乌江彭水水电站"唐环 1 号"集鱼平台

是我国第一座集运鱼系统[4]。目前，我国正在建设更多的上行集运鱼系统，已完成建设和试运行的上行集运鱼系统包括西藏扎曲果多水电站集运鱼系统和贵州马马崖集运鱼系统等。

2.1.4　鱼闸

1. 鱼闸的定义

水利工程的建设在给社会带来了巨大的经济效益的同时也对生态环境产生了巨大的影响。大坝的修建阻碍了鱼类的洄游，洄游能力差的鱼类数量减少甚至灭绝，进而影响了生态系统的连续性。

为解决鱼类洄游问题，鱼闸应运而生。鱼闸能够代替鱼道以达到使鱼过坝的目的。作为一种升鱼过坝的装置，鱼闸的运行过程如下：在鱼从尾水水位或通过短鱼道进入闸室后，向闸室充水，直至水位与前池水位齐平时关闭，利用活水将鱼群汇集在一起，通过水道输送至上游水库。鱼闸的运行原理和船闸非常相似：打开下闸门，通过闸室充水管给下闸室提供诱鱼流速，引诱鱼类游入闸室；关闭下闸门，继续给闸室充水；待闸室水位与上游水位齐平后，打开上闸门，用水流诱鱼进入水库。鱼闸适用于中、高水头大坝，鱼闸具有占地少，鱼类不用克服水流阻力的优点，但同时，鱼闸成本较高，对上游水位变化敏感。

2. 鱼闸的组成与分类

鱼闸主要由闸室（集鱼室）、输水（鱼）通道、上下闸门、充气孔等组成，如图 2-13 所示。闸室应布置在鱼类比较集中的位置，如发电厂尾水处或其他流水位置。其工作原理为水流从补水阀高处流下→形成集鱼室动水环境，诱导鱼群汇集至闸室→关闭闸室闸门→适度打开进口闸门充水→鱼道基本充满水后，全开进水口闸门，鱼群进入上游水库。

鱼闸可分为船闸式鱼闸、斜井式鱼闸、竖井式鱼闸，这些鱼闸适用于水头不太大的情况。

船闸式鱼闸是利用闸室充水的方法使鱼类过闸，其原理与船闸一致，即当鱼从下游

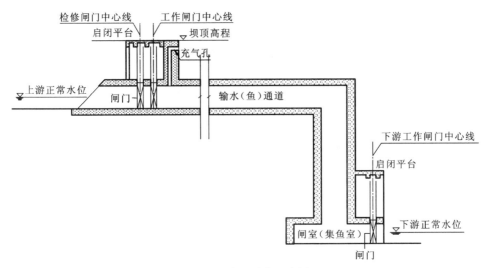

图 2-13　鱼闸结构示意图

直接进入或经过一段距离的鱼道进入闸室后，对闸室充水使水面与上游水位齐平，打开上游闸门，鱼便进入水库。船闸式鱼闸由集鱼道、过鱼闸室、上游鱼道组成。

斜井式鱼闸，也称为水力升鱼机，一般由下游闸室、斜井、上游闸室组成。它的运行原理是：首先打开下游闸室的进口闸门，后打开上游闸室的调节闸门，水经斜井流入下游闸室，造成诱鱼流速，诱集鱼群，一段时间后关闭闸门，然后打开出闸门，水充满上、下游闸室。当鱼随着水位上升进入上游闸室后，打开下游闸室的旁通阀，使鱼闸内形成纵向流速，以刺激鱼类上溯。爱尔兰和苏格兰先后修建了斜井式鱼闸 10 余座，平均工作水头 10～60 m。运行结果表明，它可以适合不同种类和大小的鱼类从上向下或从下向上自由通过。

竖井式鱼闸，由底室、竖井、上游闸室三个部分组成，工作原理与斜井式鱼闸相同。

3. 鱼闸的历史及发展现状

在鱼闸设计中最具代表性的是博兰式鱼闸（图 2-14）。早在 1890 年马洛兹已提出了利用水力学中有压闸使鱼上溯的原理，后来博兰发展了这一设计，于 1949 年在利菲河上的利赫利普坝上修建了第一座博兰式鱼闸。此后，苏格兰北部水电协会曾在托耳阿启尔蒂建造他们的第一座博兰式鱼闸，并提出这种鱼闸的一些主要特征参数[7]。

爱尔兰香农河上的阿那克鲁沙鱼闸，在设计上对博兰式鱼闸进行了改进。该鱼闸有一个竖塔，有长的进口槽，槽身超出坝体外。因为 100 ft[①]高的垂直跌水会对集中在下游水池中的鱼造成损伤，所以在底部设置一个专门的充水阀，塔就用此充水，如图 2-15 所示。与鱼道相比，鱼闸的容量有限，且不能连续运行，有逐步被淘汰的趋势。

---

① 1 ft=0.304 8 m。

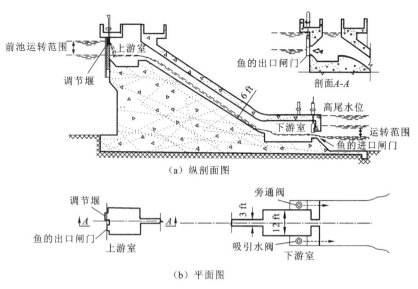

（a）纵剖面图

（b）平面图

图 2-14　典型的博兰式鱼闸设计略图

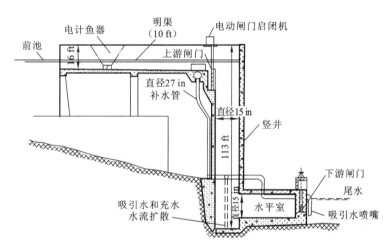

图 2-15　阿那克鲁沙坝鱼闸纵剖面图

2.1.5　鱼泵

1. 鱼泵的定义

鱼泵是一种以水或空气为介质吸送鱼的装置，通过把容易损伤的柔软鱼体通过挠性软管吸入，在不使鱼体受伤的情况下再通过管道传送到高处或远处。20 世纪 60 年代后期日本濑户内海开始普及并大量使用鱼泵，主要用于小型围网的起网作业。随着渔业的高速发展，世界各国对鱼泵的需求增加。从 20 世纪 70 年代开始，美国和西班牙等国家的渔业相继发展，鱼泵得到了广泛应用。

---

① 1 in=2.54 cm。

2. 鱼泵的分类

鱼泵根据输送鱼载体的不同可以分为空气输送和水流输送两类，其中空气输送称为干式鱼泵，水流输送称为湿式鱼泵。

（1）干式鱼泵。干式鱼泵有真空抽吸式和真空抽吸液体排出式两种：真空抽吸式鱼泵是在密闭的容器底部设置常闭振摆式单向阀，利用罗茨式鼓风机的运转使密闭容器减压，鱼和空气流同时从吸入口进入容器内，当达到规定的吸入量时，利用传感器的作用使鼓风机停止，鼓风机停止后，容器内失去负压，鱼体的重量使单向阀回转打开，将鱼从容器下部排出；真空抽吸液体排出式鱼泵是利用循环水泵从水箱抽水送入升压器，再利用重力使水沿输送管流到分离箱，再流入水箱，形成水流的循环。

（2）湿式鱼泵。湿式鱼泵分为回转式（直接输送式）和静止容积式：回转式鱼泵是泵内叶轮回转时水随之一起旋转，利用水在旋转中产生的离心力达到输送的目的；静止容积式鱼泵的工作原理是使密闭的容器减压将鱼和水吸入容器内，然后再使容器加压把鱼和水一起排出。

3. 鱼泵的发展现状

鱼泵的使用始于 20 世纪 60 年代，由于当时开发应用的都是离心式鱼泵，对鱼体损伤较大，所以并没有大范围推广，但随着制造技术的不断发展，鱼泵的结构形式发生了很大改变，工作原理更趋完善，其应用领域也在不断扩大[8]。

目前较普遍使用的鱼泵有三种形式：一是离心式鱼泵，该类型鱼泵的叶轮在高速旋转下产生离心力，鱼泵进口处产生负压，出口处产生高压，鱼、水在负压处吸入，在高压处排出，但离心式鱼泵的结构特性易导致鱼体受伤；二是真空式鱼泵，该类型鱼泵由真空泵、储鱼槽和进出软管组成，利用真空负压原理将鱼吮吸入储鱼槽进行输送；三是射流式鱼泵，这种鱼泵采用高压水经喷嘴高速喷出，从而在真空室形成真空低压，使被输送鱼、水吸入真空室，而后进入混合室进行混合，使能量相互交换，速度达到一致，再将鱼、水从吼管输送至扩散管，此时速度放慢，静压力回升，鱼、水排出，达到输送鱼、水目的。

（1）离心式鱼泵。离心式鱼泵是应用最早的鱼泵，也是目前使用较多的鱼泵。早在 1961 年中国水产科学研究院南海水产研究所、中国水产科学研究院黄海水产研究所和广东佛山水泵厂就协作研制了 6YB-12 型离心式鱼泵，并被广泛使用。20 世纪 60 年代后期，由于灯光围网的迅猛发展，急需鱼泵作为辅助捕捞工具。科研人员针对原泵体吸鱼半径过小等技术缺陷，通过重新设计，加大吸鱼泵的功率和吸鱼泵半径，还设计了鱼水分离器和起动装置，取得了不错的效果。1970 年在中国水产科学研究院南海水产研究所"前哨"船试用，吸鱼率最高可达 34.5 t/h，对于体长 350 mm、体高 90 mm、体重 0.5 kg以下的鱼类，可基本上保持鱼体完好，起网速度比人力使用抄网提高近 4 倍，大大节省了时间和劳力。

由图 2-16 可见，在使用离心式鱼泵时，鱼要穿越鱼泵的主要构件——叶轮，鱼体是否受损，主要取决于叶片间流道的大小和鱼体的大小。一般离心式鱼泵叶轮以双叶片为

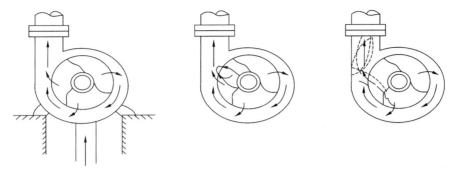

图 2-16　离心式鱼泵内部结构示意图

主，流道较宽，其进液方向与出液方向垂直。从鱼泵的效率而论，叶片越多效率越高，六叶片叶轮鱼泵比二叶片叶轮鱼泵的流量、扬程和效率分别提高 15.5%、25.5%和 12%，但叶片越多，流道越狭，影响鱼的通过性能，鱼泵应以二叶片为宜。

　　（2）真空式鱼泵。近几年，国内外相继研制生产了真空式鱼泵，如中国科学院海洋研究所研制的"双联式真空吸鱼泵"。挪威 MMC Tendos 公司与挪威科技工业研究院合作研制的真空式鱼泵系统，该系统已经应用于 Ervik&Sævik 公司的围网渔船，并运转良好。Ervik&Sævik 公司的运鱼系统也是利用了真空负压原理，将空气和鱼轻轻吸入加速器的真空室，空气被吸出并连接到鼓风机的真空入口。鱼的动量帮助它们穿过温和的单向阀进入压力室，一旦阀门关闭并且鱼与主要管道形成密封，来自鼓风机出口的正空气流引入鱼泵的后部，从而产生必要的压力差以将它们运送通过管道。

　　真空式鱼泵是利用真空负压原理，鱼水混合液受到负压作用，被吸入鱼泵。水环式真空泵作为形成负压的主要设备，配合一些控制转换阀门来完成活鱼起捕。如图 2-17 所示，真空式鱼泵内部没有活动部件，又是处于负压状态，对鱼体损伤小，所以常被用来作为运输活鱼的装置，当需要将鱼类转移到海水网箱中或者收获到活鱼舱船的时候，通常会使用真空式鱼泵。

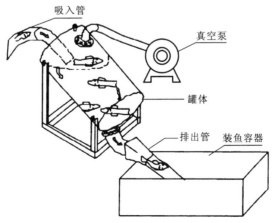

图 2-17　真空式鱼泵示意图

（3）射流式鱼泵。射流式鱼泵又称"喷射吸鱼泵"，是利用高能量的水吸送低能量的鱼水混合流体的专用泵。射流式鱼泵主要由吸鱼管、混合管、扩散管、排出管、喷嘴、吸水管、离心泵机组组成（图 2-18）。它靠水力射流抽吸管道中的鱼水混合液，其作用原理与工业用射流水泵相似[9]。操作时，将吸鱼管插入鱼水混合液中，驱动水泵供水系统，使其以高速射入混合室，使混合室内产生低压，鱼水混合流体被吸入混合室内与工作水混合，并随工作水一起进入逐渐增大的扩散管，流速降低，静压升高，最后经排出管排出。射流式鱼泵要求管径大、表面光滑，以减少鱼体的损伤。射流式鱼泵功耗较大，其根据流体力学的基本原理设计，没有叶轮，无转动部件，被输送的鱼不易损伤。该泵可用来输送活虾及个体较小的鱼类。射流式鱼泵在我国工业领域早已被广泛使用，但在渔业方面应用还较少。

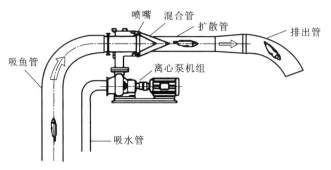

图 2-18　射流式鱼泵示意图

三种鱼泵的比较分析（表 2-1）。

表 2-1　国内外典型鱼泵工作参数对比

类型	离心式鱼泵			真空式鱼泵		射流式鱼泵	
	美国	冰岛	日本	加拿大	意大利	美国	中国
材质	铝合金	铝合金	不锈钢	不锈钢	不锈钢	不锈钢	不锈钢
重量/kg	84.85	200	200	—	1 550	—	—
管径/cm	20～25	10～15	10	25～30	15～20	—	20～30
渔获物尺寸上限	0.9 kg	0.4 kg	20 cm	20 kg	3 kg	4 kg	20 cm
传输能力/（t/h）	20	10	10～25	5～100	15	80～200	5.5
扬程/m	9.1	8.0	8.5	8.6	3.1	15.0	15.0
功率/kW	11.2/18.6（电动机/柴汽油机）	4.0/7.0（电动机/柴汽油机）	6.0（电动机）	—	7.5（电动机）	—	40.0（电动机）
其他性能	吸鱼、吸虾模块	远程无线遥控	围网、双拖网	网箱、围网可用	高度可调，称重模块	去除鱼虮，分级计数	适于网箱

离心式鱼泵因有叶轮的存在，对鱼体的损伤率较高，只有当鱼体的大小远小于叶片之间流道的尺寸时，损伤率才会较低，作为鱼苗泵使用可以保证 100%存活率。对于个

体较大的成鱼，应考虑使用真空式鱼泵或射流式鱼泵，因为这两种鱼泵的工作原理是依靠负压产生的吸力运作，对鱼体损伤较小，可作为活鱼泵使用。

在整体结构上的差别：离心式鱼泵整体性好，抽吸力强，方便安装，目前国内生产、使用的多为离心式鱼泵。国外有些离心式鱼泵被做成推车式，方便移动，使用更加便捷。而真空式鱼泵或射流式鱼泵均需要真空泵或者离心泵配套，工作台的面积需求较大。射流式鱼泵安装在不小于 $1.2×10^5\,\mathrm{m}^2$ 的工作平台上，并且所需配套动力系统的功率不低于 $40\,\mathrm{kW}$[10]。

在工作效率上的差别：离心式鱼泵结构简单，效率最高，其工作效率都在 65% 以上。真空式鱼泵需要水环式真空泵驱动才能工作，通过真空负压吸水，一般水环式真空泵的工作效率为 30%～50%。射流式鱼泵的工作效率更低。射流式鱼泵需离心式水泵驱动才能工作，效能会被损耗，其工作效率不超过 30%[10]。

2.2　下行过鱼设施

2.2.1　旁路通道

1. 旁路通道的定义

旁路通道是集运鱼系统的组成部分，它将被拦截的鱼类引导回天然水体，从而将鱼类转移到可用于评估、收集或保存运输的鱼类处理设施。当鱼被转移到运河或封闭的管道内时，需要一个旁路通道进行导流筛分，这意味着大量的鱼类会经过旁路通道，所以，有效过鱼并减少对鱼类的伤害和延误对旁路通道非常重要。同时，为了避免鱼类回到自然水域时被捕食，旁路通道应当加速鱼的通过并避免鱼受伤或迷失方向。

2. 旁路通道的组成和功能

1）旁路通道进口

旁路通道进口一般设置在鱼类能够被导墙自然引导的位置，为使鱼类不产生逃逸反应，应在旁路通道进口处提供相应的过鱼通道。为把鱼类引导到旁路通道排水口处，导鱼栅和旁路通道应共同作用，保证鱼类迅速、安全地通过；旁路通道的设置能有效拦截并限制鱼类暴露在导鱼栅的时间过长（过度暴露可能导致鱼类受伤）；为了帮助鱼类进入旁路通道，其进口应具有足够大的尺寸以免被杂物堵塞，为了提高旁路通道的过鱼效率，可以设置与导鱼栅成一定角度的导墙，并将导墙延伸至旁路通道，利用导墙拦截沿着导鱼栅游动的鱼，并引导鱼类到达旁路通道进口。

2）旁侧通道

旁侧通道的作用是为了有效地将鱼引回自然水体，以减少鱼迷失方向和鱼体受到伤害的可能性。旁侧通道一般包括明渠、管道、跌水结构和流道。为了尽量减少鱼在通道内延误和滞留，整个通道内不能出现滞水或涡流带，且通道内的水流要有良好的定向性。对于封闭的管道，管道内不应存在可能导致鱼类受伤或延误的水跃，杂物的堆积同样会降低通道的过水能力，故应防止旁侧通道中有杂物堆积。

为了进一步防止鱼类受伤和迷失方向，应设计带有能量消耗池的跌水结构。特别是在空间有限的地方，为避免结构表面的高耗能率和直接流动冲击，通常需要跌水结构来迅速降低水面高度。

3）旁路通道出口

旁路通道出口将鱼从旁路通道重新引入自然水体，旁路通道出口应尽量避开鸟类和鱼类，以防鱼被捕食。旁路通道出口是旁路通道的最后一个组成部分，出口的功能是释放旁路管道里的鱼。旁路通道出口通常有两种类型：水下出口和竖放式出口。出口可以将鱼类排入适宜的自然流域，这些河段应有足够的水深和适宜的流速，以尽量减少对鱼类的影响，且没有潜在的捕食威胁。此外，需限制对上游洄游鱼类（可能被旁路水流吸引的鱼类）的吸引力以及旁路通道放回鱼类可能受到的伤害。

旁路通道的唯一缺陷是使用此通道的鱼太少。如果系统运行良好，排水口的位置和构造适当，旁路通道将是最优的鱼类下行通道。

3. 旁路通道的发展现状

目前很多大坝设有幼鱼的过鱼旁路通道，旁路通道一般位于大坝侧面，是引导鱼类进入下游的重要通道。旁路通道可以结合大坝上游的集运鱼系统和大坝下游的运鱼船或运鱼车来实现鱼类的下行过坝。在美国哥伦比亚河下游的 8 座大坝中，有 7 座设有幼鱼旁路通道，在春季和夏季有 60%～70%的大鳞大麻哈鱼幼鱼经旁路通道系统通过大坝。美国特雷西（Tracy）导鱼系统和斯金纳（Skinner）导鱼系统均应用了旁路通道将鱼输送至室内集鱼池。

Durif 等[11]发现，欧洲鳗向下游迁徙时，在底部旁路通道记录到鳗的通过率高达 94%，但在靠近水面的旁路通道中仅有 6%的过鱼率。同样，荷兰罗尔蒙德镇上罗尔蒙德水电站的导鱼栅同时配备了靠近水面和底部旁路通道[12]（图 2-19）。监测结果显示，在这里

图 2-19　荷兰罗尔蒙德水电站底部旁路通道（左边箭头）和表面旁路通道（右边箭头）实景图

鳗也只选择底部的旁路通道，鲑几乎完全使用靠近水面的旁路通道。其他物种则表现出了不同的分布模式，但即使是像鲤这样通常靠近水面的物种似乎也更喜欢选择底部的旁路通道[13, 14]。

在德国，旁路通道的设计通常会在一定程度上偏离现有规范，部分原因是现有水电站在改造旁路通道时会遇到技术瓶颈。然而，通常情况下，这样的偏差会由于业主要求降低建造和运营成本，或者因为基于鱼类行为的设计要求而被忽略。因此，这些旁路通道的过鱼效率往往并不理想，如萨勒河德布里辰水电站底部附近的旁路通道使用率仅为1.4%~10%[15]。在德国齐尔河上的温赫尔穆勒水电站（图 2-20），靠近底部的旁路通道经常被堵塞，所以只有在极少数情况下才能供迁徙的鳗使用[16]。德国的经验表明，在垂直于来流布置的垂直导鱼栅旁设置旁路通道，其功能往往受到严重限制。如果旁路通道入口在空间上与导鱼栅分离并延伸入水源，水流将把鱼带到导鱼栅上，从而进入一个死胡同。鱼类只有先逆流而上，然后再顺流而下，才能找到进入旁路通道的入口（图 2-21）。

图 2-20　温赫尔穆勒水电站进水口

（a）12 mm 的屏障和各种洄游通道；（b）冲水闸门；（c）鱼道上游出口；（d）下游靠近水面的支路；
（e）靠近底部的下游旁路通道；（f）鲑鱼专用旁路通道

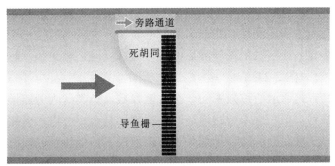

图 2-21　位于导鱼栅上游的旁路通道（俯视图）

斜角导鱼栅代表了一种鱼类保护方法，通过平斜安装导鱼栅可以增强旁路通道的可上溯性，这种方法已在美国多次得到证明。在过去的几十年里，美国大多使用百叶窗式导鱼栅，百叶窗式导鱼栅的板条与流入的水流成直角，提供最大的水流偏转（图2-22）。经验表明，大部分鲑跟随导鱼栅的表面游动，故其可以被引导进入安装在下游末端的旁路通道。在美国和世界其他地方，大部分的百叶窗式导鱼栅已经被物理上无法通过的角形导鱼栅所取代，这种导鱼栅可以防止鲑通过进水口，并引导它们进入旁路通道[17-20]，这种方法同样适用于鳗[21]。

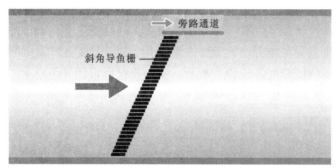

图2-22　与水流成斜角安装的导鱼栅下游端旁路通道入口

研究发现可以将底部旁路通道开发为鳗特有的旁路通道，该旁路通道由安装在进水通道底部、三面封闭的腔室组成，其开放的纵向剖面面向机械屏障[22]。这种旁路通道可以拦截鳗，使它们在屏障旁转身，从接近底部的上游逃走(图2-23)。

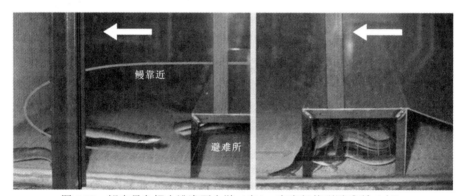

图2-23　鳗在导鱼栅上逃逸至上游（左），在底部找到避难所（右）

为了测试底部通道的功能性，在通道底部安装了一个简易的矩形空腔，在允许的流速范围内，水流会显示鳗接触机械屏障后的典型逃逸反应，结果显示鳗会在短时间内聚集在遮蔽腔室内[23,24]（图2-24）。

接受度是提高旁路通道通过效率的一个关键参数，鱼类认为旁路通道是流动的。因此，人们经常观察到，鱼在进入旁路通道时会犹豫，甚至不敢进入旁路通道，因为它们认为这种结构是一个潜在的危险。早期关于旁路通道入口处鱼类趋向行为的研究表明，安装在导鱼栅旁边并与水流平行的旁路通道具有较高的接受度。

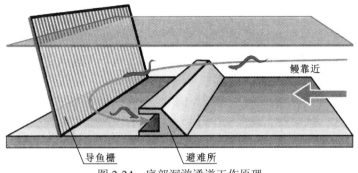

图 2-24　底部洄游通道工作原理

　　一般情况，旁路通道的尺寸越大，就越容易被鱼类发觉，也越容易被鱼类接受。但是，为了减少旁路通道造成的流量损失，旁路通道进口通常需要设计得尽可能小。因此，在实践中，需要在不限制旁路通道的尺寸和用水量间找到平衡。

2.2.2　生态友好型水轮机

1. 生态友好型水轮机的定义

　　淡水洄游鱼类往往需要通过一些人为的障碍物，如大坝、水电站等。为了减轻长时间迁徙对鱼类造成的生理危害，人们发明了几种帮助鱼类洄游的设施，并取得了不错的成效，其中就包括生态友好型水轮机。

　　与传统的下行过鱼设施相比，生态友好型水轮机具有一定的优势，因为它在设计阶段就充分考虑了生态环境及可持续发展的要求，以生态友好为目标，分析鱼类通过水轮机流道可能受伤害的机理，通过改进水轮机流道尺寸、外观形状及运行参数，使鱼类通过水轮机下行时受到的伤害减少，同时高效发电，实现社会效益和环境效益最大化。

2. 生态友好型水轮机的结构与功能

　　生态友好型水轮机设计的最终目的是使通过水轮机的鱼类受到的损伤或死亡率降低，同时达到高效发电，实现社会效益和环境效益最大化。生态友好型水轮机发展至今，主要包括转桨式过鱼水轮机、混流式过鱼水轮机、灯泡贯流式过鱼水轮机，以下将对三种生态友好型水轮机的特点进行简要介绍。

　　1）转桨式过鱼水轮机的特点

　　（1）转桨式过鱼水轮机通过尽可能地减少和消除缝隙，以避免对鱼的挤压伤害，包括减小导叶处的缝隙和转轮体、叶片及出水环间的缝隙，实现方法主要是将传统的柱形、锥形叶片变为球形。

　　（2）转桨式过鱼水轮机通过去除导叶的突出部分，并通过将柱形出水环变为球形出水环以减少间隙，同时提高能效。

　　（3）转桨式过鱼水轮机通过合理布置固定导叶和活动导叶，使其位置、方向趋向一致，避免或减少扰流和机械伤害。

　　（4）转桨式过鱼水轮机通过对尾水管的鼻端采取圆滑设计，以降低对鱼的擦伤。

2）混流式过鱼水轮机的特点

（1）混流式过鱼水轮机通过减少叶片的个数，以降低鱼类所受撞击和擦伤的概率，并尽可能地加大流道尺寸。对叶片个数较少的，采用较长叶片，以维持相同的容量、发电量和将空蚀降至最小。

（2）混流式过鱼水轮机通过采用较厚的叶片进口边，以产生效率-水头特性曲线相当平缓的转轮。这就意味着在高水头下叶片进口边不会产生空蚀，水流分离现象也会较少发生，给鱼类创造一个安全的通过环境。

（3）混流式过鱼水轮机通过降低导叶的悬臂，以消除产生有害涡流的间隙，增加导叶与转轮之间的距离，并使导叶与固定导叶对齐。增加导叶边缘与转轮之间的距离可以通过放大枢轴的圆直径来实现。这样也就降低了鱼在导叶的尾缘和转轮之间遭受摩擦伤害的概率。

（4）混流式过鱼水轮机的固定导叶、导叶和尾水管上部锥管采用光滑表面，以减少对鱼类的潜在摩擦伤害和鱼鳞损伤。

3）灯泡贯流式过鱼水轮机的特点

（1）灯泡贯流式过鱼水轮机在降低转速的同时增大转轮直径。

（2）灯泡贯流式过鱼水轮机减少转轮叶片的数量。

（3）灯泡贯流式过鱼水轮机通过减少转轮体的体积，缩短叶片的长度，减少对鱼类的伤害。

（4）灯泡贯流式过鱼水轮机通过增加导叶与叶片之间、导叶与转轮之间的距离，减少对鱼类的伤害。

（5）灯泡贯流式过鱼水轮机通过优化压力梯度，减少局部压力突变。

3. 生态友好型水轮机的发展现状

20 世纪 90 年代，美国能源部开始与水电行业进行合作，制定了高级水轮机系统（advanced hydraulic turbine system，AHTS）计划，旨在提高水轮机过鱼存活率，此计划支持两项有关水轮机的研发，即福伊特水电公司研发的最小间隙转轮（minimum gap runner，MGR）和奥尔登公司研发的奥尔登汽轮机。

1995 年，美国陆军成立了一个水轮机流道鱼类存活率研究小组。通过分析，专家们将鱼类通过水轮机流道下行时可能受到的伤害机理分为机械、压力、剪应力和空蚀四种。

另外，为明确水轮机对通过其流道下行的鱼类造成损伤的机理和关键影响因子，国内外学者进行了鱼类通过水轮机损伤状况及概率统计的相关研究。美国太平洋西北国家实验室研制出电子鲑，来帮助测定水轮机对鱼类游入大海时的影响，并对鱼类在不同情况下发生的不同程度的气压损伤现象做了综合性的试验，得出由气压造成鱼类损伤的主要原因是压力的快速降低，当水轮机流道内最低气压（50.5 kPa）提高 1 倍时，因水轮机流道内气压变化而导致的下行鱼类的死亡率将会降低。美国学者 Neitzel 等[25]将幼鱼放到水下有不同喷嘴直径的湍流水槽中以确定剪应力对于幼鱼伤害的极限值，运用雷诺方程模拟水轮机过流流道，从而预估鱼类通过水轮机某一运行工况的死亡率。Fisher 等[26]

在水力机械上进行鱼类投放试验。他们把三组标示过的试验鱼，分别在水轮机导叶不同高度的地方释放，然后回收试验鱼，对通过水轮机叶片不同区域的鱼的受伤和死亡情况进行统计，并对鱼进行解剖，分析受损原因，同时探索是否在最优工况时水轮机对过机鱼类的损伤最少。Esch 和 Spierts[27]等将叶片撞击模型应用在鱼泵中，将 1 253 条鲤投入轴流泵中，在一个较广的运行范围内研究鱼的损伤率，试验得到的鲤死亡率和叶片撞击模型得到的数据相一致。

国内学者邵奇等[28]利用空气压缩机和真空泵在试验容器中模拟复杂的压力变化过程，并统计鲤、鲫、草鱼等不同鱼种经历压力变化过程后的损伤试验数据，通过比较试验结果可知，负压状态下的压力变化过程会对鱼类的生存构成威胁。李海锋[29]在试验容器内设计不同的压力变化过程，统计不同体长的鲫经历压力变化过程后的损伤情况，发现在负压状态下，当压力的时变导数较大时压力的变化过程会对鲫的生存构成直接威胁。

位于德国科斯特海姆美因河的水电站是使用改良卡普兰涡轮机的典型案例，该水电站在 2009 年安装了两个水平的卡普兰涡轮与三个叶片转轮，其中涡轮的转速不超过 U=85 r/pm。因此，它符合生态友好型涡轮机的标准。然而，Schneider 等[30]的研究认为鱼类通过涡轮的平均死亡率达到 20%～30%。鳗被吸回涡轮通道后的死亡率达到 32%。在科斯特海姆电站，鲤和鲈的死亡率高达 31.2%，主要受影响的是体型较小的鱼类。图 2-25 显示了具有固定轮缘和七片转轮叶片的新型涡轮转子，这种类型的第一台涡轮机现属于德国威悉河的德费登水电站，运营商正计划对其进行研究，以确定通过鱼类的死亡率。

图 2-25　德国威悉河德费登水电站的生态友好型水轮机

2.2.3　溢洪道

1. 溢洪道的定义

溢洪道是设置在水坝上或其附近河岸的泄洪建筑物的统称，是水利枢纽的重要组成部分。近年来，随着环保意识的增强，专家学者们注意到可利用溢洪道帮助鱼类向下游迁徙。在水库泄洪时，鱼类可以通过溢洪道到达下游，如在美国哥伦比亚-斯内克河，溢洪道被认为是一种有效的鱼类过坝途径。不过利用溢洪道过鱼也存在不利的方面，如溢洪道泄洪时，坝下水体溶解氧浓度增高可能导致通过溢洪道下行的鱼类受到伤害或游泳能力降低，此外溢洪道的消能结构也可能对鱼类造成损伤。

2. 溢洪道的结构和功能

溢洪道主要由前池、溢洪道闸门、反弧段、消力池和尾水渠组成。前池通常是指溢洪道闸门上游约 1 km 处的水库。溢洪道闸门通常采用径向设计，反弧段为闸门下方流向消力池的水流提供了一个过渡段，另外设置在反弧段上的导流板有助于减少溶解气体的产生。在反弧段下方，溢出的水流进入消力池，是为了在封闭的区域内耗散水体的湍流能量，从而将水流对溢洪道结构的威胁降至最低，另外消力池之外还需设置尾水渠，尾水渠向下游延伸约 1 km。溢洪道有不同的形式，其中包括：开敞式河道溢洪道、侧槽式河岸溢洪道、虹吸式溢洪道、滑雪道式溢洪道等。

3. 溢洪道的发展现状

高流量和高流速是影响鱼类通过溢洪道的关键因素。国外学者通过室内试验发现，在流速均匀增长的加速流流态下，大西洋鲑幼鱼在流线型入口表面溢流堰的通过率要高于薄壁溢流堰。Haro 等[31]提出了溢流堰堰口流速设计标准，设计理念是寻找鱼类不敏感的流速梯度增量，引导鱼类随水流漂流而不出现逃逸行为，然后使鱼类处于流速超过其有效逃逸速度的水流中使其无法逃逸，最终实现下行鱼类的顺利过坝。此外，为了能够更好地吸引幼鱼下行，改善溢流堰中流速过快的问题，目前开发出了可让鱼类通过水电站溢洪道的可移动式溢流堰，如图 2-26 所示。

图 2-26　可移动式溢流堰结构示意图

当枢纽工程没有下行过鱼任务时，可移动式溢流堰放置在库底，其他水工建筑物正常工作，当有下行过鱼任务时，可移动式溢流堰架设在溢洪道上开始工作，在闸门开度较小的情况下，靠近水面鱼类便可以完成下行，如位于斯内克河的冰港大坝安装了可移动式溢流堰以完成过鱼。

对于 10 m 以下的低坝，在坝基足够深并且没有过度侵蚀缓冲板（预制块、抛石等）的情况下，降河洄游鱼类通过大坝最安全的方式是通过溢洪道洄游。研究表明，一些鲑幼鱼会选择低坝的溢洪道而不是水轮机作为它们向下游迁移的途径。美国哥伦比亚-斯内克河的鲑幼鱼在溢洪道的存活率最高，其次是旁路通道，最后是水轮机。美国学者在上游水轮机和溢洪道附近释放部分剪掉鱼鳍的鲑幼鱼，通过计量下行通道出口处的成鱼数量，证实了通过水轮机下行的鱼类伤亡率比利用溢洪道下行的增加了10%。对比不同类型溢洪道的过鱼效果发现，鱼类尤其是幼鱼更偏向于选择滑雪道式溢洪道。

2.2.4　下行集运鱼系统

1. 下行集运鱼系统的定义

下行集运鱼系统是一种集鱼设施、运鱼车或运鱼船共同配合帮助鱼类下行的过鱼设施，下行集运鱼系统的特点是灵活性强、枢纽布置干扰小、对水库适应性高，以及鱼类过坝体力消耗少，适用于中高坝鱼类通过。在干旱季节，河道水流流速较慢，系统生境比较恶劣的情况下，集运鱼系统对鱼类过坝有很大帮助。

2. 下行集运鱼系统的结构和功能

下行集运鱼系统由集鱼系统、转运及放流系统和辅助系统 3 部分组成，主要设施包括集鱼船（平台）、运鱼船、运鱼车及公路、码头等。

集鱼系统：一般由集鱼平台、深水网箔和其他一些辅助设施组成，其中集鱼平台指能够对鱼类进行诱集、暂养、救护和进行必要试验工作的平台。

转运及放流系统：主要采用运鱼船和运鱼车的方式将收集到的鱼运输到放流地点进行放流。

辅助系统：由监控设施和辅助设施组成。其中监控设施是为了在集鱼平台建立初期，通过水声学监控设备监测坝上水域鱼类资源的分布情况，为确定集鱼平台的位置提供有力依据。需要注意的是，保证下行的幼鱼不进入危险区域是成功下行的关键，因为幼鱼的行为会随着身体尺寸和生理的变化而出现差异性，而且它们在水中垂直方向的分布也会随着周围光照环境的改变而发生变化。因此一些主动措施（设置拦鱼屏障）或被动措施（改变洄游行为或者将其引诱至安全区域）可以增加下行鱼类的存活率。现行的一些辅助设施，如拦鱼网、导鱼栅，以及声、光、电辅助技术一般布置在集鱼船附近，引导鱼类集聚，减少鱼类在水库上游的探索时间，降低误入水轮机和溢洪道的概率，减小下行鱼类的死亡率。

3. 下行集运鱼系统发展现状

目前国外对集运鱼系统应用较多，如美国邦纳维尔坝的集鱼船将鱼进行收集后，直接采用运鱼船的方式协助鱼类过坝；美国贝克大坝的集运鱼系统采用的是运鱼车，具体方式是将收集到的鱼用升鱼机升到系泊塔，然后将鱼释放到罐装车中，再将鱼运达大坝下游。近年来，美国在集鱼船的基础上对集运鱼设施进行了改进，多种技术被综合运用于集运鱼系统。如科切拉斯坝仿照贝克坝建造了帮助幼鱼下行过坝的集运鱼系统。该系统主要由屏障网（引导鱼）、带泵诱鱼船、水下旁路通道和集鱼船4部分组成。

美国的克拉克马斯河水利工程设施较为完善，除了为波特兰都会区提供电力和饮用水，还修建了专门供鱼类（主要包括银大麻哈鱼、大鳞大麻哈鱼和硬头鳟）上、下行的河流连通性恢复设施。这些过鱼设施所在河段修建了3座大坝，由上游到下游分别是北福克坝、法拉第引水坝和河磨坝。其中北福克坝库区建有集运鱼系统（集运渠道和运鱼管道），同时在大坝库区右岸建有鱼类下行旁路通道（集鱼口和运鱼管道）（图2-27）。北福克大坝两处集运鱼设施收集到的鱼直接通过运输管道（管道直径约 46 cm，管道流量约 0.2 m³/s）运送到河磨坝下游（图2-28），河磨坝库区建有水面集鱼系统。

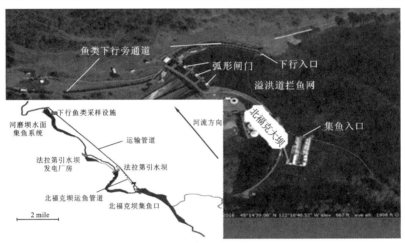

图 2-27　北福克大坝水表面集运鱼系统和鱼类下行旁路

图 2-28　水面集鱼系统中集鱼通道和运鱼管道

---

① 1 mile=1.609 344 千米。

参 考 文 献

[1] 杨红玉, 李雪凤, 刘晶晶. 国内外鱼道及其结构发展状况综述[J]. 红水河, 2021, 40(1): 5-8.

[2] 郑姁姁, 张雨玫, 陶思佳, 等. 浅析国内外过鱼设施的发展[J]. 南方农机, 2020, 51(11): 71-72.

[3] 乔娟, 石小涛, 乔晔, 等. 升鱼机的发展及相关技术问题探讨[J]. 水生态学杂志, 2013, 34(4): 80-84.

[4] 梁园园, 刘德富, 石小涛, 等. 集运鱼船研究综述[J]. 长江科学院院报, 2014, 31(2): 25-29, 34.

[5] RAYMOND H L, HOWARD L. Effects of hydroelectric development and fisheries enhancement on spring and summer chinook salmon and steelhead in the columbia river basin[J]. North American journal of fisheries management, 1988, 8(1): 1-24.

[6] 叶燮明, 徐君卓. 国内外吸鱼泵研制现状[J]. 现代渔业信息, 2005, 20(9): 7-8.

[7] 郑金秀, 韩德举. 国外高坝过鱼设施概况及启示[J]. 水生态学杂志, 2013, 34(4): 76-79.

[8] 叶燮明, 徐君卓, 陈海鸣, 等. 网箱吸鱼泵的研制和试验[J]. 渔业现代化, 2003(3): 25-26.

[9] 黄小华, 郭根喜, 陶启友. 射流式吸鱼泵关键技术研究及设计[J]. 南方水产, 2007(3): 41-46.

[10] 郭喜庚, 谭细畅. 吸鱼泵的主要结构型式及其应用前景分析[J]. 渔业信息与战略, 2013, 28(3): 214-218.

[11] DURIF C, GOSSET C, RIVES J, et al. Behavioral study of downstream migrating eels by radio-telemetry at a small hydroelectric power plant[J]. Biology management & protection of catadromous eels, 2003, 33(1): 343-356.

[12] DUMONT U, HERMENS G. Fischabstiegs-und fischschutzanlagen an der wasserkraftanlage ECI-Centrale in Roermond/Niederlande[J]. Wasserwirtschaft, 2012, 102(7/8): 89-92.

[13] GUBBELS R. Downstream migration: An underestimated phenomenon[R]. Roermond: Internationalworkshop on downstream fish passage best practices and innovations at hydropower stations, 2016.

[14] GUBBELS R, BELGERS M, JOCHIMS HJ. Vismigratie in de benedenloop van de roer in de periode 2009—2014: Soortspecifieke migratiekarakteristieken en[R]. Intern report, Waterschap roer en overmaas, 2016.

[15] SCHMALZ M. Optimierung von Bypässen für den Fischabstieg[R]. Schleusingen: Hydrolabor Schleusingen projekt bericht, 2012.

[16] ENGLER O, ADAM B. HDX-monitoring wupper: Untersuchung der wanderung von fischen, untersuchungszeitraum vom 31. Oktober 2013 bis 31. Mai 2014. Kirtorf Institut für angewandte Ökologie[EB/OL]. [2022-12-15]. https://www.brd.nrw.de/umweltschutz/wasserrahmenrichtlinie/HDX-Monitoring-Wupper-2013-14.pdf.

[17] LARINIER M, TRAVADE F. The development and evaluation of bypasses for juveniles salmonids at small hydroelectric plants in France[J]. Fish passage technology, 1999(1): 25-42.

[18] ANDERSON MR, DIVITO JA, MUSSALLI YG. Design and operation of angled-screen intake[J]. Journal of hydraulic engineeing, 1988, 114(6): 598-615.

[19] EDWARDS SJ, DEMBECK J, PEASE TE, et al. Effectiveness of angled-screen intake system[J]. Journal

of hydraulic engineeing, 1988, 114(6): 626-639.

[20] MATOUSEK JA, PEASE TE, HOLSAPPLE JG, et al Biological evaluation of angled-screen test facility[J]. Journal of hydraulic engineeing, 1988, 114(6): 641-649.

[21] SIMMONS RA. Effectiveness of a fish bypass with an angled bar rack at passing Atlantic salmon and steelhead trout smolt at the Lower Saranac Hydroelectric Project [M]//ODEH M. Advances in fish passage technology. American Fisheries Society Bioengineering Section, 2000: 95-102.

[22] AMARAL S V, WINCHELL F C, MCMAHON B C, et al. Evaluation of an angled bar rack and a louver array for guiding silver American eels to a bypass[C]//American fisheries society symposium: Biology, managmet, and protection of catadromous eels, bethescla, MD, American fisheries society, 2003.

[23] ADAM B, SCHWEVERS U, DUMONT U. Rechen-und bypaßanordnungenzum schutz abwandernderAale[J]. Wasserwirtschaft, 2000, 92(5): 43-46.

[24] ADAM B, SCHWEVERS U, DUMONT U. Beiträge zum schutz abwandernder fische: Verhaltensbeobachtungen in einem modellgerinne[M]. Solingen: Bibliothek Natur & Wissenschaft, 1999.

[25] NEITZEL D A, RICHMOND M C, DAUBLE D D, et al. Laboratory studies on the effects of shear on fish[R]. Pacific northwest national lab. (PNNL), Richland, WA (United States). 2000.

[26] FISHER R, MATHUR D, HEISEY P G, et al. Initial test results of the new Kaplan minimum gap runner design on improving turbine fish passage survival for the Bonneville first powerhouse rehabilitation Project[C]//Baxendale j, 2000. hydro vision 2000 conference technical papers. New York: HCIPublication, 2000.

[27] ESCH B P M V, SPIERTS I L Y. Validation of a model to predict fish passage mortality in pumping stations[J]. Canadian journal of fisheries & aquatic sciences, 2014, 71(12): 1910-1923.

[28] 邵奇, 李海锋, 吴玉林, 等. 水力机械内压力变化梯度对鱼类损伤的模拟试验[J]. 机械工程学报, 2002(10): 7-11.

[29] 李海锋, 邵奇, 吴玉林, 等. 负压状态下压力变化导致鲫鱼身体组织的损伤[J]. 动物学报, 2003(1): 67-72.

[30] SCHNEIDER J, HÜBNER D, KORTE E. Funktionskontrolle der fischaufstiegs-und fischabstiegshilfen sowie erfassung der mortalität bei turbinendurchgang an der wasserkraftanlage am main[M]. Frankfurt am Main im: ImAuftrag der WKW StaustufeKostheim/Main GmbH & Co. KG, 2012.

[31] HARO A, ODEH M, NOREIKA J, et al. Effect of water acceleration on downstream migratory behavior and passage of atlantic salmon smolts and jurenile American shad at surface bfpasses[J]. Transactions of the American fisheries society, 1998, 127(1): 118-127.

第3章 过鱼设施设计标准

3.1 国外设计标准

3.1.1 上行过鱼设施设计标准

1. 鱼道设计

鱼道通常由安装在上倾斜通道附带开口的堰、挡板或导流栅组成，通道内的水流为鱼类运动创造了条件。鱼道可分为竖缝式鱼道、丹尼尔式鱼道、池堰式鱼道和涵洞式鱼道等。不同的鱼道其物理结构与水力特征适用于不同的鱼类。鱼道设计应遵循如下标准。

鱼道隔板级差：鱼道各池室之间的最大水流落差不能超过 0.30 m。

鱼道池室水流深度：鱼道溢流堰的设计中应提供高于堰顶至少 0.30 m 的水流深度。

池室尺寸：水池尺寸至少长 2.44 m，宽 1.83 m，深 1.52 m。但某些特定的鱼道设计会因地理条件和鱼道流量而选择不同于以上标准的池室尺寸。

池室转弯段：鱼道池室转弯段（即鱼道弯度至少为 90° 的地方）的长度至少是标准鱼道池室的两倍，标准鱼道池室的长度是指鱼道流动路径中心线的长度。

鱼道池室体积：鱼道池室体积计算公式为

$$V = \frac{\gamma QH}{(4\,\text{ft} - \text{lbs}\,/\,s)\,/\,\text{ft}^3} \tag{3.1}$$

式中：γ 为单位立方米的水重量，28.30 kg/m³；Q 为鱼道水流量，单位 m³/s；H 为池室间水头差，单位 cm（注：1 ft=30.48 cm；1 lbs=0.453 592 4 kg）。

鱼道池室的体积必须符合预期的流量条件，即整个水池可容纳流动的水流，并可以促进水力的消散。

超高：在最大设计流量下鱼道壁面超高至少为 0.91 m。

孔口尺寸：孔口尺寸至少高 38.10 cm，宽 30.50 cm，在上游的孔口顶端和两侧需设置一个 1.90 cm 的倒棱，下游的孔口则需设置一个 3.81 cm 的倒棱。

照明：鱼道的照明最好能够覆盖整个鱼道，必须避免突然的光线变化。

水流方向的变化：当水流方向变化超过 60° 时，需在鱼道池室外侧转角处设置一个45° 的垂直斜面，或垂直曲率半径为 0.61 m 的弧面[1]。

1）竖缝式鱼道

在竖缝式鱼道中，通过安装固定间距的挡板形成一系列的池室（图 3-1），挡板与挡板之间形成竖缝，水流经其下泄，并在水池内经过掺混、扩散等方式进行能量耗散。竖

图 3-1 竖缝式鱼道

缝式鱼道能适应上下游水位变化较大的情况。通常对于成年鲑水位差为 300 mm，而对于淡水鱼是 200 mm。竖缝式鱼道通常有 10%的坡度，鱼道相邻池室间的连接竖缝宽度为 0.30 m～0.38 m。目前，更窄的竖缝已被用于鱼道设计之中，在没有辅助水流系统的情况下，竖缝的宽度可以更大。对于成年溯河性鲑科鱼类，竖缝的宽度不应小于 0.30 m。竖缝式鱼道由混凝土浇筑而成，建筑初期成本要略高于其他类型的鱼道。

2）丹尼尔式鱼道

丹尼尔式鱼道以它的发明者丹尼尔命名，该鱼道由紧密间隔的矩形槽或两侧和底部安装的导流栅组成。标准型丹尼尔式鱼道如图 3-2 所示，其包括一系列指向上游的平面挡板，与鱼道底部成 45°。陡峭型丹尼尔式鱼道的挡板也是指向上游方向且远离斜槽壁面。

图 3-2 标准型丹尼尔式鱼道

通过丹尼尔式鱼道的水流非常混乱，伴随着大动量的交换和高能量的消耗。在标准型丹尼尔式鱼道中，顶部的水流流速高，靠近底部的斜槽水流流速较低。而在陡峭型丹尼尔式鱼道中，浅水区靠近鱼道底部的流速较高，朝向水面的流速较低；深水区的水流分为上层和下层，速度分布大致对称，最大水流流速出现在中层。这种大流量设计可以减少鱼道内沉积物的堆积，也可提供良好的引导性能，辅助鱼类找到鱼道。由于鱼类在通过的时候需要不间歇地游泳，所以沿鱼道每 10～15 m（成年鲑）和每 5～10 m（成年淡水鱼）都需设置休息池。

丹尼尔式鱼道在水槽的槽壁和槽底设有阻板和底坎，其优点是流量增大，改善了下游吸引鱼类的条件；缺点是水流紊动剧烈，水位变动的适应性差，仅适合游泳能力较强的鱼类。在均匀流和渐变流情况下用一定比例模型对丹尼尔式鱼道中几种变化的水力特性进行研究，对挡板与槽壁成一定角度的陡峭型丹尼尔式鱼道[图 3-3（a）]和挡板垂直于槽壁并与地面成一定角度的标准型丹尼尔式鱼道[图 3-3（b）]进行对比，图中 b_0 为通道宽度；a 为系数；ϕ 为倾斜角宽度；y_0 为池室水深。

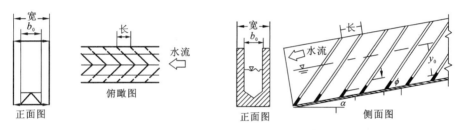

（a）陡峭型丹尼尔式鱼道　　　　　　　　（b）标准型丹尼尔式鱼道

图 3-3　丹尼尔式鱼道设计类型

量纲为一的流量（Q_*）是相对水深（y_0/b_0）的非线性（幂）函数，如式 3-2 所示（表 3-1、图 3-4）。

$$Q_* = \frac{Q}{\sqrt{gS_0b_0^5}} = \alpha\left(y_0/b_0\right)^{\beta} \tag{3.2}$$

式中：S_0 为鱼道坡度。

对陡峭型丹尼尔式鱼道和标准型丹尼尔式鱼道进行比较可知，当 $y_0/b_0 > 1.0$ 时，标准型丹尼尔式鱼道的过流能力比陡峭型丹尼尔式鱼道大。反之亦然，当 $0.5 < y_0/b_0 < 1.0$ 时，陡峭型丹尼尔式鱼道的过流能力比标准型丹尼尔式鱼道大。

丹尼尔式鱼道主流流速分布特征主要取决于 y_0/b_0。挡板间距不同的标准型丹尼尔式鱼道[图 3-3（b）]的流速分布曲线大致相同，从底部到水面流速逐渐增大。量纲为一流速比尺（U_*）是量纲为一的流量（Q_*）的非线性（幂）函数，如图 3-4、表 3-1 所示：

$$U_* = \frac{u_m\left(u_m'\right)}{\sqrt{gb_0S_0}} = \alpha Q_*^{\beta} \tag{3.3}$$

注意：u_m 和 u_m' 是从流速分布曲线主流流速处取值而来的。但 u_m 是流速分布曲线中的最大流速并仅适用于陡峭型丹尼尔式鱼道，而 u_m' 是 75%水深处的最大流速并仅适用于标准型丹尼尔式鱼道。

表 3-1　丹尼尔式鱼道量纲为一方程与流速比尺

设计类型	B/b_0	L/b_0	y_0/b_0 范围	$Q_* = \dfrac{Q}{\sqrt{gS_0b_0^5}}$	$U_* = \dfrac{u_m(u'_m)}{\sqrt{gb_0s_0}}$
丹尼尔 1	1.580	0.715	0.1～0.4	$Q_* = 0.97(y_0/b_0)^{1.55}$	$U_* = 1.43(Q_0)^{0.45}$
丹尼尔 2	1.580	0.715	0.5～5.8	$Q_* = 0.94(y_0/b_0)^2$	$U_* = 0.76(Q_0)^{0.61}$
丹尼尔 3	1.580	1.070	0.5～1.2	$Q_* = 1.12(y_0/b_0)^{1.16}$	—
丹尼尔 4	2.00	0.910	1.0～5.0	$Q_* = 1.01(y_0/b_0)^{1.92}$	$U_* = 0.84(Q_0)^{0.58}$
丹尼尔 5	2.00	1.820	1.3～4.6	$Q_* = 1.35(y_0/b_0)^{1.57}$	$U_* = 0.67(Q_0)^{0.57}$
丹尼尔 6	2.00	2.580	0.8～4.3	$Q_* = 1.61(y_0/b_0)^{1.16}$	$U_* = 1.37(Q_0)^{0.25}$

丹尼尔 1 与陡峭型丹尼尔式鱼道类似[图 3-3（a）]；u_m 仅适用于丹尼尔 1，u'_m 适用于标准型丹尼尔式鱼道[图 3-3（b）]

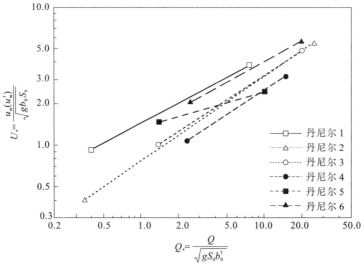

图 3-4　丹尼尔式鱼道量纲为一的流速比尺

3）池堰式鱼道

池堰式鱼道由多个阶梯分离模式的池堰组成，结构特点是前池室略低于后一个池室（图 3-5）。通常会在堰的淹没部分开一个孔口，鱼可通过孔口而无须过堰，从而减少鱼类游泳产生的能量损耗。虽然池堰式鱼道结构简单，但池和堰对于水位波动很敏感，池室之间的水位下降通常设置为：成年鲑 300 mm，成年淡水鱼 200 mm。池堰式鱼道坡度通常为 10%。

池堰式鱼道由一系列有一定坡度（或者阶梯）的矩形水渠组成，鱼道类型包括：①溢流堰式；②淹没孔口式；③组合式。有研究表明，通过对堰的改造或能够激发鱼类的最大跳跃能力和渡槽能力。

（1）溢流堰式鱼道。鱼类从溢流堰式鱼道的堰顶通过，堰顶可为平面或曲面。溢流堰式鱼道的优点是水流平稳，缺点是消能不充分，水位变动的适应性差，适合喜欢在表层洄游和有跳跃习性的鱼类。图 3-6 中给出了暴跌流（Q_p）和射流（Q_s）情况下量纲为一的流量的计算公式，其中 B 是堰宽。暴跌流模式下的最大流速出现在堰顶附近，并且

图 3-5　池堰式鱼道

在水面处减小到一半。在射流模式下平均流速为 V，如图 3-6 所示，图中 B 为堰宽，h 为堰上水头，L 为池室长，d 为堰上水头，P 为隔板高度；Q_w 为鱼道流量。

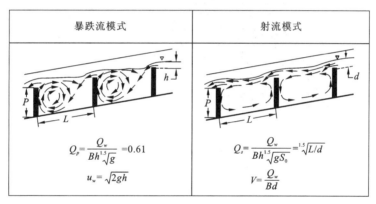

图 3-6　溢流堰式鱼道量纲为一的流量的方程

（2）淹没孔口式鱼道。淹没孔口式鱼道是将孔口设在河床附近，在实际中经常运用这种形式。淹没孔口式鱼道的通过流量可分为以下三种情况：①竖缝，$y_0 < z_0$；②淹没射流，$y_0 > 2z_0$；③介于两者之间的非淹没射流，仅上游侧孔口淹没，$z_0 < y_0 < 2z_0$，如图 3-7 所示，图中 z_0 为孔口高，b_0 为孔口宽，y_0 为水深。

孔口流量	水深	流量	水流
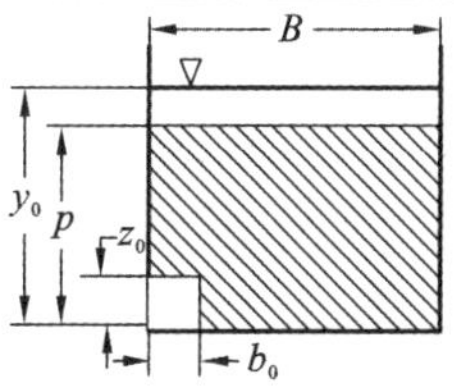	$y_0 < z_0$	$Q_j = 1.94\left(\dfrac{y_0}{b_0}\right)$	竖缝
	$y_0 > 2z_0$	$Q_j = 2.25$	淹没射流

图 3-7　淹没孔口式鱼道量纲为一的流量的方程

（3）组合式鱼道。对于溢流堰式和淹没孔口式的组合式鱼道，两者之间的水力特性作用可忽略不计。溢流堰式鱼道的流量（Q_w）可用暴跌流、射流或者过渡流情况下的公式进行计算，而淹没孔口式鱼道的流量（Q_0）可用淹没射流情况下的量纲为一的流量等式来计算（Q_j=2.25，图 3-7）。组合式鱼道总过流量为溢流堰式鱼道的流量和淹没孔口式鱼道的流量之和，即 $Q = Q_w + Q_0$。

4）涵洞式鱼道

涵洞式鱼道由倾斜且底部间隔规则布置的挡板或堰管道组成。大多数的涵洞都布置于河床的底部并含有特殊装置，如乱石、挡板、堰、砌块或板材，用于形成涵洞式鱼道（图 3-8）。若将一个涵洞作为鱼道，需在设计鱼道时满足鱼类能进入并通过鱼道且不长时间滞留这一关键条件。涵洞式鱼道通常伴随通道建设而产生，其斜坡坡度一般在 0.5%～5%。

图 3-8　涵洞式鱼道

涵洞式鱼道的流量分析与深度大于挡板或堰高（z_0）的溢流堰式鱼道类似。射流通常发生在水较浅的地方，因为 z_0 仅是涵洞直径（D）的 10%～15%。量纲为一的流量（Q_*）与相对水深（y_0/D）的关系采用幂函数曲线的形式。

$$Q_* = \frac{Q}{\sqrt{gS_0 D^5}} = \alpha \left(\frac{y_0}{D}\right) \beta \tag{3.4}$$

对于所有的涵洞式鱼道试验分析，堰或挡板处的断面流速分布也需要通过分布相似性进行分析计算。

$$U_* = \frac{u_m}{\sqrt{gS_0 D}} = \alpha \left(\frac{y_0}{D}\right) + \beta \tag{3.5}$$

$$\frac{u}{u_m} = \alpha \left(\frac{y}{z_0}\right)^{\beta} \tag{3.6}$$

对涵洞式鱼道入口区域的部分水流的特性进行研究，当水面下降时，可能需要缩小挡板间距。

（1）鱼道进口设计。鱼道进口通常是通过闸门或槽流出的水流，对鱼类产生一定的吸引效果，鱼类识别水流信息后由此进入鱼道。鱼道进口是过鱼通道设计中最关键的部分，鱼道进口的合理布置可使鱼道在设计流量范围内达到良好的诱鱼效果。鱼道进口设计中需考虑的方面包括：①进口的位置及平面布置；②进口的结构形式和流量大小；③进口与坝下水流的差异性；④进口流量调控。鱼道进口设计应遵循以下标准。

位置：鱼道进口必须设置在有吸引流的地方。在选择进口位置时，应避免设置在高速、紊流区的厂房或溢洪道尾水渠内，应选择水流相对平缓的区域。

吸引水流：对于年平均流量超过 28.3 m^3/s 的溪流，鱼道进口的流量应在鱼道设计流量的 5%～10%。对于较小的流量，在可行的情况下，可全部用于吸引鱼类进入鱼道。一般情况下，用于吸引鱼类进入鱼道的流量越高，该过鱼设施的过鱼效率就越好。

水位落差：鱼道进口的水头差（进口水头）必须保持在 0.30～0.46 m。

尺寸：鱼道进口的宽度最小为 1.22 m，进口深度至少为 1.83 m，进口的结构取决于吸引流的情况，并应根据现场条件进行设计。

其他进口：若坝下多个区域有鱼集聚，每个区域应至少布置一个鱼道进口。对于较大的水坝，需提供两个或两个以上的鱼道进口以适应坝下流场变化，另外鱼道进口应配备闸门。

进口类型：鱼道进口结构形式可以是可调节的淹没式堰坝、竖缝式、孔口式或其他形式，部分鲑鱼种类应避免使用孔口式鱼道。

水流情况：因急流会导致水跃现象，对鱼类造成伤害，其流态形式或阻碍鱼类上行，不利于鱼类进入鱼道，所以鱼道进口的水流应为缓流。

水位：水头标准需要在鱼道进口标注水位标尺以方便测量和记录。水位标尺应该设置在进口水池和鱼道进口外的尾水处以及鱼类容易到达的可视区域，同时应避免放置在激流区和鱼道进口水流流速变幅较大的区域。

（2）鱼道出口段设计。鱼道出口段可为鱼类顺利通过鱼道出口提供通道。上游出口段的鱼道设施包括以下部分：①辅助水阀门或扩散器；②可调节流量的出口池；③出口通道；④粗格拦污栅（用于鱼道）；⑤细格拦污栅和控制门。出口段的功能之一是减轻前池水面高层的波动，从而使梯池里的鱼道保持适宜的水力条件，其他功能还包括最大限度地减少鱼道里的杂物和沉淀物。不同类型的鱼道在设计时还需要考虑到鱼道出口段的具体情况。鱼道出口段设计应遵循以下标准。

水位落差：每个出口池的出口控制段跌水落差应控制在 0.08～0.30 m。

长度：出口控制段的上游出口通道长度最低应保持两个标准梯池的长度。

位置：在大多数情况下，鱼道出口应位于沿岸水流流速小于 1.22 m/s 的区域，同时鱼道出口也要足够远离上游溢洪道、泄水道或发电室，以尽量减少鱼类在上溯途中被迫后退时发生的危险。

2. 升鱼机

升鱼机设计应遵循以下标准。

（1）集鱼箱最大水量：集鱼箱和装运卡车最大装载水量在最大装鱼密度下应该大于

或等于 1 lb/0.15 ft³[3①]，集鱼和运输过程需提供足够的水量，以保证鱼的安全。

（2）集鱼箱水面超高：是指箱内水面至箱顶的距离，为了降低在吊装作业过程中鱼跃出集鱼箱的风险，集鱼箱水面超高应大于集鱼箱内水的深度。

（3）运输箱：①卡车运输箱的设计与集鱼箱的大小要相匹配，以尽量减少操作压力。如果使用现有的车辆，集鱼箱的设计必须与现有的设备兼容。运输箱的开口需大于管道或集鱼箱的开口，为防止鱼跃出，需加盖或者加装其他装置。②设计时应考虑使集鱼箱中的水和鱼能够平稳地转入运鱼箱中。

（4）出鱼口：集鱼箱到运输箱的出鱼口的最小水平横截面面积为 3 ft²，需有一个平滑的过渡，最大限度地减少对鱼产生潜在的损伤。

3. 鱼闸

鱼闸可确保集鱼系统中收集的鱼在无集鱼箱或运输箱时被提升至上游。步骤如下：①将鱼聚集在鱼闸中；②关闭闸门；③水流通过底部整流栅进入闸室；④使闸室水位上升至上游水位；⑤打开闸门，驱鱼进入上游水域，可把成鱼直接驱入麻醉箱，或进入水槽，导入不同的分类/暂养池，也可装入运输车辆。鱼闸设计应遵循以下标准。

（1）鱼闸闸室：鱼闸闸室必须有足够的深度和容积，以便满足鱼类暂养的需求。

（2）出鱼槽水深：出鱼槽水深应至少有 6 in[②]，以便出鱼闸进行运输。

3.1.2　下行过鱼设施设计标准

1. 下行集运鱼系统

下行集运鱼系统基本上由集鱼船、运鱼船或运鱼车及其他辅助设施组成。集鱼船和运鱼船均为平底船，并设有专门的集鱼舱道与补水设施，两者前后挂接即组成集运鱼船。集运鱼系统可以帮助生殖洄游性鱼类在内的许多鱼类安全通过大坝，协助鱼类下行过坝主要目的是保护幼鱼，避免其在过坝时受到涡轮机、泄洪道的伤害。集运鱼船又称"浮式鱼道"，可移动位置，适应下游流态变化，移动至鱼类高度集中的地方诱鱼、集鱼。工作时，集运鱼船在下游适当地点抛锚固定，开启舱道两头闸门，放下拦鱼栅，让水流从舱道中流过，并利用补水机组使水流速度增加至 0.2～0.3 m/s，促使鱼类游入集鱼舱道。1.5～2.5 h 后，进行计数，选鱼，然后提起运鱼舱道网格闸门，把集鱼船所集之鱼驱入运鱼船。两船脱钩后，运鱼船通过船闸过坝卸鱼于上游水域。通常一艘集鱼船需配备 2～3 艘运鱼船，交替挂接，连续工作。在鱼群集中的地方，集鱼船先通过变换流速的方式吸引不同的鱼类，然后运鱼船通过船闸，将收集到的鱼类运送过坝。没有船闸时，集运鱼船需要配合运鱼车使用，即用运鱼车将收集到的鱼类运送过坝。目前国外尚无成熟的集运鱼系统设计标准。

---

① 1 lb = 0.453 592 kg，1 ft³ = 2.831 685×10⁻² m³。

② 1 in=2.54 cm。

2. 溢洪道

水利工程建设中，无论小型水利工程，或者大型水利工程，河岸溢洪道均须满足 2 级建筑条件。在设计溢洪道防洪泄洪时，要按照可抵御 50 年一遇的洪灾标准进行设计，通常将溢洪道布设在水库区域右岸垭口位置。开展溢洪道设计，要注意结合水利工程的实际情况，综合设计，以确保溢洪道设置的合理性与科学性。溢洪道的地基处理设计应结合建筑物的结构和特点，满足各部位对承载能力、抗滑稳定、地基变形、渗流控制、抗冲及耐久性的要求。地基处理方案应根据工程重要性、地质条件等因素，通过技术比较确定，当地基为软弱岩石或存在规模较大、性状差的断层破碎带、软弱夹层、岩溶等缺陷时，应进行专门处理设计。目前国外尚无成型的溢洪道设计标准。

3. 旁路通道

目前很多大坝设有幼鱼旁路通道。旁路通道一般位于大坝侧边，是引导鱼类进入下游的重要通道。旁路通道可结合大坝上游的集鱼、导鱼设施和大坝下游的运鱼船或运鱼车来实现鱼类下行的目的。在哥伦比亚河下游的 8 座大坝中，有 7 座设有幼鱼旁路通道，每年的春季和夏季 60%～70%的大鳞大麻哈鱼经幼鱼旁路通道通过大坝。如美国下格拉尼特水电站为了减少幼鱼下行过坝时通过水轮机的概率，在水轮机进水口斜上方安装有拦鱼栅，以阻止位于表面水层内的鱼群进入水轮机，引导鱼群进入坝前的集鱼廊道并通过旁路通道安全过坝。旁路通道往往与集鱼设施配合使用。

4. 生态友好型水轮机

目前，国内外学者正积极研究既能高效发电又能帮助鱼类安全下行的生态友好型水轮机。研究者们对生态友好型水轮机的设计研究主要从以下思路着手：①确定设计和评估标准，其中包括确定过鱼目标存活率、确定水轮机目标效率；②初步计算水轮机的外形尺寸，并进行三维建模；③采用计算流体力学（computational fluid dynamics，CFD）技术对水轮机流场进行模拟，根据计算结果对水轮机进行优化，使得机械、压力、剪切力、空蚀等因素满足目标鱼体的存活率要求，同时还需满足水轮机的效率目标。

1）生态友好型转桨式水轮机设计

美国能源部启动了 AHTS，该计划的目的是提出既能减少对鱼类损伤，又能提高水轮机运行效率的生态友好型水轮机设计方案。该计划提出了生态友好型转桨式水轮机的设计理论：生态友好型转桨式水轮机可高效率运行，无空蚀，可降低伤害鱼类的概率；去除转子中心体、叶片和转轮室中环附近的间隙，以降低鱼类受伤概率、提高水轮机效率；去除导叶的突出部分，并把柱形出水环改为球形出水环以减少间隙，提高能效；适当地布置固定导叶与活动导叶位置，以消除因撞击而使鱼类受伤的概率；采用生物降解的润滑液、润滑脂和无机润滑脂的活动导叶避免有害污染物进入水中；抛光所有的表面焊缝，以避免对鱼的擦伤等。

2）生态友好型贯流式水轮机设计

目前生态友好型贯流式水轮机的设计主要按以下方法进行优化：①增大转轮直径，

并相应降低转轮转速；②减少转轮叶片数量，减小转轮体积，减小叶片长度，采用较厚的叶片前缘；③减少导叶突起；④增加导叶与叶片之间的距离；⑤合理布置活动导叶和固定导叶，使其位置及方向趋于一致；⑥优化压力梯度，减少压力突变。

3）生态友好型混流式水轮机设计

生态友好型混流式水轮机的设计主要从以下几方面着手：①减少叶片数，加大流道尺寸；②采用较厚的叶片进口边缘，使转轮的效率和水头特性曲线更平坦；③增加导叶与转轮之间的距离，并使导叶与固定导叶对齐等。

3.1.3　辅助补水系统

辅助补水系统的水流通常是从压力前池或尾水渠进入鱼道。辅助补水系统提供额外诱鱼水流以此吸引鱼类进入鱼道进口。此外，辅助补水系统还要给各种过渡池（如出口控制段或计数池）补充水。

（1）辅助补水系统的细格拦污栅设计标准。辅助补水系统入口必须设置拦污栅，且净间距应小于 0.2 m，最大的流速不超过 0.3 m/s，流速值等于最大流量除以整个拦污栅面积。拦污栅需为水中污染物的清理和移除设置专用通道，拦污栅必须以 1∶5（水平∶垂直）的斜率（或平坦）建立以便于清洁。拦污栅的设计应考虑维护简单、方便人员进入手动清理杂物等要求。

水头差：水位标尺必须建立以指导辅助补水系统取水口的拦污栅的水头差，辅助补水系统取水口的水头差不得超过 10 cm。

结构完整性：辅助补水系统入口处的拦污栅须结构完整。

（2）辅助补水系统的水流控制设计标准。水流控制包括闸门控制、涡轮入口水流控制或其他水流控制，通过这些控制措施来确保辅助补水系统拦污栅所有的水流均匀分布。在压力前池水面高程的整个范围内必须控制水流，以确保在合适的地点进行泄流。

3.2　国内标准

3.2.1　鱼道设计

国外鱼道的主要过鱼对象为鲑、鳟等商业价值高的洄游性鱼类。相对而言，我国鱼道的建设和研究历史起步较晚，过鱼对象也较为单一，以珍稀鱼类、鲤科鱼类和虾蟹幼苗为主，所以国外的鱼道设计标准在我国难以适用。国内鱼道设计标准如下。

1. 鱼道类型选择

鱼道按其结构形式及水力特征可分为横隔板式鱼道、仿自然通道、槽式鱼道及特殊结构形式的鱼道等。横隔板式鱼道按隔板形式可分为池堰式、淹没孔口式、竖缝式、组合式鱼道。鱼道的选型应依据主要过鱼对象习性、地形地质条件及工程成本等因素综合考虑后确定。

（1）横隔板式鱼道可适用于多种洄游性鱼类。具体隔板形式可按下列标准选择。①池堰式鱼道适用于表层洄游和有跳跃习性的鱼类。该型鱼道通过流量较小，消能不够充分，适应上下游水位变动能力差，其水位变幅宜小于 30 cm。②淹没孔口式鱼道适用于底层洄游的中、大型鱼类。该型鱼道通过流量较小，适应上下游水位变动性能较好，但孔口易被阻塞，应定期维护清理。③竖缝式鱼道适用于不同水深的鱼类。该型鱼道消能较充分，能适应上下游较大的水位变幅。④组合式鱼道适用于不同习性、不同克流能力的多种过鱼对象，能够较好地发挥各种形式孔口的水力特性，便于灵活控制所需的池室流速流态分布。

（2）仿自然通道接近天然河道情况，鱼类在池中休息条件良好，适应通过鱼类范围广，但适用水头小，占地面积大，在条件允许时可优先选用。

（3）槽式鱼道适用于鲑鱼类等克流能力较强的鱼类，鱼道占地面积小，但适应上下游水位差较小，加糙部件结构复杂，不便维修，水流掺气、紊动剧烈。

（4）特殊结构形式的鱼道适用于能爬行、黏附，善于穿越草丛缝隙的幼鳗、幼蟹等。

2. 鱼道布置

（1）在过鱼季节中，鱼道布置须保证过鱼对象能顺利安全通过鱼道进入上游安全水域。

（2）根据工程具体条件，鱼道布置可采用绕岸式、格式、多层盘折式、塔式等形式。

（3）鱼道进口、槽身、出口宜布置在同一岸。

（4）鱼道宜布置在幽静的环境中，远离有机械振动、下泄污水和嘈杂喧闹的区域，当枢纽中有船闸时，鱼道宜布置在船闸的另一岸。

（5）在满足过鱼要求条件下，鱼道池室可利用闸坝中的导流墙、隔水墙、船闸闸室墙等掏空构筑槽身，以减少工程投资。

（6）电站枢纽上的鱼道宜布置在电站旁侧，电站尾水水流条件适宜时可在尾水管上方设置集鱼系统，以增加鱼道进口的长度。

3.2.2 仿自然通道设计

仿自然通道是人工修建仿自然溪流，用以连通被阻碍的河流，并考虑鱼类行为、通道坡度、仿自然河床、水流条件等因素为鱼类提供的一种洄游通道。仿自然通道系统要求有足够的空间，一般应用于缓丘低山地形，不适宜水头过高的大坝，也不适宜高山峡谷区，还应避开人口稠密区域、减少对鱼类的干扰。目前国内外仿自然通道应用案例较少，设计标准相差不大。

1. 一般规定

（1）仿自然通道应模拟天然河道特征设计，根据地形、地质、工程布置特点以及坝（闸）上、下游水流条件等选择，其布置应与电站枢纽建筑物的布置相协调。

（2）仿自然通道布置避开人口密集区域，以减少人为干扰，并合理利用工程区已有溪流、沟渠等有利条件，使仿自然通道更接近自然河流特性。

（3）仿自然通道的设计流量和流速，应根据过鱼对象的游泳能力和仿自然通道的水流、地形等状况综合确定。

（4）仿自然通道进口、出口等处可设置闸门，闸门设计应按《水电工程过鱼设施设计规范》（NB/T 35054—2015）的有关规范执行。

2. 进口设计

（1）进口宜布置在有水流下泄、多数鱼类能够感知的区域。

（2）进口底部应考虑其自然形态，与河床和河岸基质相连，使底层鱼类也能进入。与河床底部之间应除去直立跌坎，当其间有高差时应以斜坡相衔接。可铺设原河床的卵砾石，以模拟自然河床的底质和色泽。

（3）进口应能适应下游水位的涨落，并满足过鱼对象对水深的要求，必要时进口可设置水位调节设施。

（4）进口应保证有足够的吸引水流，流速应适于所有过鱼对象，不超过过鱼对象中游泳能力最弱鱼类的突进游泳速度。突进游泳速度可按《水电工程过鱼设施设计规范》（NB/T 35054—2015）的有关规范通过鱼类游泳能力试验确定。

3. 通道设计

（1）通道的布置应根据地形、地质、水流、植被、过鱼对象等条件确定。

（2）通道断面形状、宽度、水深和水流应尽可能多样，以适应不同鱼类的需要，底部宽度应根据过鱼对象体长和过鱼规模确定，宜取最大过鱼对象体长的 3～5 倍，不宜小于 0.8 m。

（3）通道应尽可能平缓，坡降不宜大于 1∶20，如斜坡过陡可嵌入块石。

（4）通道底坡和岸坡应保持稳定，宜采用生态护岸结构，在陡坡延伸处应进行加固。

（5）通道内水深应根据过鱼对象的体形尺寸与生态习性确定，不应小于 0.2 m。

（6）通道内的流速应根据过鱼对象的游泳能力、河流的大小和规模确定，平均流速可取 0.4～0.6 m/s，最大流速可取 1.6～2.0 m/s。通道设计宜开展水力计算，通道内的水力计算可按规范执行。

4. 出口设计

（1）出口布置应傍岸，水流条件平顺，宜远离电站泄水口、引水建筑物进口、引航道出口、水质污染处等处。

（2）必要时出口可设置拦鱼设施，避免鱼类回到下游。

（3）出口应能适应上游水位的变化，确保过鱼季节保持一定水深，出口处可设置水位调节设施。

（4）出口处可根据需要设置拦漂、拦污和清污、冲污等设施。

3.2.3 集运鱼系统设计

国外对集运鱼系统研究较少，目前已经建成的比较成功的有美国哥伦比亚河的集运鱼船。我国集运鱼系统的研究虽起步较晚，但国内已建成运行的有乌江彭水水电站和贵州马马崖集运鱼系统。目前国外尚无完善的集运鱼系统设计标准，我国已建立了一套较为成熟的集运鱼系统设计标准体系。

1. 一般规定

（1）集运鱼系统布置应与电站枢纽建筑物的布置相协调，不得影响河道行洪、航运安全。

（2）集运鱼系统分为集鱼设施、运鱼设施及道路、码头等相关配套设施。应充分利用水电工程周边已有设施。

（3）集运鱼系统应根据过鱼数量和过鱼对象体长确定容积，宜配有充氧、调温、净水、循环和换水等设备。

（4）集运鱼过程应尽可能缩短作业时间，减少容器内水体的晃动和对流，避免人为操作对鱼类的损伤。

2. 集鱼设施设计

（1）集鱼位置应选择水流、生境等条件适宜于过鱼对象集群且便于集鱼设施开展作业的区域。

（2）集鱼设施包括位于大坝下游可连续集鱼的固定式集鱼设施和间断性集鱼的可移动集鱼船，应根据集鱼位置、鱼类习性和工程实际情况选择。

（3）集（诱）鱼方法分为物理方法和生物化学方法，应根据工程实际情况选择，并可结合使用。

（4）集鱼周期和频次应根据集鱼区域的鱼类资源量和生态习性制定，考虑工程运行的特点和当地的环境特征等因素。

3. 运鱼设施设计

（1）运鱼设施主要包括运鱼船、运鱼车等，应根据集鱼位置、鱼类习性和工程实际情况选取。

（2）运鱼设施设计应符合现行国家标准《活鱼运输技术规范》（GB/T 27638—2011）的有关规定。

（3）鱼类运输过程应保证鱼类的存活率，运输时间不宜超过 10 h。

（4）鱼类投放位置应选择水流、生境等条件适宜鱼类产卵或继续上溯的水域。

4. 相关配套设施设计

（1）集运鱼系统相关配套设施主要包括运鱼道路和运鱼码头。

（2）运鱼道路应满足运鱼车最大通行能力的需要。运鱼道路设计可按现行国家标准《厂矿道路设计规范》（GBJ 22—1987）的有关规定执行。

（3）运鱼码头宜布置于目标水域附近，满足运鱼船最大停泊需要，适应水位的变动。运鱼码头设计，根据不同结构形式，可按行业标准执行。

3.2.4　辅助设施设计

1. 一般规定

（1）辅助设施布置应与过鱼设施主体布置、河流通航、排漂等相协调。

（2）辅助设施主要包括诱导设施、拦清污设施和观测设施等，可根据需要选用。

2. 诱导设施设计

（1）诱导设施布置应结合过鱼对象的洄游习性、工程条件等，适应过鱼设施进口处不同水位下的运行要求。

（2）诱导设施包括拦鱼坝（堰）、拦鱼网、水流、电栅、声、光、气泡幕等类型。

（3）诱导设施应根据过鱼设施类型、过鱼对象生态习性、河道地形、地貌、地质条件等综合比较确定，必要时开展水流、电栅、声、光、气泡幕诱导设施模型试验研究。

3. 拦清污设施设计

（1）拦污设施包括拦污栅、拦污漂等，可根据实际需要选用。当水体规模较小、流速较低、漂浮物较多时，可在河道全断面设置拦污栅。

（2）清污设施包括清污机、清污检修闸门、冲淤设备等，可根据河流特点和工程情况选取。

（3）拦清污设施不应影响鱼类的上行和下行。

4. 观测设施设计

（1）过鱼设施应布设观测室，须保证足够的空间。鱼道、仿自然通道和鱼闸可在进口和出口各设置1处观测室。观测室不应影响过鱼设施的正常运行。

（2）观测室的照明、通风、防潮等设施的设计应按现行行业标准《水力发电厂照明设计规范》（NB/T 35008—2013）、《水力发电厂供暖通风与空气调节设计规范》（NB/T 35040—2014）的有关规定执行。

（3）观测室应合理布设观测窗，可配备摄像机、探鱼仪、计数器、显示器等必要的观测和记录设备。观测设备应能自动进行昼夜连续观测，适应不同的气候条件，识别不同鱼类种类和大小。记录设备应能记录过鱼时间，统计过鱼数量，并存储过鱼过程的影像。

（4）鱼道、仿自然通道和鱼闸的进口和出口宜布置水位监控设施。

3.2.5　设施运行管理设计

1. 一般规定

（1）过鱼设施是电站枢纽的组成部分，应统一纳入电站的日常运行管理之中。

（2）过鱼设施的管理包括日常运行维护、观测评估和调查研究等。

（3）过鱼设施的运行应根据过鱼设施的类型、规模、电站调度运行情况、水生生境特征、过鱼对象行为习性及洄游情况等确定。

（4）过鱼季节应确保过鱼设施的有效运行，合理安排电站调度运行方式。过鱼设施运行时宜考虑不同鱼类洄游时间的差别。

（5）为确保汛期安全，可根据实际情况暂停过鱼设施的运行。

2. 运行维护设计

（1）过鱼设施的运行控制应根据过鱼对象、过鱼数量、过鱼季节、上下游水位、工程运行情况等合理确定，确保过鱼效果，在运行阶段应能够根据过鱼对象的情况进行调整。

（2）明确鱼道、仿自然通道的运行规则，需考虑以下 2 种运行方式：①上、下游水位比较稳定且过鱼对象为成鱼时，上、下游闸门都提出水面，流量、水面线、流速都不受闸门控制；②上、下游水位变动较大或过鱼对象为幼鱼时，上、下游闸门控制一定的开度，流量、水面线、流速受闸门控制。

（3）明确鱼闸的运行规则，需考虑以下 4 个步骤：①打开下游闸门，通过上游闸门或旁通管向下游泄水，引诱下游鱼类进入闸室；②关闭下游闸门，继续充水至闸室水位与上游水位齐平；③打开上游闸门，让鱼游入或用驱鱼栅驱入上游；④关闭上游闸门，打开下游闸门，通过下游闸门或旁通管排空闸室。

（4）明确集运鱼系统的运行规划，需考虑以下 4 个步骤：①开启诱鱼、集鱼设施，引诱鱼类进入集鱼装置；②集鱼到一定数量后，通过驱鱼装置将鱼驱入运鱼设施；③运鱼设施通过水路或陆路过坝，运输至电站上游适宜放流水域；④通过驱鱼装置将运鱼设施中的鱼放入上游水域。

（5）根据过鱼设施类型和环境保护行政主管部门等相关部门的要求，明确管理和运行部门，制定相应的过鱼设施运行方案和管理制度。

（6）运行期间应加强设备检查和维护，确保过鱼设施及诱导、拦清污、观测等辅助设施的正常运行。

3. 观测评估设计

（1）过鱼设施运行期间开展过鱼效果的观测、记录和统计分析，并对设施的运行状态进行评估。

（2）鱼道观测评估内容包括鱼道进口、出口，鱼道隔板的水深、流速、水位、水温，天气，过鱼时间、数量、种类、个体尺寸等。评估进出口位置的适应性、过鱼的种类和效果、影响过鱼的主要因素等。

（3）仿自然通道和鱼闸的观测评估按规范执行。

（4）集运鱼系统观测评估应观测集鱼设施的作业位置、水深、流速、水位、水温，天气，集鱼时间、数量、种类、个体尺寸及鱼类的损伤情况等，运鱼设施的转运时间、数量、转运过程的损伤情况等，放鱼水域位置及水温、流速等，鱼类投放后的活动情况等。评估集鱼和放鱼的位置是否合适、集运鱼的种类和效果、主要影响因素等。

（5）辅助设施观测评估应观测拦鱼设施的位置，使用前后的过鱼情况变化，评估诱导效果；观测拦清污设施的位置、拦清污时间和数量，评估拦清污效果与过鱼的关系。

（6）过鱼设施运行管理单位应建立完善的观测评估资料档案管理制度，定期对过鱼设施的运行效果进行评估，并报上级部门和环境保护行政主管部门。

4. 调查研究设计

（1）结合过鱼设施的运行观测，研究运行方式与过鱼效果的关系，以不断改进过鱼设施的运行方式。

（2）定期开展坝（闸）上、下游的鱼类资源量、分布水域位置和水深、鱼类生态学及集群、洄游等习性，水流、电栅、声、光、气幕及其他因素对鱼类活动影响等的调查，并结合过鱼效果的观测，研究过鱼设施运行对鱼类资源保护的作用。

（3）鱼类资源调查应符合现行行业标准《渔业生态环境监测规范 第 1 部分：总则》（SC/T 9102.1—2007）的有关规定。

3.2.6 　鱼道案例分析

1. 工程概况

枕头坝一级水电站是大渡河干流水电梯级调整规划中的第 19 个梯级，位于大渡河中游乐山市金口河区境内，装机容量 720 MW，多年平均发电量为 32.90 亿 kW·h，采用堤坝式开发，最大坝高 86.5 m。水库正常蓄水位 624 m，相应库容 0.435 亿 m^3，死水位 618 m。枕头坝一级水电站的建设，将阻隔大坝上下游鱼类的迁移交流，种群间基因交流受阻，导致遗传多样性下降。为减缓工程对鱼类的不利影响，拟通过修建鱼道改善大坝上下游鱼类种群交流。

2. 过鱼对象确定

根据本河段鱼类资源及其生物学、生态学特点将过鱼对象分为以下三类：第一类，如齐口裂腹鱼和重口裂腹鱼，资源量较大，受工程阻隔影响最大，是主要过鱼对象；第二类，如青石爬鮡、裸体鳅鲊、白甲鱼、侧沟爬岩鳅在本河段资源量较低，为四川保护鱼类，从物种保护的角度将其作为兼顾过鱼对象；第三类，为兼顾其坝上坝下基因交流，而列为兼顾过鱼对象，可以随机通过。

3. 鱼道选型和布置方案

本河段过鱼对象范围较大，过鱼对象具有不同习性，且上游水位变幅较大，综合比较了几种鱼道结构的优缺点。竖缝式鱼道能够同时适应表层和底层鱼类，可更大程度地保持生态连通性，能够适应鱼道内水位变化，能够防止鱼道内的泥沙淤积。竖缝式鱼道具有多种结构形式，结合不同结构形式的耗水量、水流流态的复杂程度，枕头坝一级水电站最后采用单侧竖缝式鱼道结构。

枕头坝一级水电站发电厂房布置于左岸，坝址两岸山体雄厚，地形陡峭，无天然垭口，鱼道不具备岸边布置条件；同时，电站枢纽除左右岸布置有非溢溢坝段和排污闸坝段外，其余河床坝段均布置了发电厂房和泄水建筑物。为此，结合左右岸非溢流坝段和排污闸坝段具有的布置鱼道跨越坝体的条件，鱼道设计选择左岸、跨河和右岸 3 个方案对过鱼效果、地质条件、枢纽布置条件、施工条件和工程投资几方面进行比选，最终选择左岸鱼道方案。

4. 鱼道流速设计

根据枕头坝一级水电站鱼类游泳能力测试结果，鱼道内过鱼孔流速为 1.10～1.25 m/s；过鱼孔口的高度和宽度应≥0.3 m；平均每隔 1.5～3.0 m 水头需设 1 个休息池，两相邻休息池之间的底板高程差不能超过 7 m，大型休息池数量（体积大于 45 m³）5 个，形状不限；鱼道底部进行加糙处理，铺以鹅卵石或砾石块；进口流速应大于 1.30 m/s。

5. 鱼道运行工况设计

根据枕头坝一级水电站典型年逐小时厂址水位变化计算，在上游电站补偿作用下，枕头坝一级水电站大多数工况为至少保证 2 台机组发电的情况，对应的水位为 590 m；4 台机组满发时，水位为 593 m。因此，鱼道进口运行设计水位考虑为 590～593 m。根据枕头坝一级水电站水库运行调度方式，水库降低到死水位的时间是较少的，大部分时间坝前保持在高水位运行。因此，枕头坝一级水电站出口运行设计水位为 621～624 m。

6. 鱼道进、出口设计

鱼道的进口设计至关重要，进口能否被鱼类较快发现和顺利进入，直接影响过鱼效果。因此，鱼道进口设计好坏是鱼道成败的关键。水电站 4 台机组满发电情况下，相应进口布置在 0+300.0～0+360.0 m；2 台机组发电时，进口宜布置在 0+450.0～0+480.0 m；上游水位为 622.5～624.0 m 时，出口位于桩号 0+0～0+240.0 m 附近；上游水位为 621.0～622.5 m 时，出口位于桩号 0+0～0+100.0 m 附近。

鱼道设置了 1 号、2 号和 3 号进口，1 号为主进口；主进口位于坝轴线下游 260.0 m 处，底板高程为 591.0 m；2 号次进口位于坝轴线下游 310.0 m 处，底板高程为 590.0 m；3 号次进口位于坝轴线下游 360 m 处，底板高程为 589.0 m。进口工作水深 1.0～2.5 m，进口断面尺寸为 2.00 m×3.00 m（宽×高）。由于 3 号进口周边流速较小，在 3 号进口增设诱鱼系统。

鱼道设置的 3 个出口，1 号出口底板高程为 622.0 m，2 号出口底板高程为 621.0 m，

3号出口底板高程为620.0 m。鱼道出口工作水深1.0～2.5 m，出口设置了闸门，闸门采用水位变动自动感应系统进行控制。

7. 池室设计

根据经验公式计算，鱼道净宽取 2.0 m，池室长 2.5 m，底坡为 1/30，过流流量 $Q=0.767\ \text{m}^3/\text{s}$，池室数量为406个，隔板级差0.073 m。鱼道内部结构尺寸见图3-9。

8. 休息池设计

鱼道设置了11个标准休息池[图3-10（a）]，5个大型休息池[图3-10（b）]，图 i 代表坡度。标准休息池长5 m，每隔24个池室即60 m长设一个休息池。间隔200～300 m 长以及鱼道弯道处设置大型休息池。

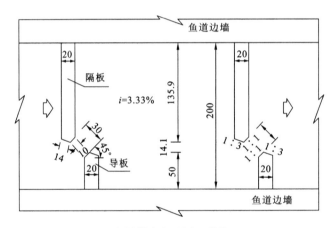

图3-9 鱼道梯身布置图（单位：cm）

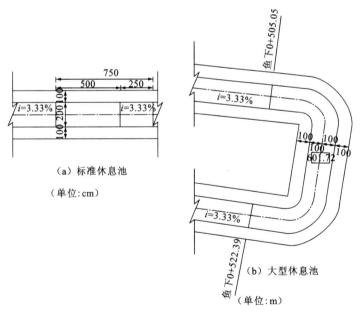

（a）标准休息池

（单位：cm）

（b）大型休息池

（单位：m）

图3-10 休息池布置

9. 辅助设施设计

在鱼道进口边墙上埋设一根喷水管，形成喷射水流诱鱼；诱鱼系统架设灯光，晚上开启灯光诱鱼。在鱼道进口和出口分别设置 1 个观察室。观察室配备摄像、计数及其他监测仪器设备，用以记录不同时段的过鱼数量、种类、水位差、流速等，以便指导、调整鱼道运行方式[1]。

参 考 文 献

[1] 徐海洋, 魏浪, 赵再兴, 等. 大渡河枕头坝一级水电站鱼道设计研究[J]. 水力发电, 2013, 39(10): 5-7.

第4章 过鱼设施设计与运行管理要点解读

4.1 过鱼对象分析

4.1.1 过鱼目标

1. 过鱼目标确定原则

选择过鱼对象时需综合考虑工程的过鱼需求、过鱼有效性、过鱼价值，并结合鱼类资源量现状，最终确定电站的主要过鱼对象，在进行过鱼对象选择时，需遵循以下原则。

（1）先调查后确定原则。过鱼设施在确定过鱼对象时，应根据工程所在流域内鱼类资源量情况来确定过鱼对象。在选择过鱼对象时，需满足以下三个条件：①工程上游及下游均有该鱼类分布；②工程上游或下游存在该鱼类的重要生境；③该鱼类洄游或迁徙路线经过工程断面。

（2）优先性原则。过鱼设施考虑的过鱼目标，不仅是洄游鱼类，从空间上还需要考虑有过坝需求的鱼类。然而，过鱼设施结构和布置基本不可能同时满足对所有鱼类的过坝需求。因此，在选定过鱼设施过鱼目标时，应优先考虑以下情况的鱼类：①具有洄游及江湖洄游特性的鱼类；②受到保护的珍稀、特有及土著、易危鱼类；③具有经济价值的鱼类；④其他具有洄游特征的鱼类。

2. 过鱼目标确定方法

（1）鱼类资源量调查。挡水建筑物建成后，工程河段的形态、水文、水化学和水生生物学特征都发生明显的变化，其中最主要的变化是坝上江段流速大幅减缓，呈现湖库特征；坝下河段仍保持天然河道的特征。这一变化可能会导致原本生存在该河段的鱼类无法适应坝上的新生境，导致种群数量及密度减少，所以有必要对修建挡水建筑物的河段进行鱼类资源量调查。鱼类资源量调查可以帮助了解本流域内鱼类的种类、数量、年龄组成等情况。过鱼设施在确定过鱼目标时，需要根据调查结果，优先保护珍稀、特有及土著、易危鱼类，同时兼顾本流域优势种以及其他具有重要生态意义的物种。

（2）过坝种类分析。通过流域内鱼类资源量调查，可以分析本流域内的鱼类区系组成，了解本流域鱼类资源的基本情况。同时，调查结果还可以通过相关公式分析优势种、常见种和鱼类多样性指数。

其中优势种、常见种多采用相对重要性指数（index of relative importance，IRI）[1]：

$$IRI=(N_i/N+W_i/W) \times f_i \qquad (4.1)$$

式中：N 为样品总个数；N_i 为样品中第 i 种个体比例；W_i 为第 i 种的重量；W 为所有渔获种类的总重量；f_i 为第 i 种出现的船次数占总调查船次数的百分比。可将 IRI≥500 的物种定为优势种，100≤IRI<500 的物种定为常见种。

鱼类多样性指数一般采用香农-维纳多样性指数（Shannon-Wiener's diversity index）和 G-F 指数（genus-family index）分析[2]，其中香农-维纳多样性指数：

$$H' = -\sum P_i \ln P_i \qquad (4.2)$$

F 指数（D_F）（科的多样性）：

$$D_F = \sum_{k=1}^{m} D_{Fk} = -\sum_{k=1}^{m} \sum_{i=1}^{n} P_i \ln P_i \qquad (4.3)$$

G 指数（D_G）（属的多样性）：

$$D_G = \sum_{j=1}^{p} D_{Gj} = -\sum_{j=1}^{p} q_j \ln q_j \qquad (4.4)$$

G-F 指数：

$$D_{G-F} = 1 - D_G / D_F \qquad (4.5)$$

式中：$P_i = S_{ki} / S_k$，S_{ki} 为鱼类名录中 k 科 i 属中的物种数，S_k 为名录中 k 科中的物种数；n 为 k 科中的属数；m 为名录中鱼类的科数；$q_j = S_j / S$，S_j 为 j 属中的物种数，S 为名录中鱼类的物种数；p 为名录中的属数。G-F 指数是 0~1 的测度，非单种的科越多，G-F 指数越高，反之，该指数值越低。G-F 指数仅从属、种水平和单种科的多寡来反映某一地区较长一段时间的物种多样性，而不必考虑种群数量和均匀度。

（3）确定过鱼对象。在优势种、常见种以及鱼类多样性指数分析的基础上，综合考虑本流域内的濒危种、保护物种以及经济种等，最终确定主要过鱼对象及兼顾过鱼对象。

4.1.2 过鱼规模

过鱼设施的过鱼规模通常以坝下鱼类聚集的数量为基础，结合过鱼设施的保护目标进行调整。以坝址上下游鱼类种群在一定时间内保持一定遗传变量的最小种群大小为底线，即可以接受的遗传多样性丧失为基础。20 世纪 80 年代初的研究认为短期存活（低于 100 年）的有效种群大小不得低于 50 个个体。最近研究认为，不存在对所有种群都适用的最小种群大小[3]。不同物种因其种群特性、遗传特征、所处的生态环境、保护状态和各种随机效应的影响程度不同，最小种群大小也不相同[4]。从生命参数的特点来划分，生物可分为两大类，k-对策者和 r-对策者。其中 k-对策者的种群内个体死亡率较低，种群较稳定；而鱼类是 r-对策者，其死亡率很高，种群很不稳定。国外对最小封闭种群的研究结果表明，维持 500 尾的群体数量是种群遗传多样性不至于快速丧失的最低标准。下行过坝的主要目的是提高被动下行鱼类过坝时的存活率，所以不设置具体的目标过鱼量。

例如两河口水电站过鱼设施主要考虑短须裂腹鱼、长丝裂腹鱼、厚唇裸重唇鱼、软刺裸裂尻鱼4种鱼类上行过坝，每种过鱼对象上行过坝数量不低于500尾，年过鱼总量不少于2 000尾。

4.1.3　过鱼季节

过鱼设施修建的主要目的是促进坝上坝下鱼类遗传交流，原则上全年均是过鱼季节。主要过鱼季节应根据主要过鱼对象繁殖季节和洄游习性来确定，首先明确主要过鱼对象和兼顾过鱼对象，通过对其生态习性的进一步分析，掌握各种过鱼对象的繁殖季节。不同的鱼类有不同的上溯时间，应根据各种过鱼对象的繁殖习性综合考虑。鱼类在繁殖季节与繁殖季节前的溯流特性最为明显，但需考虑避开洪水时期河道流量增大对鱼类上溯的不利影响。长时间大坝阻隔的影响可能会改变部分过鱼对象的繁殖习性，所以需要通过过鱼设施的监测数据，持续优化过鱼季节。根据以往经验，一般过鱼时段为3~4个月，需要兼顾下行的可达5~6个月甚至更久。

4.2　水力学参数确定

4.2.1　关键参数选择

在影响鱼类上溯行为的各种环境因子中，水力因子至关重要。以往研究中，研究者常用单一指标流速来表征水流对鱼类行为的影响，随着水力学和鱼类行为学量化技术的优化改进，水流细部特征（流速、湍动能、雷诺应力）和鱼类行为学关系的研究取得了突破性进展。

1. 流速

流速是鱼道池室内重要的水力特性指标之一，也是鱼类能否成功上溯的重要因素之一。鱼道为鱼类提供了各种水流速度梯度，但不适宜的水流条件会直接影响鱼类进入和通过鱼道。鱼道设计流速应根据鱼类游泳能力而定，当设计流速过小时，建设成本增加，且过小的流速会导致鱼道吸引流不够，鱼类难以发现鱼道进口；而设计流速过大时，鱼类无法通过鱼道水流障碍，最终无法完成上溯[5]。

2. 湍动能

湍动能（turbulent kinetic energy，TKE）是描述水流湍流的水力因子，对鱼类上溯非常重要。有研究表明鱼响应湍流会发生运动姿态的调整，影响鱼类游泳运动耗能。低强度湍流对鱼类的游泳行为及能耗影响甚微，但高强度的湍流可能导致鱼类迷失方向、增加耗能，甚至死亡。湍动能（单位：cm^2/s^2）的计算公式如下[6]：

$$TKE = \frac{1}{2}(u_x'^2 + u_y'^2 + u_z'^2) \tag{4.6}$$

$$u_i' = u_i - \overline{u}_i \tag{4.7}$$

式中，u_i 为瞬时速度，m/s；$\overline{u}_i$ 为时间平均速度，m/s；u'_x、u'_y、u'_z 分别为沿 3 个不同方向 x、y、z 的脉动速度，单位均为 m/s。

　　3. 雷诺应力

　　雷诺应力是因湍动水团的交换在流层之间产生的附加应力，与水流流速变化率呈正相关关系。这种力会平行施加在鱼体上，从而影响鱼类的游泳能力和游泳姿态稳定性，同时也会导致鱼类受伤甚至死亡。鱼种不同，抵抗水流应力的能力也存在差异，同一鱼类在不同生长阶段抵抗水流应力的能力也不同。此外，与固体相接触的水体，水流流速变化梯度大，会产生较大剪切力，对鱼类造成的影响极大，所以鱼类在流速急变的水体中易受伤。xy 平面上的雷诺应力计算公式如下[7]：

$$\tau_{xy} = -\overline{\rho u'v'} \tag{4.8}$$

$$\overline{u'v'} = \frac{1}{n-1}\sum_{i=1}^{n}u_i v_i - \frac{1}{n(n-1)}\sum_{i=1}^{n}u_i \sum_{i=1}^{n}v_i \tag{4.9}$$

式中：ρ 为水体密度；u_i、v_i 分别为 x、y 方向瞬时速度；n 为采样总个数。

4.2.2　克流能力分析

　　在鱼道设计中，流速设计是其中的一项重要内容，一般根据过鱼对象的游泳能力综合确定，当一座过鱼设施有多个过鱼目标时，一般以游泳能力最弱的种类作为设计流速的取值依据。鱼类游泳能力指鱼类游泳的持续时间和强度，是鱼类能否通过水流速度障碍的基础。鱼类的游泳类型分为突进式游泳、持续式游泳和耐久式游泳，衡量鱼类游泳能力的指标主要有感应流速、持续游泳速度、临界游泳速度、突进游泳速度、最小突进游泳速度和耐久游泳速度[8]（图 4-1）。

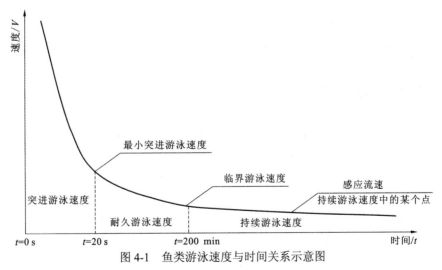

图 4-1　鱼类游泳速度与时间关系示意图

　　感应流速是鱼类刚刚能够产生趋流反应的流速值，一般以鱼类游泳方向的改变为指示，反映的是鱼类对水流方向的感知能力。草鱼、鲢鱼等幼鱼的感应流速约在 0.08 m/s。

感应流速是鱼道设计中的一个重要参数，鱼道整体设计流速不应小于过鱼对象的感应流速，否则进入鱼道的洄游鱼类存在迷失方向的可能性[9]。在诱鱼水流设计中，只有高于感应流速的水流才具有诱鱼效果。微水流不但无法诱鱼，还会产生负面作用。在鱼道、升鱼机、集运鱼系统等进口水流设计中应充分考虑周围流场情况，合理营造感应流场，从而提高过鱼效率。

突进游泳速度是鱼类在短时间内能到达的最大游泳速度，通常采用只能持续小于20 s 的游泳速度。在穿越高流速障碍（鱼道进口、竖缝口等）以及在捕食与被捕食环境应激反应情况下为无氧代谢过程，以获得可维持短时间的突进游泳速度[9]。在自然界中，鱼类游泳行为是一种较不稳定的运动状态，阶段性的持续式游泳运动、静止及偶发的爆发式游泳运动常常相互穿插发生。生物力学模型研究表明爆发-滑行是稳定游泳效率的4～6 倍，可节省能量[8]。鱼道设计的成功通常也取决于鱼类爆发游泳能力。在鱼道中，鱼类一般是以高速冲刺游泳形式短时间（5～20 s）通过高流速区域，通过后立即到缓流区或回水区休息。在较短的鱼道中，可以选择鱼类突进游泳速度作为高流速区的设计流速值；若鱼道长度过长（数千米），则需设置多隔板以降低流速。鱼类通过较多的高流速断面可能引起疲劳，导致突进游泳速度下降，所以鱼道中最大流速宜略低于鱼类突进游泳速度。在鱼道、升鱼机、集运鱼系统等进口处，为吸引鱼类通常采用较大的流速，一般最佳的诱鱼流速范围在持续游泳速度和突进游泳速度之间。

临界游泳速度是指鱼在一定的时间间隔和流速增长规律下，所能达到的最大游泳速度，是衡量鱼类最大可持续有氧运动能力的指标。为了保障洄游鱼类有足够的体能通过鱼道，通常在鱼道中设置休息池用于恢复体能。休息池内的主流流速过大将影响鱼类恢复，过小将无法让鱼类感知水流方向，故休息池主流流速介于过鱼对象感应流速和临界游泳速度之间[10]。

耐久游泳速度是指鱼类在特定水流条件下只能维持 20 s～200 min 的游泳速度，是介于持续游泳速度和突进游泳速度之间的游泳速度，通常该指标为一范围值[8]。鱼类在长距离洄游以及通过鱼道时主要采用耐久游泳速度[11]，该值可为鱼道池室及休息室设计提供参考。

4.2.3 复杂流场分析

过鱼设施因内部的障碍物设置，形成的水力学条件是复杂的，仅依托封闭水槽均匀流场下测得的目标鱼的游泳能力开展过鱼设施设计显然是不够的，缺乏考虑鱼类对复杂水力条件的行为响应，这可能导致过鱼设施过鱼效果不佳。影响鱼类游泳行为的因素较多，水力因子被普遍认为是影响鱼类游泳行为的主要因素[12-13]。针对水力因子对鱼类游泳能力及行为影响的研究已较多，主要聚焦流速、湍动能和雷诺应力等。如谭均军等[6]通过将鱼在鱼道中的上溯轨迹与各水力因子进行叠加，发现大部分试验鱼倾向于避开高湍动能区，偏好在湍动能为 0.020～0.035 m^2/s^2 的范围内运动（图 4-2）。Alexandre 等[14]在室内池式鱼道中通过肌电图遥测技术研究鲃的游泳行为，结果得出水平方向的雷诺应力对试验鱼上溯游泳速度影响最大。

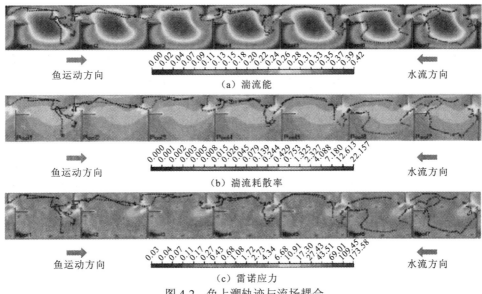

（a）湍流能

（b）湍流耗散率

（c）雷诺应力

图 4-2　鱼上溯轨迹与流场耦合

　　鱼类在复杂流场下的游泳行为与其游泳运动过程中的稳定性以及周围水动力环境息息相关[15-16]。Pavlo 等[17]研究发现，当鱼类快速通过高湍动能区域时表现出不稳定的游泳状态和不规则的俯仰运动，这表明高湍动能区域极有可能会破坏鱼类游泳运动的稳定性，并带来更高的能量消耗和生理压力。但鱼类有时也会利用湍流节省能量，早在 1965 年 Breder[18]就发现了鱼类在湍流中游泳的潜在好处：鱼类可以利用涡旋外侧逆向的流动来获取更多的游泳动力。Ke 等[19]也发现了虹鳟和鲢可以采用卡门步态（kármán gait）的姿势，利用障碍物后方的涡街，节省能量的消耗（图 4-3）。

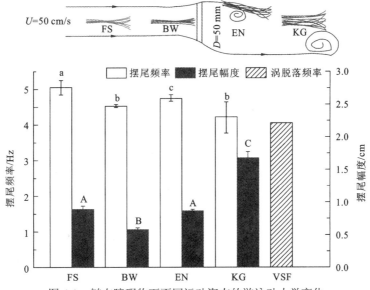

图 4-3　鲢在障碍物下不同运动姿态的游泳动力学变化

FS 代表自由游泳；BW 代表鱼在障碍物前方的顶流静止行为；EN 代表水流挟带行为；KG 代表卡门步态运动；
VSF 代表涡脱落频率；U 代表水流速度

曹庆磊等[20]对异侧竖缝式鱼道的水力特性研究发现鱼道池室中的流速、湍动能和雷诺应力在竖缝出口附近最大，在两侧的回流区比较小，且大回流区的相应水力指标要小于小回流区，所以鱼类上溯时在竖缝出口附近受到水流的影响最大，而较大的回流区由于湍动能和雷诺应力较小，容易成为鱼类临时休息的场所。在鱼道池室内部，随着水深的增加，流速有减小的趋势，而湍动能和雷诺应力有增大的趋势，所以鱼类上溯时在池室上层受到流速的影响要稍大于下层，而在下层受到湍动能和雷诺应力的影响要稍大于上层。

对自然河道而言，雷诺应力普遍不大。但在鱼道等过鱼设施中，水流大多湍急，变化范围大。如池堰式鱼道中水平方向最大剪切应力可达到 60 N/m^2 [14]。在过鱼设施设计中应尽量避免这种大的剪切应力对鱼类造成的损伤。例如，在池堰式鱼道中进出口建议采用对角线布置方式。若采用进出口直线布置，流速变化大，会产生较大的剪切应力，以及高比例的大涡径，导致鱼迷失方向失去平衡[13]，难以通过鱼道。

4.2.4 应用

1. 选址

工程所在流域的水力学特性是过鱼设施选址重要的参考依据。各种过鱼设施选址前需要进行坝下流场模拟，通过流场模拟计算结果，结合过鱼对象的生活习性、过鱼对象集群区域，考虑地形地质条件、对外交通便捷程度及与水工建筑物的相互关系筛选出最优的过鱼设施的布置位置。具体工作流程如下。

（1）鱼类生活习性调查。包括栖息、觅食、产卵期和过鱼季节等生活习性。由于不同鱼类栖息生境不同，通过分析工程中的主要过鱼对象的生活习性，可以初步拟定过鱼设施的布置位置、水深、流量和运行季节。

（2）坝下流场分析。收集坝下河段地形资料、水文资料、出库流量、水位、电站及溢洪道运行工况等。基于上述资料对坝下河段开展数值模拟研究，分析各种电站运行工况下的坝下流场分布，如图 4-4 所示。一般主河道中存在主流区域和缓流区域，也存在高湍动能区域和低湍动能区域。主流区域流速较大，容易造成流速障碍，且湍动能和雷诺应力也不利于鱼类上溯。应根据过鱼对象的克流能力以及流场偏好选择合适的区域。

（3）鱼类集群位置分析。必要时可使用探鱼仪、双频识别声呐等探测仪器进行鱼类集群观测，分析坝下鱼类的时空分布规律，对选址具有较大的参考价值。一般电站尾水、泄水闸、溢流坝附近为鱼类集群的重点区域，可能会得到较好的集鱼效果，但这些区域的流态一般较为紊乱，选址前需经过充分论证。

其他诸如地形、地质构造等也是选址需要考虑的因素。如果有好的地质构造，例如有天然形成的台地，可以将其作为选址的一个考虑因素，当然也需考虑地质条件造成的潜在风险和泥石流等自然灾害的影响。集运鱼系统可利用已建成的公路，只需修建部分小型码头。在修建鱼闸和升鱼机时，由于过鱼设施下游需修建一定长度的诱鱼设施，两岸的不良地质可能会影响其运行。

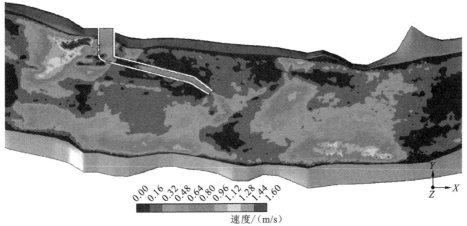

图 4-4　Q=16.14 m³/s 下陕西东庄水利枢纽坝下流场分布

2. 进出口流速

过鱼设施进口一般需要较大的流速来吸引鱼类，流速可介于过鱼对象的临界游泳速度和突进游泳速度之间，这样在保证足够的吸引力与影响范围的同时也不会对鱼类形成流速屏障。例如两河口水电站过鱼设施进口流速参考裂腹鱼类的游泳能力指标定为0.9 m/s。过鱼设施进口一般需要依赖水泵或补水通道等才能达到流速需求，实际过程中常需要用多种措施来共同吸引鱼类以达到较好的综合诱鱼效果，例如灯光诱鱼、电诱鱼、化学物质诱鱼、饵料诱鱼等。一般情况下，电站发电尾水、溢流坝、泄水闸等设施下泄水流对鱼类具备一定的诱导作用，但这种高流速、高湍动能区域对鱼类可能造成伤害，可考虑在此区域附近的缓流区布置进口。

鱼道出口一般布置在岸边，出口水流要求平顺，少旋涡。对于上游水库水位变动较大的鱼道来说可设计多个不同高程的出口适应水位变幅。

4.3　辅助诱驱鱼技术方案设计

声光气鱼类诱驱系统是一种应用广泛的辅助诱驱鱼技术，以鱼类行为和生理对环境因子的响应关系为理论基础，以声音为主要技术手段，以光和气泡为辅助手段的诱驱鱼系统，主要包括：声音发射器，高强光，电力与通信枢纽，供电设备，声光气鱼类诱导系统控制设备。声光气鱼类诱驱系统的核心技术包括声投影机阵列系统、生物声学栅栏和人工照明系统。声光气鱼类诱导系统主要用于诱驱鱼类安全进入过鱼设施通过拦河大坝等建筑物和防止鱼类靠近发电厂和饮用水源取水口等位置。声光气鱼类诱导系统已经在许多国家的工程实践中进行了应用，取得了较好的导鱼效果。声光气鱼类诱导系统在我国尚未进行系统开发，在水资源利用过程中应用有限，因此有必要对声、光和气泡等环境因子综合诱驱鱼技术的理论进行探讨，对其应用效果进行实践、验证和完善，并开发出针对我国鱼类特点的辅助诱驱鱼技术。

4.3.1 环境因子分析

1) 水流

水流作为鱼道进口辅助诱鱼不可或缺的措施，对鱼类的诱导主要表现在鱼类对流速的响应，衡量指标主要包括感应流速、喜好流速及极限流速。研究表明不同种类及不同生长期的鱼对流速的响应规律均不同[8]。修建过鱼设施之前，对目标鱼类进行充分的行为学研究是必要的。在获取目标鱼类游泳能力、喜好流速、运动策略等行为指标后可在鱼道、集鱼船等进口处通过补水措施制造出针对各种过鱼对象的吸引流，从而帮助鱼类快速找到进口。

水流虽然可以通过控制流速诱鱼，但仅靠水流诱鱼难以达到理想效果。为增加鱼道进口诱鱼效率，还可以通过鱼类对声、光、气泡幕等诱驱鱼设施的生理反应，引诱鱼类聚集至鱼道进口附近，再通过鱼道下泄水流引导进入鱼道进口，提高诱鱼效率（图4-5）。

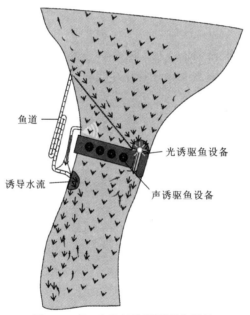

图 4-5　声、光和气泡幕诱驱鱼设施

2) 声音

鱼类能够依靠内耳和侧线对各种声音刺激产生相应的反应，不同鱼类表现出对声音的不同诱驱反应。声音辅助诱鱼需要确定过鱼对象的听觉阈值，声音偏好（正趋声、负趋声）类型，形成适合的声音诱鱼形式，包括鱼类趋避行为对声音的响应关系、鱼类声域的确定、鱼类声音信号的采集、鱼类声波信号的数字化处理以及实际声场中声波的叠加技术等[21]（图4-6）。需要通过对坝下鱼类的听觉特性研究，鱼类敏感声音筛选试验研究，并对鱼类声波信号的数字化处理，达到诱鱼和驱鱼的效果。

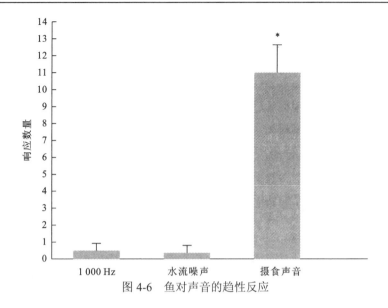

图 4-6　鱼对声音的趋性反应

3）光

趋光性是鱼类对光环境的重要响应机制，会影响鱼类个体游泳和洄游等重要生理习性。影响鱼类对光照趋避行为的因素有鱼类视觉器官构造、鱼类发育阶段、生活环境、光照时间、水温和浑浊度等[22]。基于鱼类趋光性的灯光诱捕鱼技术在水产养殖的实践中被广泛应用。此外，光作为对鱼不造成伤害的非结构性诱鱼措施，在过鱼设施中应用极其重要。可以通过调查研究过鱼对象是否具备趋光性，以及其对具体何种光照强度和光照颜色的趋性最明显（图 4-7），在诱鱼口布置灯光设施，提高诱鱼效果。

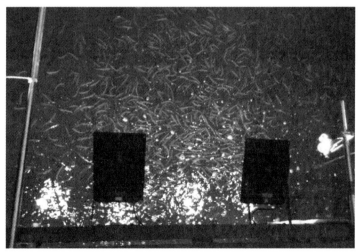

图 4-7　光诱驱鱼技术在鱼道中的应用

4）气泡幕

气泡幕是压缩空气从设在水底的有孔管道中连续排出，形成由下而上的密集气泡[23]。气泡幕对水下噪声会产生良好的屏蔽和衰减作用。理论研究表明，水中气泡在受激振动的过程中会产生较强的能量耗散，从而对声波具有良好的屏蔽和衰减作用。研究已经证明空气泡状的帷幕（气泡幕）对鱼群有引诱、驱赶和阻拦的作用，其对鱼类有三种刺激作用：视觉、听觉、机械压力振动（图 4-8）。不同种类的鱼对不同形式气泡幕会产生不同的行为反应。

图 4-8　气泡幕诱驱鱼技术

除了上述方法外，还有拦鱼堰、拦鱼网、拦鱼电栅等拦、导鱼措施，可防止鱼类误入被截断的水域，并帮助它们尽早发现鱼道进口。将分散和零星的鱼汇集起来进入鱼道，提高鱼道过鱼效率。

4.3.2　方案比选

4.3.1 小节介绍的诱导鱼技术各有利弊，适用的范围也有所不同，在实际应用前应经过充分论证与复核，因地制宜地采取合适的诱导鱼措施。

（1）目前大部分过鱼设施均采用了水流诱鱼措施，可利用现有水资源达到较好的诱鱼效果。在鱼道中须修建专门的补水通道，工程量较大。对集运鱼系统、升鱼机等可使用水泵创造吸引流，但水泵的噪声可能会影响诱鱼效果。

（2）并非所有的鱼类都会出现正趋声性或者负趋声性，有些鱼类对声音刺激的反应非常迟钝，甚至毫无反应，此时不宜采用声音诱鱼。实际设计中如果进鱼口布置在尾水附近，因尾水声音较大，可能对声音诱驱鱼的实际效果产生较大影响，需要在工程完工后通过现场调查试验确定是否设置发声装置。

（3）光诱驱鱼设备布置相对简单，但在高浑浊度水域光线难以照射到远处，影响范围有限。

（4）气泡幕的布置对环境有较高的要求。需要布置在静水区或缓流区，如果流速过快，就难以形成有效的气泡幕。气泡幕需要一定的水深以保证气泡幕良好发育。水的浑浊度也会影响其效果，现场布置时需要考虑水质的清澈度。

（5）当限于工程条件，鱼道进口不易被鱼群发现时，需在进口布置拦鱼堰、拦鱼网、拦鱼电栅等拦鱼设施。在流速高、漂浮物多、有通航需求的水域则不宜布置。

4.4　过鱼效果监测与评价

过鱼设施建成后，有必要对其运行效果进行监测与评价。通过在过鱼设施内安装各种监测设备，不仅可以记录过鱼数量，还可以实时监测目标鱼类通过过鱼设施的具体情况，可为分析过鱼效果、改进过鱼设施提供重要信息，并及时发现运行监测中的问题，根据实际情况进行改进，形成适宜的运行模式，为后期的管理运行提供理论依据和数据支持。

4.4.1　过鱼效果监测基本方法

过鱼效果监测基本方法包括遥测法、视频监测、张网法、堵截法、电捕法、水声学监测法等。

1. 遥测法

遥测法可分为无线电遥测、无源集成转发器（passive integrated transonder，PIT）遥测、声学遥测，可以定量评估过鱼设施的过鱼效率，以及定量鱼类在大坝处的延迟时间与通过时间。

（1）无线电遥测。无线电遥测是通过天线接收装在鱼体上的发射器发出的无线电波来定位鱼类的一种技术。自 1990 年以来，在美国哥伦比亚河流域对成年鲑的迁移行为研究就是通过大规模无线电遥测来进行。无线电发射器的传输距离远远超过 PIT 标签，所以无线电遥测可以在较大的区域监测鱼类。

无线电标签通常较大，需要植入鱼类胃部或绑在鱼体上。固定在鱼体背部的标签容易脱落，所以多采用胃植入形式的固定标签。研究发现胃植入的无线电标签对哥伦比亚河鲑的迁移率没有显著影响。Keefer 等[24]通过在邦纳维尔坝鱼道下游释放 2 170 尾植入无线电标签的七鳃鳗，发现有 49%的鱼类进入鱼道但未成功通过鱼道，未成功通过鱼道的鱼类受到通道路线、进入鱼道时间、水温、鱼体大小等因素的影响。该研究中，为确定影响鱼类上溯的关键位置，将鱼道分为了 20 段，结果发现，大多数上溯失败发生在鱼道下游段。

无线电遥测在研究特定目标过鱼效率、鱼类通过行为方面有很好的作用，但对于多目标、常规过鱼效果监测适应性较差。

（2）PIT 遥测。PIT 遥测通过 PIT 天线接收射频识别标签发送的信号对鱼类行为进行监测。PIT 遥测系统由电源系统、电脑、喇叭、射频阅读器、电容调谐器、天线线圈、太阳能电池板等组件构成（图 4-9），当装有标签的鱼到达 PIT 天线的检测范围内时，射频阅读器就会记录其独特的编号及通过时间[25-26]。PIT 标签使用射频识别技术，无须电源驱动，能够一次性植入，永久使用；由于其属于非接触性设备，可通过计算机实现数据的实时自动读取和录入。一些传统标记技术（剪鳍、编码金属标、喷涂标记）不具备个体识别特征且使用寿命有限（无线电标签和声学标签），而 PIT 标签使用寿命长、对研究对象生理伤害低、稳定可靠、遗失率低、可应用的鱼类个体尺寸广泛、价格便宜，可用于大规模监测鱼类种群动态且无须通过破坏性的回捕试验验证，能够满足鱼道较小断面长期自动实时监测的需求。基于上述优势，PIT 遥测技术已在评价鱼道过鱼效果方面得到了广泛应用。

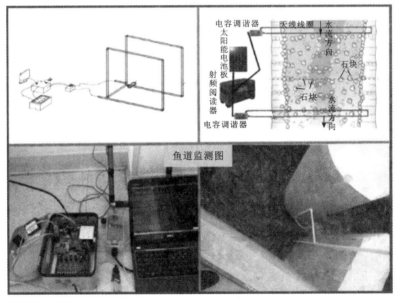

图 4-9　PIT 遥测系统

　　由于 PIT 标签具有实时监测的特性，可对不同工况条件的过鱼效果进行比较。如 Burnett 等[27]采用 PIT 遥测技术对不同泄流情况下鱼道过鱼效果进行了比较，监测结果显示，通过改变泄流工况可有效减少鱼类通过鱼道的死亡率。PIT 标签因具有长寿命和低遗失率的特性可进行长期有效的监测，如 Calles 等[28]采用 PIT 遥测对连续两座鱼道过鱼效果进行评估，并对上溯速度与水流、温度的关系进行分析及对不同下泄流量工况下的过鱼效果进行评估，结果显示流量为 1.5 m³/s 时过鱼效果良好，在其中一个鱼道中观察到当水温低于 11 ℃时，鱼类上溯时间变短。Castro 等[29]采用 PIT 遥测研究了七鳃鳗通过两个大坝的四条鱼道的情况，具体获得的指标有通过率、单位时间上溯成功的百分比、平均移动速度等指标。

　　（3）声学遥测。声学遥测通过接收器获取标签发射带有编码信息的超声波信号来定位鱼类。该方法可以获得鱼类的游动路径及行为、鱼类洄游速率与过坝鱼类的存活率等。

该技术是使用波段为 20～100 kHz 超声波遥测技术，它的优点是可用于追踪在各种水体中的鱼类，缺点是易被外界环境干扰（湍流，涡轮机运行等），需要安装水下检波器，并且耗电量大，减少仪器的使用寿命。Roscoe 等[30]将植入有超声波标签的鱼类释放到鱼道上下游来研究鱼道过鱼效果，结果显示相比于释放到上游的鱼，释放到下游的鱼死亡率更高，且雌性鱼类的存活率显著低于雄性鱼类。Burnett 等[27]使用该技术对过鱼对象的上溯速度及行为分布进行研究。

2.视频监测

视频监测主要通过在过鱼设施内部设置观察室，对鱼类的通过情况进行实时监测，并通过自动计数或者人工计数的方法获取鱼道过鱼数量[31]。这种方法布置简单，成本低，运行维护简单，但难以分辨过鱼种类。

观察室的布置（以鱼道为例）：观察室通过在鱼道一侧布置玻璃墙，直观地观察鱼类在鱼道内游动的过程（图 4-10）。需在观察室外部设置避雨措施，避免雨水进入观察室损坏监测设备，并对位于观察室上方的鱼道部分进行遮光处理，避免太阳光照射到水面发生反光，影响观察质量。在鱼道底部布置弧形的底坎，使之便于观察贴底游动的鱼类。微生物、水草等容易附着在玻璃墙上，使其透明度降低，需要定期擦拭玻璃墙。在距玻璃墙一定距离处根据实际情况布置一个或者多个摄像头，并对每个摄像头配备红外线照明设施，可昼夜监测鱼类在鱼道内的游动。由于在水中的可视距离有限，需要在鱼道内部设置导鱼栅，使鱼类靠近玻璃墙一侧游动。导鱼栅容易聚集垃圾、水草，需设置自动清理装置定期清理。

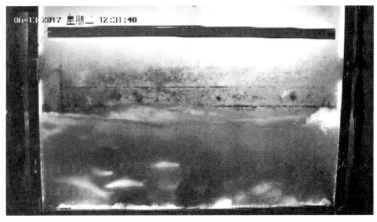

图 4-10　藏木鱼道观察室

3. 张网法

张网法主要在鱼道出口设置张网收集到达鱼道出口的鱼类，张网法可以获取鱼道过鱼种类、数量、规格等信息，但每次操作工作量大，对鱼类本身有一定的伤害[32]。

使用张网法时鱼道的横截面需要被张网全部拦截，并且与底部紧密连接。张网应直接安装在鱼道的入水口（鱼道出口），并可根据当地情况建成箱式、台座式或特殊张网。

箱式张网适合于在池堰式鱼道使用，其大小由水池的尺寸决定。张网应用结实的材料制成，网目大小为 10～12 mm，但可根据实际情况调整，便于在监测期间捕获所有上溯成功的鱼类。

使用张网法监测时需要监测人员定时收取张网并记录数据。由于在张网中的鱼类密度相对较高会导致鱼类受到伤害，在洄游活动增强时，可通过频繁排空张网的方法防止这一现象。将鱼从张网中取出后，测量并根据规定的方案记录其参数（体长、体重、雌雄等），最后将鱼释放回上游水中。由于张网放置的方式阻止了从上游进入鱼道鱼类的降河洄游，这一方法可以提供溯河洄游的可靠数据。

4. 堵截法

堵截法主要用网或者拦鱼栅堵住鱼道的入水口，把鱼道内部的水抽干，从而捕获鱼类[33]。这种方法可以获得鱼道不同位置的鱼类种类、数量和规格，但难以实施 24 小时连续监测。

5. 电捕法

电捕法通常用于鱼类群体的定性和定量研究。在水中电场影响下，鱼类首先在向阳极（趋电性）被暂时麻痹，将鱼捕获后可按种类、大小等对鱼进行研究[34]。如果电捕设备使用正确，鱼类受到的伤害极小或者不会受到伤害。电捕法必须由经专业培训的人员来进行，并要求获得相关管理机构的批准。

电捕法可以对坝上、坝下水体中的鱼类群体给予定性和半定量的评估。群体大小的确定可用来评价鱼类的上溯活动，而且是评价鱼道运行的基础。与其他方法如堵截法或遥测法相结合，电捕法能够发挥更大的作用。

6. 水声学监测法

随着科学技术的日益发展，水声学监测法已经成为鱼类资源评估研究的主要手段之一，水声学监测法能够获得过鱼设施的过鱼数量、鱼类密度、鱼类时空分布、鱼类行为等信息。目前使用得最为广泛的是回声探测仪和双频识别声呐。回声探测仪，所配置的换能器有四组垂直交叉排列的阵列，通过 Sonar5 软件可以根据测量目标的方位自动补偿目标强度的测定值。Sonar5 软件通过对噪声交叉过滤及单体回波轨迹追踪技术捕捉单尾鱼体运动的轨迹，从而进行单体信号的自动识别和统计，但是需要设置相关参数，如交叉过滤、图像光滑处理、追踪信号长度范围等。回声探测仪软件可实时采集 GPS 导航仪中的方位坐标数据，并与回声探测仪数据一起储存[35]，目前回声探测仪在国内已用于崔家营航电枢纽鱼道的过鱼效果监测。双频识别声呐，是目前唯一运用声频"镜头"的高清晰度声呐，能够在黑暗浑浊水体中生成相当于视频质量的动态监测图像，可以清楚地看见鱼类在浑浊水体下的行为（图 4-11）。双频识别声呐有两组频率模式：一组是标准型，1.1 MHz 和 1.8 MHz；另一组是长距型，0.7 MHz 和 1.2 MHz。标准型双频识别声呐可在 1～40 m 内对观测目标进行自动调焦，保证观测范围内图像清晰度。双频识别声呐长距型的图像分辨率较低，其成像范围可达 1～80 m。

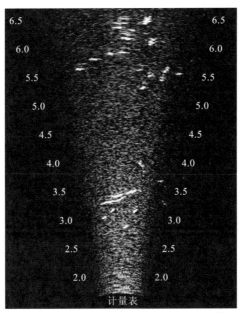

图 4-11 双频识别声呐创建的高分辨率图像

4.4.2 过鱼效果评价指标体系

在鱼道评价过程中，需要对鱼类生物学因素及鱼道运行的技术因素予以考虑，主要包括以下几个方面。

（1）大坝上下游水域鱼类群落的结构与组成，包括鱼类大体数量、种类、规格分布及集群效应。

（2）明确鱼道设计的水力学参数，鱼道进口水流是否对于鱼类具有吸引效果、槽身的流速是否顺直通畅、内部紊动流情况，以及出口位置是否适合鱼类上溯等。

（3）明确目标鱼类的通过情况，包括过鱼数量、规格、比例等。同样，也需评估目标鱼类不同发育阶段的通过情况。

（4）水系的连通状况，确保在鱼类的洄游季节，鱼道的运行流量满足设计的要求。同时，鱼道的进口、槽身、出口能够保证鱼类的顺利通过。

目前国内外没有标准的方法对鱼道进行评价，评价鱼道主要从效能和效率两个方面进行。效能是检验鱼道是否能让所有目标鱼类通过的概念；效率是一个比例，即成功通过鱼道的个体数与坝下附近个体总数的比例。目前国内有过鱼效果监测与评价的鱼道包括斗龙港、太平闸、洋塘、裕溪闸、崔家营、连江西牛、长洲、水厂坝、枕头坝、兴隆、安谷、藏木等鱼道。相对于国内来说，国外鱼道评价的案例较多，评价指标和监测周期也更为全面，例如，Pereira 等[36]使用无线电遥测，PIT 遥测和电捕等方法在 2011～2015 年获得葡萄牙蒙德古河上的竖缝式鱼道整体通过效率及坝上、坝下鱼类丰富度变化；Yoon 等[37]采用 PIT 遥测和张网法获得韩国锦江鱼道过鱼种类、数量及过鱼效率；McCormick 等[38]采用视频监测获得鱼道内多种鱼类的丰富度。

鱼道评价指标包括生物、结构和水力等。生物指标包括鱼道进口吸引率、进入时间、通过率、通过时间、坝下鱼类资源状况、过鱼数量、种类、规格等；结构指标包括：鱼道长度、坡度、池室尺寸等；水力学指标包括流速、流量、湍流动能和雷诺应力等。结合影响鱼道过鱼效果的因素分析，建立表 4-1 所示的鱼类道过鱼效果评价指标体系。

表 4-1　鱼道过鱼效果评价指标体系

	指标	获取方式
生物指标	进口吸引率	PIT 遥测、无线电遥测、声学遥测
	进入时间	PIT 遥测、无线电遥测、声学遥测
	通过率	PIT 遥测、无线电遥测、声学遥测
	通过时间	PIT 遥测、无线电遥测、声学遥测
	坝下鱼类资源状况	张网法、电捕法、水声学监测法等
	过鱼数量、种类、规格	张网法、视频监测
结构指标	长度	设计图
	坡度	设计图
	池室尺寸	设计图
水力学指标	流速	ADV
	流量	流量计
	湍流动能	水力学模拟
	雷诺应力	水力学模拟

1）进口吸引效率

鱼类快速定位并进入鱼道可以减少大坝阻隔对洄游鱼类的延迟，对鱼类快速通过鱼道至关重要，能够保证其在繁殖季按时到达产卵场并产卵成功。鱼类能够找到鱼道进口是鱼道设计成败的关键之一，在国内外鱼道设计中，往往需要在进口处添加辅助诱鱼措施，例如，仿自然通道可以设计附加的吸引流，通过改变鱼道的部分组件来改善对鱼的吸引率和过鱼性能。

进口吸引效率可用遥测法获得，如通过 PIT 遥测、无线电遥测、声学遥测等获取。进口吸引效率可以用来分析鱼道进口位置水流是否对鱼类有吸引效果及鱼道入口位置是否合理。

鱼道进口效率被定义为进入和在大坝下游释放鱼类的百分比。其计算公式可表述为

$$E = \frac{N_p}{N_m} \times 100\% \tag{4.10}$$

式中：E 为鱼道进口的效率（%）；N_p 为做标记的鱼进入鱼道的数量；N_m 为在下游做标记的鱼的数量。

2）鱼道通过效率

鱼道通过效率是评价鱼道过鱼效果的重要指标，能够确定鱼道是否切实起到过鱼的作用及其过鱼有效性到底如何。鱼道通过效率评价的原理和方法包括测量或估计障碍物下游鱼群的大小，并将其与使用鱼道的洄游鱼类进行比较，通过计数来确定。鱼群的大小可以通过对诱捕的鱼进行计数或使用下游鱼道和渔业定量测量技术来确定，还可以使用间接法在装置下游对一些鱼做 PIT 标记、声学标记、无线电标记等，然后统计它们使用鱼道的数量，并计算出通过的比例。

4.4.3　过鱼效果案例分析

1. 哥伦比亚河邦纳维尔鱼道

哥伦比亚河作为北美洲西部最大的河流，全长 1 953 km，流域面积 67.1 万 km^2，其中流域内最大的支流是位于美国境内的斯内克河。哥伦比亚河及其支流斯内克河是鲑的重要生境区域，为保护鲑繁殖与洄游的生境区域，美国联邦政府通过立法规定：水电开发中河流中下游河段所修建的大坝高度不得超过 30 m，同时为了满足鲑等鱼类的洄游，必须修建鱼道。迄今为止，哥伦比亚河下游及其支流斯内克河共修建 8 座水利枢纽工程（包括大坝、船闸、电厂），鱼道数量多达 16 座，基本上以竖缝式和池堰式鱼道为主，其中作为最下游一级的邦纳维尔水利枢纽工程所在的河段较宽，共修建了 4 座鱼道。鱼道修建基本布置在船闸与电厂一侧，同时船闸下游出口、泄水闸两侧和电厂尾水均布置了鱼道进口。

统计邦纳维尔鱼道不同年份的过鱼总数及其成鱼春季洄游（含捕捞）数量，2001 年以前邦纳维尔鱼道过鱼总数维持在比较稳定的状态，1938～2000 年均过鱼量为 62.83 万尾，2001～2008 年的年均过鱼量高达 145.12 万尾，鱼道过鱼效果保持较好的趋势；在鱼道运行初期的 1938～1949 年，成鱼春季洄游（含捕捞）数量低于多年平均数量，1950～2000 年基本处于比较稳定的状态，2001～2009 年的过鱼总数明显增加。

鱼道过鱼数量与鱼道距离河口的位置具有一定的相关性，距离河口越近，鱼道过鱼数量越多。大规模的水电开发，导致河流生物生境的片段化，随着上游不断的水电开发，导致鱼类洄游难度加大；相较之下，上游鱼道的过鱼数量会小于下游。2008 年较 2007 年成鱼过鱼数量明显增多，平均增长比例高达 91.4%，但 2007～2017 年的平均过鱼数量相比有所降低。

综合来看，哥伦比亚河下游及其支流斯内克河鱼道以持续性的监测数据为鱼道管理提供基础，通过分析评价与功能调整，积极开展生态调度，取得了显著的效果：①在与鱼类行为学和生态学专家的合作下，制订出了相应的运行方案；②在鱼类迁徙的时段内，提供适合其过坝需要的水流条件，包括水利枢纽的防洪、发电和航运的调度与协调；③各水利枢纽在春季和夏季下泄流量的运行调度方案。

2. 科英布拉坝鱼道

葡萄牙科英布拉坝位于距离蒙德古河口上游约 45 km 处,建于 20 世纪 80 年代初期,用于流量控制,公共和工业供水和灌溉,并修建有淹没孔口式鱼道。通过开展过鱼效果监测,发现该鱼道难以通过目标鱼类。因此,在不同水文条件下,溯河产卵的鱼类被迫在大坝下游完成生命周期。2011 年,该区域设计了一个专门针对鲱科鱼类和七鳃鳗的竖缝式鱼道。鱼道长为 125 m,水深为 2 m,由 23 个均匀的矩形池室(4.5 m×3.0 m)组成,竖缝宽度为 0.5 m。相邻池室之间的水头差为 0.25 m。竖缝处的水流速度为 1.1 m/s,休息池的能量耗散率在 150 W/m³ 以下,鱼道流量始终保持在 2.0 m³/s。

2011~2015 年采用了不同的监测技术对竖缝式鱼道的过鱼效果进行了评估。通过无线电遥测技术评估了七鳃鳗在鱼道上行过鱼情况,发现有 90% 的鱼类能够到达大坝,其余 10% 的鱼类停留在坝下游产卵场。有 33% 顺利通过了大坝,到达上游。

在 2011 年(鱼道运行前)至 2015 年每年进行一次上游河段与下游河段电捕鱼监测,结果显示,竖缝式鱼道修建之前,科英布拉坝明显阻止了成年七鳃鳗的向上迁移。鱼道修建之后,大坝上游的幼年七鳃鳗相对丰度明显(2015 年)高于修建前。

在 2014 年和 2015 年的产卵季节期间,分别有 225 尾和 103 尾七鳃鳗被捕获,并植入 PIT 标签。在 2014 年产卵高峰期,七鳃鳗总体通过效率为 31%。在 2015 年产卵季节,七鳃鳗在各季节通过效率各不相同,迁徙期开始时(1 月为 10%、2 月为 11%)通过的比例较低,在洄游高峰期间,通过效率为 21%。

4.5 运行管理

4.5.1　过鱼设施运行管理的意义

目前,国内外为补偿大坝建设对洄游鱼类的影响,相继建设了鱼道、鱼闸、鱼梯和集运鱼系统等过鱼设施辅助鱼类上坝。但是在运行中发现,因过鱼目标种类较多,且各种目标鱼类的生态习性存在差异,所以单一水流特征设计的过鱼设施难以实现多种鱼类同时通过鱼道。鉴于此,以提升过鱼效果为目标,学者们提出了依据鱼类行为特征,通过过鱼设施运行管理优化水力调控机制和诱驱鱼方法的策略。

4.5.2　国外过鱼设施运行管理效果分析

国外过鱼设施设计和建设技术的发展先于我国,其运行管理经验要比我国丰富,本小节将介绍国外过鱼设施的运行管理经验,以及运行管理在过鱼设施结构优化和过鱼效果提升中发挥的作用。

1. 加拿大萨基诺湖鱼道运行管理及改造

萨基诺湖河是铁头鳟和银鲑的主要栖息地，因萨基诺湖中的两座大坝下泄水流冲击基岩使浅水径流流速增大，而经常出现跌水和水潭，致使鱼群只能选择流量较小的年份穿过障碍物。因此，坎贝尔河鲑鱼基金会组织相关部门修建了鱼道，辅助目标鱼类越过障碍物。在其运行管理中发现鱼道径流深度难以满足成年铁头鳟和银鲑通过，并对萨基诺湖的两座鱼道进行了升级改造。主要采用引入捆孔木材清基等方式，增加了鱼道径流深度，并为鱼类洄游提供了适宜的栖息地，实现了在不同自然湖水流量条件下满足成年铁头鳟和银鲑越过障碍物的需求。

2. 哥伦比亚流域鱼道运行管理及改造

哥伦比亚河干流下游河段和支流斯内克河的下游河段各建设有 4 座水利枢纽工程，并建设了 16 座鱼道。河流管理者在运行管理这 16 座鱼道过程中，发现从哥伦比亚河邦纳维尔水电站至麦克纳里水电站及上游斯内克河的爱斯哈宝水电站至罗哥瑞乃等水电站，鱼道多年的平均过鱼数量在逐渐减少。通过分析发现，这与从下游到上游河段大坝数量增加有关。对此，为保障鱼类自然繁殖，河流管理者对鱼道进行了改造，改造后哥伦比亚河下游和斯内克河鱼道的过鱼效果有了明显提高。除此之外，运行管理者还重视鱼道过鱼效果监测，他们在各鱼道上均安装了监测设备，不仅可以记录过鱼数量，还可以实时监测鱼通过鱼道的轨迹，这对鱼道结构优化和效果评价提升提供了很大的帮助。

3. "莱茵河鲑鱼 2000 计划"实施效果

莱茵河是欧洲大陆上的一条河流，是鲑和其他洄游型鱼类栖息的主要河流。因过度捕捞和工业污水排放的原因，莱茵河鲑资源量急剧下降。莱茵河流域管理委员会和沿河国家为了重塑莱茵河生态，让鲑重回莱茵河，制订了"莱茵河鲑鱼 2000 计划"。该计划实施以来，在法国和德国政府的支持下，法国电力公司、德国能源公司及欧洲生命科学联盟项目在 1998～2000 年共同建设了长 300 m，水头 10 m 的新鱼道，监测发现每年有 7 000～21 000 尾鲑通过鱼道上溯到上游。根据鱼道过鱼效果监测情况提出了以下优化建议：①优化莱茵河水质，有效控制全年内水体饱和度；②持续改善莱茵河河道水生态条件，限制入侵鱼种数量；③依据鲑洄游需求，通过优化水电站水力调度机制，实现鱼道水力条件满足鱼类上溯需求。

4.5.3 国内过鱼设施运行管理案例分析：果多水电站集运鱼系统

1. 果多集运鱼系统

果多集运鱼系统包括：集鱼系统、鱼类运输系统、放流系统、辅助系统。

2. 果多集运鱼系统运行与监测

1）集运鱼系统的布置安装

（1）集鱼平台和底层鱼类水流诱集装置的安装。集鱼平台和底层鱼类水流诱集装置由专业拖船将其分模块运输至运行位置。准确定位后，抛锚固定，使平台不再移动。所抛锚的重量及个数由集鱼平台吨位、河流流速决定。

（2）深水网箔的安装。按照中心挺网、谎旋网、大轮网和八字网、翼网的顺序依次安装，再用锚和钢筋分别固定。按照水库联合渔法的张网装配方法安装张网，最后再用浮筒、网门沉铁和竹竿固定网门。深水网箔布设时力求使网底与河床底部相吻合，以免留下逃鱼口。

（3）运鱼车的准备。运鱼车在试运行开始前，根据"适量运鱼，充分发挥运力"的原则，采用实施方案所设计构造选择吨位和型号。

（4）集运鱼系统的监测。使用双频识别声呐和水下摄像头监测下游鱼群活动情况、集鱼区集鱼效果、鱼类进入集鱼平台过程、底层鱼类水流诱集装置和深水网箔的集鱼数量和种类等。

双频识别声呐主要负责观察集运鱼系统下游鱼群活动情况，确定河流中是否有上溯鱼群及其数量。另外，也用于底层鱼群的观察。

水下摄像头采用红外摄像头，主要用于统计鱼类进入各种集鱼设施过鱼通道的效果，水流和灯光的诱驱鱼效果。

2）集运鱼系统各部分结构

（1）集鱼系统。集鱼平台自下而上依次为：导鱼设施、底层鱼类水流诱集系统、防逃网结构、驱鱼栅、集鱼箱。

导鱼设施包括导鱼网和导鱼栅，导鱼栅分为两侧导鱼栅和底部导鱼栅。两侧导鱼栅为三角形钢架，固定于船体下游面两侧，水平方向以一定角度伸向下游，在水平面形成一个上窄下宽的"八字"。底部导鱼栅为一个梯形钢架，上沿与船体下游面底部相连，下沿垂直方向以一定角度伸向下游水中。导鱼网连接在导鱼栅上，沿导鱼栅既成角度延伸至河流两岸及河床底部。导鱼网依靠液压驱动，在人为控制下将底部导鱼网铺设至接近河床底部，同时将两侧导鱼网张开。

底层鱼类水流诱集系统采用集鱼船与补水明渠相结合的方式，其中集鱼船诱鱼水流分为水上、水下两部分。其中，水下部分是利用蓄水池输水孔将高压软管连接至集鱼船尾部，水上部分是利用放置在蓄水池中的一台潜水泵将高压软管连接至集鱼船上的射流装置完成空中射流，两个补水明渠布置在集鱼船两侧，通过蓄水池挡墙上的两个泄水阀门将水流引入渠道，所有诱鱼水流在集鱼船船头位置汇合，制造鱼类偏好流态，诱导鱼群靠近集鱼平台，再利用船头射流装置进一步诱导鱼群进入集鱼船，最后在船体内部诱鱼水流的辅助下顺利进入集鱼平台内部。

防逃网结构设在出口断面内侧，水平面为一对喇叭形的网栅。进鱼断面的形状尺寸与出口断面相同，出鱼断面根据目标鱼类选择适合的宽度。喇叭口截面呈矩形，高度与过鱼通道一致。

驱鱼栅紧贴在防逃网前，不使用时位于集鱼船上方。当需要收鱼时，放下驱鱼栅，控制其水平移动将鱼赶至集鱼箱内。

集鱼箱平时固定在集鱼平台水流进口处，箱体进鱼断面与过鱼通道断面尺寸相同，紧密衔接。当驱鱼栅将鱼赶至集鱼箱附近时,提起箱体下游面的拦鱼栅并将鱼赶入箱中。当鱼全部入箱后,放下拦鱼栅、箱体同船体脱离。

底层鱼类水流诱集装置:底层鱼类水流诱集装置的左侧为集鱼船动力区的水泵,右侧是诱鱼、集鱼区,由塑料硬网喇叭形地笼及硬网集鱼箱组成,硬网喇叭形接口处连接导鱼槽,水泵通过 PVC 管与喇叭形接口连接,PVC 管连接闸阀。硬网的两侧分别上下错开钻两个孔洞,孔洞连接的地笼可以直接到达上面的集鱼箱,直接在集鱼箱内集鱼。

深水网箔:深水网箔有三道网门,配套灯光诱鱼,鱼易进难出,定期收集网箔里的渔获物,再用运鱼车运到坝上。

(2)运鱼系统。运鱼系统为运鱼车,运鱼车内所能容纳鱼的数量取决于车体本身载重,鱼水质量比例夏季最高为 1∶1,冬季最高为 2∶1,在此基础上,运输时鱼与水的质量比应保持更低的密度,如 10 kg/m³。运鱼车内水温尽量与原河道中相同,若长途运输,则控制在 9.5~16.0 ℃(尽量接近自然水体水温)。制造循环流水,保持充气和溶氧。

(3)放流系统。采用运鱼车将鱼运送至放流点,即坝上 12 km 处。运输到达目的地后将鱼通过放流管释放入放流平台或直接释放进入库区。

(4)监控系统。监控系统采用双频识别声呐和水下摄像头两种方式。双频识别声呐主要用于观测水底区域的鱼类状况,观测区域包括集鱼系统下游区域和集鱼区域。水下摄像头布置位置包括:灯光诱鱼区域、导鱼栅周边、防逃网内侧、过鱼通道等。

(5)船体其他部分。在船体内部和下游河流区域分别布设温度计,测量两处水温。在河流中布置溶氧仪,检测水中的含氧量。开始运行前,采用流速仪检测过鱼通道和下游出水口的水流流速,用照度计检测下游及集鱼区光强分布状况。另外,应从电站管理单位得到每小时的水位高度。

3)运行操作步骤

(1)运行操作。

① 固定好导鱼栅及导鱼网,打开导流栅,提起驱鱼栅,确保集鱼箱固定完好。检查其他结构处于安全状态。

② 控制诱鱼灯光,诱鱼水流调整至相应条件下。

③ 记录人员开始观察下游区域、集鱼区域、过鱼通道等处的集鱼情况。

④ 当系统开始运行,将赶鱼栅移动驱鱼至集鱼箱,将集鱼箱与吊车挂钩挂接。

⑤ 吊车将集鱼箱吊起转移至运鱼车。当集鱼箱转移至运鱼车上的运鱼箱后再将集鱼箱的底板打开,同时缓缓提升集鱼箱,使集鱼箱中的鱼游入运鱼车内。提升转移鱼工作完成后,吊车将集鱼箱再次转移回与集鱼平台固定,准备下一轮运鱼。

⑥ 运鱼车将鱼通过陆路运输到放流点,通过放流平台或放流管将鱼类释放进入上游库区。

⑦ 运行期间,为了保证集鱼系统充分发挥集鱼作用,集鱼系统(导鱼设施、水流诱鱼系统、防逃网结构、驱鱼栅、集鱼箱,深水网箔,底层鱼类水流诱集装置)和监测系统 24 小时按运行规程工作。为了保证运行期间的人员及集运鱼系统的安全,运鱼系统及除集鱼系统以外的船体其他部分的监测工作一般情况下安排在白天进行。重复上述操

作直至一个运行周期结束为止。

⑧ 每周需进行船体各设备及构件的检查维修，确保运行能够正常，安全进行。

（2）获取数据。在试运行过程中需要检测的数据包括：①运行天气状况；②河流水温，水位，含氧量；③集鱼系统位置河道流速；④过鱼通道流速及诱鱼水流流速；⑤集鱼区鱼类密度；⑥防逃网区域进鱼及逃鱼数量；⑦集鱼种类及各鱼的体长、体重等；⑧集鱼系统的运行速度，运鱼车行驶速度及运鱼密度，车内水体温度，含氧量；见表4-2。

（3）分析数据。采用电脑软件对采集得到的各种数据进行分析，得出各项结论，为方案改进提供数据支持。

（4）改进方案。根据数据分析结论，改善集运鱼系统。

表4-2 试运行过程中需要检测的数据

监测指标	记录1	记录2
运行天气状况		
河流水温、水位、含氧量		
集鱼系统位置河道流速		
过鱼通道流速及诱鱼水流流速		
集鱼区鱼类密度		
防逃网区域进鱼及逃鱼数量收集的鱼总数		
集鱼种类		
集鱼体长		
集鱼体重		
集鱼系统的运行速度		
运鱼密度		
运鱼车内水温		
运鱼车内溶氧		

3. 运行中系统的维修

现场工作人员定时定点检查维护整个集运鱼系统。当集鱼平台集鱼数量明显减少时，现场工作人员应乘坐工作船到达集鱼平台，对整个集鱼平台进行检查维护。重点是对导鱼栅、诱鱼水流、灯光系统、集鱼箱的完整情况等进行细致全面的检查。一旦发现破损及异常情况，应该将集鱼平台拖拽至岸边水流缓慢的地方，并及时汇报，查明原因，采取适当措施及时修复。

当深水网箱和底层鱼类水流诱集装置集鱼数量明显减少时，现场工作人员应乘坐工作船到达水深网箱和底层鱼类水流诱集装置，对这些集鱼系统进行检查维护。对深水网箱的维护，应该在确保安全的前提下，按照收鱼结构、张网、大轮网、谎旋网的顺序，通过起网绳依次提起底网，检查各网片的破损情况，如有破损，及时维修。对底层鱼类水流诱集装置，主要检查水泵的工作状况及收鱼结构的破损情况，如有破损，应提起收鱼结构进行维修。

发现故障时需及时消除，若不能及时处理，需要详细记录，及时上报，结合设备检修计划，予以消除；管理人员要定期对运行设备进行全面检查和抽检，督促现场人员做好维护检修工作；总结操作和维修维护保养的经验，改进设备管理工作。

4. 运行进度安排

1）预运行阶段

该阶段对集运鱼系统各部分进行初步的评估，验证实施方案设计的可行性，发现设计中的不足，保证各系统、部件均能按预期运行。在此基础上，挖掘集运鱼系统可改进的方面，为后续运行阶段做准备。本阶段需完成所有操作人员的培训工作。

2）正式运行第一阶段

该阶段在预试运行的基础上，初步定下诱驱鱼系统的布置和运行模式及其他船体结构的操作方式。全面地对集鱼效果，船体运行的稳定性、可靠性进行检验和考察。收集运行数据，进行整理分析，得出系统工作状况的初步结论。在此基础上对整套系统进行进一步完善，尤其是对各集鱼设施布置方式的改进，保证在下一阶段具有良好的集鱼效果。

3）正式运行第二阶段

该阶段在改进集运鱼系统的基础上，进行长时间的试运行，收集系统、准确、完整的各项数据，包括集鱼效果、运鱼效率、监控效果、船体状况等。这一阶段尤其注意船体结构的耐久性和长期运作后的可靠性，做好维护工作。

4）后观察阶段

该阶段继续进行稳定的试运行工作，继续完善相关数据，原则上不再对集运鱼系统做大的改动。现场人员需抓紧检测和维护工作，力求圆满完成试运行工作。

5. 班组工作制度

（1）专业技术人员分为 3 组，每组 2 人。日常具体运行管理工作为 3 组 2 班制，1 组休假；每组工作 45 日（周六和周日不安排休息），休息 10 日，具体休息时间根据需要可以自行调整，每组轮休前做好工作交接。

（2）每 12 h 轮换 1 次，换班时间晚 9:00 和早 9:00。

（3）日常生活主要为工作餐制，早饭时间 8:20～8:50，午饭 11:40～12:20，晚饭 18:00～18:40，夜宵为简单食品，工作人员自备或自作。

（4）清洁卫生主要工作为公用餐具清洗和生活垃圾清理，时间上午 9:00～11:00，中午 12:30～13:00 和下午 19:00～20:00。

（5）出现工作量较大状况或多人参与工作，现场运行工作人员可临时自行调整工作和休息时间。

6. 机构设置

果多水电站建成后需在电站管理机构中设置专门的过鱼设施运行管理部门，配置专业技术人员，负责日常运行和管理，包括设备保养、观测统计、相关基础研究等，其主要职责包括。

（1）制定过鱼设施运行方式和操作规程。

（2）负责过鱼设施正常运行和管理，做好日常观测、过鱼效果的统计和信息处理。

（3）协调处理过鱼设施运行与工程枢纽的关系，确保过鱼季节的过鱼设施正常有效运行。

（4）做好过鱼设施运行与鱼类特性的研究，协助做好科普宣传工作，提高生态保护意识。

7. 适应性管理

1）运行人员指挥调度

（1）在试运行组织机构明确的情况下，操作人员须统一服从上级的安排和调度，提高工作效率。若有特殊情况，需提前提出申请。

（2）现场人员的各项操作必须严格按照既定的实施方案进行，责任分工明确。实施人员未按要求进行操作或在操作中出现过失的，须承担相应责任。

（3）操作人员需做好必要的安全防护工作和遵守相关安全规范，水上作业必须穿戴救生衣，涉及用电的操作则应由具有资质的电工完成。

2）集运鱼系统运行效果的检验与考核

（1）集鱼系统运行效果的检验与考核：①系统集鱼季节、时段、周期试验及其有效数据；②集鱼平台、底层鱼类水流诱集装置和深水网箱的实用性及集鱼效果的检测；③各种诱驱鱼技术的使用效果试验及其数据分析。

（2）运鱼与放流系统运行效果的检验与考核。集鱼平台、底层鱼类水流诱集鱼装置和深水网箱、运鱼车行驶速度及供氧试验，放流鱼成活率及其有效性数据。

（3）监控系统运行效果的检验与考核：①监控系统记录数据的可靠性；②监控数据存储的长期准确性和完整性；③监控系统长期安全性能。

（4）集运鱼系统其他部分运行效果的检验与考核：①诱鱼管道、起吊装置和灯具的实用性检测；②导鱼栅实用性检测；③船体其他结构的检测。

3）集运鱼系统在各种工况下的稳定性和可靠性

（1）高温、低温及雷雨风暴等恶劣天气条件下，集运鱼系统工作的稳定性、可靠性和有效性。

（2）在各种工况条件下，特别是在局部故障或个别设备故障时，集运鱼系统整体功能的正确性，故障修复检验。

（3）各种环境、工况条件下，实际操作中的安全性能。

（4）在长时间工作的条件下，集运鱼系统各部分的稳定性。

4）完善集运鱼系统运行方式

（1）集鱼系统的调试、完善：①根据收集数据，确定最佳集鱼时段，制订全年集鱼工作安排；②根据收集数据，完善集鱼平台、底层鱼类水流诱集装置和深水网箱集鱼方案；③根据各诱驱鱼试验的结论，选择最佳诱鱼方案，其中包括：诱鱼灯光、诱鱼水流方案的完善等。

（2）运鱼系统的调试、完善。根据试运行数据，拟定集鱼平台、底层鱼类水流诱集鱼装置和深水网箱、运鱼车的行驶、供氧方案以及与集鱼系统的搭配方案等。

（3）监控系统应用及其改进。根据鱼的种类、数量及季节变化规律以及实际监测效果，确定监测系统的最终运行模式。

（4）集运鱼系统其他部分的改进和完善：①诱鱼管道、起吊装置的完善；②集鱼平台下游导鱼栅的完善；③集鱼平台、底层鱼类水流诱集鱼装置和深水网箱与运鱼车的衔接方式，集鱼箱的起吊方式和速度等；④船体其他结构的完善。

5）试运行数据保存及备份工作

工作人员在记录数据时，需要做到认真仔细，确保所录数据真实可靠，能够正确反映集运鱼系统各方面试运行的效果。记录数据需由至少两人完成，其中一人负责核实和校对。记录员每周进行一次数据的整理并归档。整理完的数据需要做好备份工作，并及时进行分析，以便后续诱驱鱼系统和船体结构的改进。

6）健全集运鱼系统运行管理体制

（1）建立专责管理队伍。

（2）建立健全日常运行的各项规章制度。

（3）建立健全运行操作规程。

（4）建立健全系统日常维护规范。

（5）积累运行资料、数据。

（6）建立设备运行档案。

试运行期间，主要工作有：建立并完善各项制度，包括管理制度，运行及维护所需的规章制度。安排人员培训，并进行实际操作。对系统进行日常运行维护，并予以记录，形成有效运行数据。建立档案，管理已收集的数据。

对集运鱼系统的各项性能进行检验，尤其是在各种特殊工况（如极端天气）下的稳定性，可靠性和实用性；对发生的问题，分重点分层次地予以解决，并由此提出针对性的措施，使系统得到进一步改进和完善。

发现并总结系统运行中的管理和维护问题，总结经验，建立突发事故处理机制，提供事故处理预案，应急及安全措施，以便系统正常运行时参考。

7）集运鱼系统运行与下游水位变化的适应管理

由于集鱼系统布置点位于大坝下游，涉及系统运行与下游水位变化的协调。集运鱼系统主要需要管理集鱼平台、底层鱼类水流诱集装置及深水网箱。集鱼平台在遭遇洪水水位较高时，根据试运行过程集鱼点流速实测值，在超过 2 m/s 的流速时，即采用吊车将集鱼平台起吊到岸上，确保安全。底层鱼类水流诱集装置及深水网箱重量较轻，移动方便，需根据试运行过程实际情况进行灵活移动或收起存放。

8. 运行设备及人员准备

运行工作正式开始前，相应的设备和人员必须及时到位。集鱼平台、底层水流集鱼装置和深水网箱、运鱼车等必须应准备完毕。项目地点实现"三通"，配有（租赁）员工宿舍及其他基本生活设施和建筑。试运行人员包括总负责人、技术负责人，各部门责任人及现场人员都应各司其职。操作、值班人员须提前进场，做好充分准备，见表 4-3。

表 4-3　运行人员配备表

序号	岗位	人数	要求	备注
1	总负责人	1	管理	同时负责外联
2	技术负责人	1	鱼类保护	
3	轮机操作	3	船舶技术工人	集鱼平台操作维护
4	集鱼观测	3	水电专业本科	鱼类保护知识背景
5	司机	1	汽车工	
6	后勤	1	工人	

9. 运行管理人员培训

现场操作人员必须经过严格的培训。培训由试运行组织方负责，本着系统、安全、实用的原则，使参与操作的人员在较短的时间内准确掌握安全、高效的运行方法和处理突发事故应采取的正确手段。人员培训结束后，需进行相应考核。经过完整训练、考核合格的日常操作和维护人员上岗。

培训内容应包括：①集鱼平台、底层鱼类水流诱集装置和深水网箱系统的控制；②集鱼平台、底层鱼类水流诱集装置和深水网箱集鱼过程详细步骤；③集鱼箱、赶鱼栅与运鱼车的操作；④监控系统的使用及数据的收集和处理；⑤集运鱼系统事故处理预案及应急方案；⑥设备基本维护方法；⑦集运鱼系统日常运行操作、监控系统软硬件维护和设备巡检；⑧突发事故处理方案和应急措施。

10. 运行管理制度

属于集科研试验性、示范性与实用性于一体，涉及专业多。由于试运行期间可能下泄流量、气候的急剧变化，所以运行需要有固定的人员安排、可操作的规章制度、实际的记录内容以及问题处理流程和方法。

（1）运行的管理制度。①试运行组织方，根据实施方案的要求，制订试运行计划，做好排班工作，处理好运行中遇到的各种问题和故障，并做出相应的评估；②各运行班组做好运行的执行工作，并负责相关设备的事前检查，日常巡视和记录，及时报告问题与故障；③参加运行工作的人员必须听从指挥，坚守岗位，认真做好记录和汇报工作。

（2）运行工作制度。工作人员在运行前检查并确认集运鱼系统及周边无影响运行的杂物；检查系统各部分是否达到试运行条件；开始运行及终止运行均由小组负责人统一指挥；建立运行机构每周例会制度，即在试运行期间每周召开会议，汇报前一周试运行情况及各项指标，安排下一周的运行计划，根据实际情况适当调整试运行安排。

（3）运行安全制度。建立完整的安全管理制度，落实安全行为奖惩制度，安全制度应责任到人。做好运行前安全及设备状况检查：①按要求设置安全警示牌、消防器具等安全设施；②清理运行区域及周边废弃物品，清除集鱼船周边杂物和漂浮物；③开始正式运行前需检查各系统、设备、管道、监控等是否正常工作。

（4）系统运行规章制度。系统运行规则制定包括：建立运行管理队伍及管理制度；建立运行工作制度草案；建立运行操作、故障处理操作规程（草案）；制定系统管理和维护规范；确定运行报表生成内容、时间间隔。

（5）组织规范试运行。确定规范的可操作的试运行记录内容，制作可操作的试运行记录表格，安排合理的试运行周期。

（6）试运行事故处理及安全措施。运行事故及安全措施包括：①参加运行操作人员应熟悉各设备，掌握操作要领，杜绝一切人为事故的发生；②运行中若发生重大事故，应先切断电源，采取有效措施控制事故状态，保留现场相关数据并向上级汇报，不得因处理不当而使事故扩大；③集鱼系统中任一子系统发生故障，应立即停止运行，进行处理；④运鱼系统发生故障，应以保证人身安全为第一要务，切实做好备用船车的准备；⑤监控系统发生故障，应立即断电停止运行，从运行设备、监控设备、电路三方面进行故障排除；⑥运行无关人员不要在船体及其他运行设施旁逗留；⑦消防器材必须到位；⑧配备现场安全专员，不断进行巡视检查；⑨所有电气设备由持证的工人操作，其他人员不得擅自动手；⑩所有运行指令由专员统一下达，操作人员必须听从指挥。

11. 鱼类暂养办法

集鱼系统收集到的鱼类一般暂养在暂养池。暂养池需建在集鱼系统旁，暂养池长3 m、宽 2 m、深 1 m，一般一个集运鱼系统需要 2～3 个暂养池，其中 1 个用作蓄水，另外 1～2 个暂养池为暂养所集目标鱼类。暂养水需为自然河流水，以便暂养鱼类适应养殖环境保证成活率。

12. 经费管理办法

运行管理经费主要是运行管理生活和工资费用,现场运行设备维护和修缮所需费用。费用要做到专人管理、专人审批和专项使用,且每一笔费用开销要有详细记录。

参 考 文 献

[1] PINKAS L, OLIPHANT M S, IVERSON I L K. Food habits of albacore, bluefin tuna, and bonito in California waters[J]. Fisliery bulletin, 1970, 152: 1-105.

[2] 蒋志刚, 纪力强. 鸟兽物种多样性测度的 G-F 指数方法[J]. 生物多样性, 1999, 7(3): 220.

[3] 田瑜, 邬建国. 种群生存力分析(PVA)的方法与应用. 应用生态学报, 2011, 22(1): 257-267.

[4] 徐宏发, 陆厚基. 最小存活种群-保护生物学的一个基本理论-II. 物种灭绝的过程和最小存活种群(种群脆弱性分析 PVA)[J]. 生态学杂志, 1996(3): 50.

[5] 金志军, 马卫忠, 张袁宁, 等. 异齿裂腹鱼通过鱼道内流速障碍能力及行为[J]. 水利学报, 2018, 49(4): 512-522.

[6] 谭均军, 高柱, 戴会超, 等. 竖缝式鱼道水力特性与鱼类运动特性相关性分析[J]. 水利学报, 2017, 48(8): 924-932.

[7] 佟雪丰, 李卫明, 刘德富, 等. 丹尼尔式鱼道内水流紊动特性试验研究[J]. 水电能源科学, 2016, 34(2): 94-97, 128.

[8] 石小涛, 陈求稳, 黄应平, 等. 鱼类通过鱼道内水流速度障碍能力的评估方法分析[J]. 生态学报, 2011, 31(22): 6967-6972.

[9] 李志敏, 陈明曦, 金志军, 等. 叶尔羌河厚唇裂腹鱼的游泳能力[J]. 生态学杂志, 2018, 37(6): 1897-1902.

[10] 周小波, 陈静, 张连明. 浅论鱼道设计方法与过程: 以藏木水电站鱼道设计为例[J]. 水电站设计, 2017, 33(3): 29-32.

[11] CASTRO S T. Optimal swim speeds for traversing velocity barriers: An analysis of volitional high-speed swimming behavior of migratory fishes[J]. Journal of experimental biology, 2005, 208(3): 421-432.

[12] SILVA A T, SANTOS J M, FERREIRA M T, et al. Effects of water velocity and turbulence on the behaviour of Iberian barbel (*Luciobarbus bocagei*, Steindachner 1864) in an experimental pool-type fishway[J]. River research & applications, 2011, 27(3): 360-373.

[13] SILVA A T, SANTOS J M, FERREIRA M T, et al. Passage efficiency of offset and straight orifices for upstream movements of Iberian barbel in a pool-type fishway[J]. River research & applications, 2012, 28(5): 529-542.

[14] ALEXANDRE C M, QUINTELLA B R, SILVA A T, et al. Use of electromyogram telemetry to assess the behavior of the Iberian barbel (*Luciobarbus bocagei*, Steindachner, 1864) in a pool-type fishway[J]. Ecological engineering, 2013, 51: 191-202.

[15] WEBB P W. Response latencies to postural disturbances in three species of teleostean fishes[J]. Journal of experimental biology, 2004, 207(6): 955-961.

[16] 吴震, 杨忠勇, 石小涛, 等. 异齿裂腹鱼上溯过程中的折返行为及其与水力条件的关系[J]. 生态学杂志, 2019, 38(11): 3382.

[17] PAVLO V D, LUPANDIN A, SKOROBOGATOV M. The effects of flow turbulence on the behavior and distribution of fish[J]. Journal of Ichthyology, 2000, 20: 232-261.

[18] BREDER C M. Vortices and fish schools[J]. Zoologica, 1965, 50: 97-114.

[19] KE S, TU Z, GOERIG E, et al. Swimming behavi our of silver carp (*Hypophthalmichthys mditrix*) in response to turbulent flow induced by a D-cylinder[J]. Journal of fish biology, 2002, 100(2): 486-497.

[20] 曹庆磊, 杨文俊, 陈辉. 异侧竖缝式鱼道水力特性试验研究[J]. 河海大学学报(自然科学版), 2010, 38(6): 698-703.

[21] 胡运燊, 石小涛, 刘德富, 等. 声音导鱼技术的分析与展望[J]. 水生态学杂志, 2013, 34(4): 89-94.

[22] 许家炜. 基于高原鱼类弱趋光性特征的过鱼设施光诱驱鱼技术研究[D]. 宜昌: 三峡大学, 2019.

[23] 罗佳, 白艳勤, 林晨宇, 等. 不同流速下气泡幕和闪光对光倒刺鲃趋避行为的影响[J]. 水生生物学报, 2015, 39(5): 1065-1068.

[24] KEEFER M L, BOGGS C T, PEERY C A, et al.Factors affecting dam passage and upstream distribution of adult Pacific lamprey in the interior Columbia River basin[J]. Ecology of freshwater fish, 2013, 22(1): 1-10.

[25] 魏永才, 余英俊, 丁晓波, 等. 射频识别技术(RFID)在鱼道监测中的应用[J]. 水生态学杂志, 2018, 39(2): 11-17.

[26] 王义川, 王煜, 林晨宇, 等. 鱼道过鱼效果监测方法述评[J]. 生态学杂志, 2019, 38(2): 586-593.

[27] BURNETT N J, HINCH S G, DONALDSON M R, et al. Alterations to dam-spill discharge influence sex-specific activity, behaviour and passage success of migrating adult sockeye salmon[J]. Ecohydrology, 2014, 7(4): 1094-1104.

[28] CALLES E O, GREENBERG L A. The use of two nature-like fishways by some fish species in the Swedish River Emn[J]. Ecology of freshwater fish, 2007, 16(2): 183-190.

[29] CASTRO S T, SHI X, HARO A. Migratory behavior of adult sea lamprey and cumulative passage performance through four fishways[J]. Canadian journal of fisheries & aquatic sciences, 2017, 74(5): 790-800.

[30] ROSCOE D W, HINCH S G, COOKE S J, et al. Fishway passage and post-passage mortality of up-river migrating sockeye salmon in the Seton River, British Columbia[J]. River research & applications, 2011, 27(6): 693-705.

[31] BIZZOTTO P M, GODINHO A L, VONO V, et al. Influence of seasonal, diel, lunar, and other environmental factors on upstream fish passage in the igarapava fish ladder, Brazil[J]. Ecology of freshwater fish, 2009, 18(3): 461-472.

[32] BICE C M, ZAMPATTI B P, MALLEN C M. Paired hydraulically distinct vertical-slot fishways provide complementary fish passage at an estuarine barrier[J].Ecological Engineering, 2016, 98: 246-256.

[33] 谭细畅, 黄鹤, 陶江平, 等. 长洲水利枢纽鱼道过鱼种群结构[J]. 应用生态学报, 2015, 26(5): 1548-1552.

[34] FOUCHÉ P S O, HEATH R G. Functionality evaluation of the Xikundu fishway, Luvuvhu River, South Africa[J]. Journal of the limnological society of southern Africa, 2013, 38: 69-84.

[35] 谭细畅, 史建全, 张宏, 等. EY60 回声探测仪在青海湖鱼类资源量评估中的应用[J]. 湖泊科学, 2009, 21(6): 865-872.

[36] PEREIRA E, QUINTELLA B R, MATEUS C S, et al. Performance of a vertical-slot fish pass for the sea lamprey petromyzon marinus, L. and habitat recolonization[J]. River research & applications, 2016, 33: 16-26.

[37] YOON J D, KIM J H, YOON J, et al. Efficiency of a modified ice harbor-type fishway for Korean freshwater fishes passing a weir in Republic of Korea[J]. Aquatic ecology, 2015, 49(4): 417-429.

[38] MCCORMICK J L, JACKSON L S, CARR F M, et al. Evaluation of probabilistic sampling designs for estimating abundance of multiple species of migratory fish using video recordings at fishways[J]. North American journal of fisheries management, 2015, 35(4): 818-826.

第5章 过鱼设施鱼类行为学基础与应用

5.1 鱼类洄游及集群效应观测

5.1.1 鱼类洄游及集群效应行为

1. 鱼类洄游

鱼类洄游是一些鱼类的主动、定期、定向、集群，具有种群特点的水平移动，是长期以来鱼类对外界环境条件变化的适应结果[1]。按已有定义，洄游应当是持续的定向运动[2]，因此 McCormick[3] 提出，多数鱼类的洄游实际应为"迁移"。洄游对鱼类获取食物资源、躲避不利环境、降低死亡率和提高繁殖成功率均有重要意义，与鱼类的种群动态和种的适合度密切相关[4-6]。典型的洄游鱼类主要有鲑鳟鱼类、鳗类和鲟类等，如红大麻哈鱼、细鳞大麻哈鱼、虹鳟、美洲红点鲑、白斑狗鱼、大西洋鲑、大麻哈鱼、银大麻哈鱼、大鳞大麻哈鱼、欧洲鳗鲡、鲽及薄唇鲻等。

鱼类洄游的类型，可以划分为被动洄游与主动洄游。被动洄游是指鱼类随水流而移动，在移动中本身不消耗或消耗很少的能量。主动洄游则是鱼类主要依靠自身的运动能力所进行的洄游。此外根据鱼类在洄游时所处水层的变化可以分为水平洄游和垂直洄游。依据洄游的方向，可将鱼类的洄游分为河口远洋洄游，如毛鳞鱼[7]、大西洋鲱[8]；溯河洄游，如大西洋鲑、红大麻哈鱼、细鳞大麻哈鱼、白斑狗鱼、虹鳟、银大麻哈鱼和大鳞大麻哈鱼[9]；降河洄游，如欧洲鳗鲡、鲽和薄唇鲻[10]。依据洄游距离的远近分为远距离洄游和近距离洄游。

按照产生洄游的原因及目的，可划分成生殖洄游、索饵洄游和越冬洄游。

1）生殖洄游

生殖洄游又称为产卵洄游。生殖洄游的特点是鱼类往往集成大群，在性激素的刺激和外界条件的影响下引起产卵需求，并表现为强烈急速地游向产卵场的运动。按产卵场的不同，生殖洄游有三种类型：

（1）由外海向浅海、近岸的洄游，大多数海洋鱼类如大黄鱼、小黄鱼、鲐等在早春从外海越冬场向浅海或近海洄游产卵。

（2）溯河生殖洄游。溯河生殖又分为两种类型：①过河口洄游性鱼类的溯河生殖洄游，这类鱼在海洋中生活长大，至繁殖期从海洋进入江河产卵，在洄游中要从海水跨越到淡水中，在生理上经历巨大调整，如大麻哈鱼；②淡水鱼类的溯河生殖洄游，草、青、鲢、鳙等淡水鱼类平时在江河干支流及湖泊中生活，至繁殖期在江河干流中集群上溯到中上游产卵场生殖。这些鱼类又可称为半洄游鱼类。

（3）降海生殖洄游有两种降海类型：①过河口洄游性鱼类的降海生殖洄游，这类鱼平时在淡水中生活，至繁殖期在淡水江河集群游入海洋产卵。它们在洄游途中生理上的变化正与溯河鱼类相反，如鳗鲡；②由江河游向河口、近海的降海洄游，在淡水中生活的河鲀、松江鲈和三刺鱼等在生殖时降海游到河口或浅海产卵。

2）索饵洄游

鱼类以追索食物为主要目的而进行的集群洄游称为索饵洄游。索饵洄游在越冬后至生殖前和生殖后至越冬前这两个时期表现得最为明显。有些早春产卵鱼类由越冬场直接游向产卵场，它们在产卵前很少摄饵；另外一些鱼类从越冬场出发后一边索饵一边游向产卵场。几乎所有的洄游鱼类在产卵后都进行强烈的索饵洄游，稚幼鱼也在第一个生长季节中成群索饵。鱼类通过索饵洄游摄取大量食物，以供躯体的生长、生殖腺发育，并为产卵活动或越冬积累营养。

3）越冬洄游

越冬洄游又称为季节洄游，主要见于暖水性鱼类。当冬季届临，水温逐步下降时，环境温度的变化成为影响暖水性鱼类生存的主要因素。它们必须离开原来索饵肥育的水域，集群游向水温适宜的栖息场所过冬，这就产生了越冬洄游。

在自然界中，一种鱼类的生殖洄游、索饵洄游和越冬洄游是构成其生活史的三个重要组成部分，彼此是密切联系相互连贯的，有时还有不同程度的交叉现象。

目前，鱼类洄游的研究主要探讨了洄游路径、洄游时间、洄游速度等洄游模式及与之相关的生理生态学机制。鱼类洄游的定向机制比较复杂，鲑科鱼类主要依靠仔鱼期的嗅觉记忆溯河到达其出生地[3]，而七鳃鳗主要依靠上游幼体释放的化学激素定向[11]，大西洋鳕则利用熟悉的环境特征确定洄游路径，一旦移入陌生水域，定向的准确性降低[12]。

典型的洄游性鱼类均为长距离洄游型，美洲西鲱溯河洄游约 300 km[13]，大西洋鲑溯河可达数百至数千千米[3]，红大麻哈鱼溯河达 2 000 km 以上[14]，鳗鲡可达 5 000～6 000 km[10]。鱼类的洄游时间相对稳定，河海洄游的毛鳞鱼和鲱鱼通常在每年 2～4 月开始洄游[7-8]；而鲑类的溯河洄游在每年 2～4 月开始，至 7～8 月结束，鲑类幼鱼的降河洄游则在每年 5～6 月开始[5]；鳗鲡幼鱼的溯河洄游更晚，通常在 7～9 月开始[10]。通过标记放流发现，3 月放流的棕鳟有 50% 滞留原地达 1 个月，而 4 月和 5 月放流的则几乎立即启动降河洄游，说明鱼类的洄游动机受季节因素影响[15]。各种鱼类的洄游速度不同，大西洋鲑幼鱼降河洄游时游泳速度可达 2 倍体长/s 以上[16]，毛鳞鱼为 1.5～1.7 倍体长/s[7]，红大麻哈鱼 1.6 倍体长/s[14]，白斑狗鱼 1.2～1.4 倍体长/s[17]，七鳃鳗 0.49 倍体长/s[11]。鱼类的游泳速度通常分为三类：持续游泳速度，维持 200 min 以上不疲劳[18]；耐久游泳速度，以有氧代谢为主，兼以部分无氧代谢供能游泳[19-20]；突进游泳速度，完全以无氧代谢供能游泳，维持 20～60 s[21]。不同洄游速度的能量效率差异较大，与鱼类的适合度有明显关系：一方面鱼体的能量储备有限，过度耗能可能导致洄游失败，所以自然选择应当有利于采用最适速度（单位距离耗能最少）洄游者，长距离洄游的鱼类通常以最适速度洄游[22]；

另一方面，由于洄游时间有限，尽早到达产卵场有利于提高繁殖成功率[23-24]，而延迟到达则可能降低繁殖成功率，所以自然选择也有利于采用最大速度洄游者，但会消耗更多的能量[25]。洄游时采用最适速度或最大速度各有利弊[26]，鱼类对洄游速度有适应性选择，在不同流速的江段采用不同的游泳速度：在低流速江段中，采用最适速度以节省能量；而在高流速江段中，采用最大速度洄游，以减小延迟到达产卵场的风险[20-23]。

2. 鱼类集群行为

Parr 等[27]对鱼群群体行为进行理论分析，指出大多数鱼类具有集群性。表明鱼群群体行为是了解鱼类生命史和生态系统的重要内容。由于中文是一词多义的语言，涉及的词汇主要是鱼群、群体和集群。而在相关外文文献中，涉及的术语有鱼群（school）、群聚（aggregation）、聚集成群（shoals），以及 swarm、cluster、flock 等，但后者多半用于描述鸟兽和昆虫。Breder[28]认为鱼群和群聚是两种不同形式的鱼类集合体，鱼群是指基本同步、同方向地游动个体的集合体。鱼群区别于群聚的特征是鱼群中的所有个体都朝着同一个方向，保持着一定的间隔，以相似的速度在移动，如图 5-1。而群聚仅仅是聚在一起，并不一定具有方向上的一致性和运动同步性。Shaw[29]认为，鱼群和群聚两者都存在着同伴间的相互诱引，两者的区别仅仅在于群聚中各个体的速度、方向、间隔缺乏统一性；且鱼群具有个体间隔、游泳速度方向统一的独特结构。Pitcher[30]把因群居习性而聚集在一起的一群鱼，称为 shoals（聚集成群）；对集群（schooling）的判定准则为同步游泳行为，而聚集成群的判定准则为栖息在一起。Partridge[31]给鱼群下了一个定义：时刻调整自己的速度和方向以配合群中其他成员的三尾或者三尾以上的鱼而得到的组合即称为鱼群。本章对行动较一致的鱼群和它们的集群（schooling）行为进行介绍和讨论。并推荐该词用于表示具有洄游习性的鱼群。

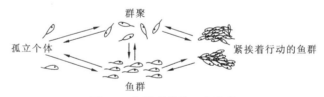

图 5-1 鱼类群体的 4 个阶段

鱼群是通过吸引力和排斥力的平衡来保持聚集的，吸引形式在白天是靠视觉，晚上是靠嗅觉；排斥形式是靠侧线。科学家推测鱼类集聚形成群体，或以群居的形式生活，或以集体的方式进行捕食，是鱼类经过长期自然选择而被保留的一种适应性，对鱼类的生存起着十分有利的作用。但是，这些推测需要科学依据和进一步的试验证明。集群可以增强防御能力，加强攻击力；快速获知食物源信息，提高觅食效率；节省个体消耗能量，减少游泳阻力，增强适应能力等。大量共同移动的且难以分辨的个体聚集在一起引起的"聚合效应"，具有隐藏庇护的效果；相比之下，孤立的个体更易受到攻击。此外，大量个体聚集成密集的群体，形成庞大的生物体，能更快地发现某些定向标记，找到洄游路线。由于群体庞大，对掠食者具有威慑效应，使掠食者不敢轻易进攻或产生迷惑效应。Grobis 等[32]通过试验证实三刺鱼集群是为了躲避捕食者而不是逃避捕食者。还有很多的学者认为集群可以传递信息，保护自己的栖息地，为产卵提供必要条件，提高交配受精概率，对鱼类繁衍后代、维持种族有着决定性的意义。

5.1.2　鱼类洄游及集群效应观测方法

与鱼类洄游及集群效应相关的研究方法总体上分为两类：室外研究和室内研究。室外研究有标记技术监测、基于环境因素的生物分布模型预测、利用生物体组织微量化学元素指纹与稳定同位素分析推测三个主要方面。室内研究通常是将鱼放在特定装置内，然后使其在设定好的条件下进行游泳并且测定相关的游泳试验数据。室内装置种类繁多，但大体上可以分为开放式游泳装置和密封式游泳装置两大类。两种装置各有优点，开放式游泳装置更接近大自然，更能模仿鱼道进行研究；而密封式游泳装置便于操控环境变量，实现单因子影响因素的研究。

1.鱼类洄游标记技术

标记技术是在水生动物身体上做显著标记或将标记物挂在水生动物身体上，然后将水生动物放回水体重新捕获进而获得回收数据的技术。早在 17 世纪，人们开始了对鱼类等水生动物的标记研究。20 世纪之前，标记方法发展比较缓慢[33]，标记种主要集中在大麻哈鱼、大西洋油鲱、大西洋鳕等[34-35]，并且标记方法以体外标记法为主。进入 20 世纪以后，大规模的标记研究才逐渐开展[36]，特别是 20 世纪 70 年代以来，电子标记方法（声波标记、档案标记、弹出式卫星标记）被成功应用在蓝鳍金枪鱼等水生动物各种尺度洄游的研究中[37-39]。有研究者将标记技术分为体外（常规）标记和电子标记两种[40]。

（1）体外标记。体外标记主要是将各种类型的体外标记物固定在水生动物身体上或者在水生动物身体某个部位做印记，待标记个体被重新捕获后，获取标记个体洄游路径、生长情况等信息的方法。起初体外标记研究的出发点主要是掌握标记物种的移动路线和群体组成，在 20 世纪 30 年代后，体外标记的研究范围扩展到年龄与生长、种群大小评估、出生和死亡率估计等方面。体外标记物和印记主要包括物理标记物（纽扣标、锚标、飘带）、颜料标记法（染色、入墨、颜料标记等）和体外切痕（切鳍法、剪棘法等）等。每种标记物和印记方法都有其适用性和局限性，在不同标记种类上的表现也不尽相同，在选择标记物和印记方法时，应以掌握标记种类较为完整的生物学信息为前提，并兼顾标记的操作简便性、识别度和成本。随着水生生物体外标记研究的发展，国际合作性的洄游鱼类标记计划自 20 世纪 20 年代以来逐渐开展或建立，例如，Mcfarlane 等[41]列举了美洲国家间热带金枪鱼保护委员会开展的 9 项国际性鱼类标记计划，包括太平洋鲭科鱼类在内，鲨鱼类等高度洄游性水生生物的标记研究也在各国研究者之间合作开展。

（2）电子标记。20 世纪 50 年代，电子标记第一次被应用于水生生物标记相关研究中，这标志着电子标记时代的到来。声学遥测技术在电子标记研究中出现最早，随着微型电子芯片的发展，20 世纪 90 年代，档案标记方法被应用，但是这两种标记方式在存储上存在数据循环覆盖的问题。随后，弹出式卫星标记法的出现解决了上述问题，它能够记录、储存一系列长时间的环境、行为和生理数据，为水生生物标记的研究提供最理想的信息获取手段。根据 Hussey 等[42]研究，1995～2014 年，利用电子标记技术研究鱼类等水生动物生物学的文献数量呈现指数式增长，他们对此作了文献检索验证，在 Web of Science 中，以"electronic tagging"为主题检索了近 20 年发表的文献数量（检索日期 2018 年 8 月 2 日），发现相关文献数量呈现显著的指数式增长趋势（图 5-2）。

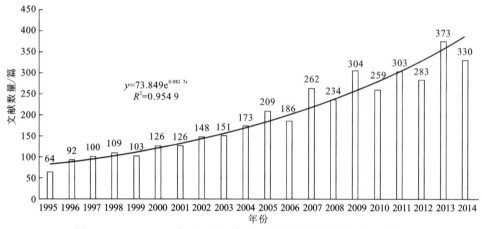

$$y=73.849e^{0.082\,7x}$$
$$R^2=0.954\,9$$

图 5-2　1995～2014 年以"电子标记"为主题的文献数量增长趋势

在探寻适用于研究对象最佳的电子标记技术的相关研究中，研究者逐渐注重各种电子标记技术在标记个体上的比较研究。表 5-1 对主要的电子标记技术及其优缺点进行了归纳。虽然大多数电子标记研究的对象聚焦在鱼类，但近年来对海龟、甲壳类和软体动物等水生生物的研究逐渐增加。实际应用中，会出现多种电子标记技术适用于同一种（类）标记个体的现象，所以在电子标记技术选择时，研究者应充分考虑标记技术的优缺点以及该标记技术对水生动物的行为产生的潜在影响。

从表 5-1 可以看出，水生动物电子标记的研究主要集中在美国、加拿大、日本等国家。在科学网（Web of Science）中，以"电子标记技术名称"为标题并以"洄游"为主题进行检索，仅发现 Lin 等[43]在 2012 年利用编码线标记技术对蒙古鲌死亡和标记物保持的研究，可见国内利用电子标记技术研究水生动物洄游的研究很少在以英文为主流的学术期刊上发表。

近些年来，科学家们为了系统全面地掌握高度洄游性水生动物的洄游分布信息和论证水生动物洄游过程所经历的环境变化，建立了全球性的海洋监测网络[44]（the ocean tracking network，OTN）。OTN 提供了很多商业和濒危水生动物种类的洄游信息，OTN 的目的是整合监测网接收器监测的数据和电子标记记录的数据，使这些数据能够应用在海洋(生物)学模拟以及其他研究中。

表 5-1　主要电子标记技术及其优缺点

标记技术	简述	优点	缺点	应用案例	主要研究国家和机构
编码线标记	用针将编号的金属细丝注入动物体内，回捕时通过金属探测器进行标记鉴别	适用于体积小的个体、对标记个体影响小	不易发现；标记装置费用高	大鳞大麻哈鱼（O. tshawytscha）[22]、大西洋绒须石首鱼（Micropogonias undulatus）[23]	加拿大（54.2%）；美国（37.5%），…，中国[20]（4.1%，1 of 24）（*以标题"coded wire tags"和主题"migration"检索，命中 24 条记录）
声学遥测	标记个体中植入能发射声波信号的电子转换器，利用移动[24]或固定站位[25]的水下声波监测器探测声学信号	费用可接受，个体小，可应用于幼鱼的洄游研究[26]；探测水深大于 20 m；能够提供标记个体详细的游动数据；固定站位监测器可以框式、网格式等方式展开监测[27]，同时，可在固定站位同步设置环境数据的监测装置	不适用浅水区和急流区；监测器必须放置在水下；后期数据处理过程复杂	在淡水鱼类中应用最为广泛[29]，在溯河洄游的水生动物[26]中也有应用	美国（51.6%）；澳大利亚（14.1%）；日本（10.9%）（*以标题"acoustic telemetry"和主题"migration"检索，命中 64 条记录）
无线电遥测	在标记个体内或体外植入能发射一定无线电频率信号的传送器[30]，利用移动或固定站位的水上/下天线或者接收器探测信号	费用可接受；可在水深小于 10 m 的浅水区使用	易受外界因素干扰	多应用于淡水鱼类	美国（30%）；加拿大（10%）；荷兰（10%）；法国（8%）（*以标题"radio telemetry"和主题"migration"检索，命中 50 条记录）
无源集成转发器	PIT 是一种置于和生物组织共容的生化玻璃管中、注写有标识代码的电子微芯片装置，整体基于无线射频技术[31]。当被移动或固定站位的阅读器以一定频率的无线电信号激发后，微芯片发射出唯一的识别信号，并被接收器采集、解码[32]	不用更换电源，使用时间久；体型小，信息储存量大；成本相对低，可接受	探测范围小，多适用于浅水区；远程基站需要能源维持	常应用于鱼类洄游的研究，尤其是在大麻哈鱼的洄游研究中	美国（76.0%）（*以标题"passive integrated transponder tags"和主题"migration"检索，命中 25 条记录）
无传输功能的档案标记	将装配有传感器的标记物植入标记个体，放归水体后连续记录地理位置等信息，但不能自动传送数据的技术	能够连续地记录水温、深度、地理位置等参数	需要回捕标记个体并从标记传感器上下载已记录的数据；回捕率不高	多应用于大洋洄游鱼类和降海洄游鱼类，如金枪鱼[32]、鲟类[33]、海龟[34]和鲨鱼[35]等	美国（48.1%）；加拿大（13.6%）；澳大利亚（12.3%）；日本（12.3%）；英格兰（11.1%）（*以标题"archival tags"和主题"migration"检索，命中 81 条记录）
弹出式卫星档案标记	在标记个体中植入可自动脱离的标记，可设定脱离时间或因外因脱离，脱离后该标记能向卫星传送数据记录	能够记录大尺度的移动信息和标记个体经历的环境信息	价格昂贵，回收率不高，标记物和数据下载技术仍需进一步的改进和精细化		

2. 分布模型预测

基于数据建模的物种分布模型（species distribution models，SDMs）是研究物种和栖息环境之间关系的有效工具[45]。SDMs 可定义为利用研究对象的分布数据（出现与否或生物量）与环境数据，基于特定的算法估计并以概率的形式反映研究对象对环境因子的偏好程度，通过结果可以解释研究对象出现的概率、生境适宜度或物种丰富度等。目前，SDMs 已被广泛应用在水生生物的分布模式与预测研究当中，且随着科学、全面的调查数据的积累和模型算法的不断成熟，SDMs 在物种生态位解析和洄游分布预测方面逐渐展现其良好的适用性，相关文献发表数量增长明显（基于文献检索的 SDMs 应用研究可参考 Elith 和 Graham[46]、Robinson 和 Fordyce[47]）。同时，计算机科学的飞速发展带动了 SDMs 的免费共享，一些相关的教学文本和大学课程可以在线获得，在技术层面上促进了 SDMs 在科学研究上的应用。

SDMs 的实现可分为构思、数据准备、模型拟合、模型验证和空间预测等过程。在构思阶段，研究者应了解研究对象的基本分布模式，根据已有研究积累、查阅文献确定模型算法；数据准备包括物种分布数据和环境数据的收集，物种分布数据可以通过优化采样设计的方式获得较为科学的数据样本，也可以从调查报告、文献资料收集；模型拟合、验证阶段一般将数据分为模拟数据和验证数据，并进行重复抽样，经过校准的模型最后可用于研究对象的空间预测。关于 SDMs 的实现步骤的详细描述可参考 Guisan 和 Rahbek[48]、Zhuang 等[49]。

根据 SDMs 在陆地生物分布预测上的研究经验，基于水生动物的游动性，SDMs 在水生动物分布预测研究中考虑了生物游动、种间关系、个体生长和集群对模型预测结果的影响，同时，注重多模型间的比较研究，并采用多个评价指标评价不同模型的预测表现。

3. 微量元素分析和稳定同位素分析

1）微量元素分析

基于耳石等机体组织具有生境指纹等特征，其含有的微量元素组成常被用于推测水生生物个体的生活履历[50]。利用耳石等机体组织推测水生动物的洄游分布的方法原理为：利用激光剥蚀等离子体感耦合质谱等设备测定研磨后的硬组织的切面微化学元素分布，利用微量元素与钙元素比值（如 Sr/Ca）等方式，建立研究个体从硬组织切面核心区（个体出生）至边缘区（个体死亡）整个时间序列的元素分布模式，结合研究对象的采样时间和年龄反推得到其出生至死亡（捕获或采样死亡）的时间周期。利用该时间周期不同时间段的水域温度、盐度和相应微量元素浓度等环境数据，参考实验室条件或野外环境条件下已确定的相应微量元素沉积与水体温度、盐度等环境因子之间的关系，推测研究个体（群）从出生至死亡各主要生命阶段出现在高/低温度、高/低盐度、高/低元素浓度等环境因子对应水域的可能性。如 Zumholz 等[51]运用激光剥蚀电感耦合等离子质谱技术从时间序列上分析了赡乌贼耳石中的 9 种微量元素，一方面从 Ba/Ca 的变化证实了赡乌贼幼体生活在表层水域而成体生活在深层水域，另一方面根据耳石中心至外围区

U/Ca 和 Sr/Ca 逐渐增加的趋势，推断出赡乌贼成体后向冷水区进行洄游。

在微量元素 Sr 与 Ca 的比值中，Sr/Ca 的研究应用较为广泛，现有研究较多地认为耳石中 Sr/Ca 的大小与水体盐度存在正相关关系[52]，且海水中 Sr 浓度要远大于淡水中的 Sr 浓度，所以，Sr/Ca 被广泛应用于水生动物在淡海水之间的洄游推测。国内研究者利用耳石中 Sr/Ca 比值与环境因子的关系，研究推测了鲹属、鳗鲡属、带鱼、金枪鱼等鱼和头足类等水生动物的洄游分布[53-57]。

2）稳定同位素分析

近年来，稳定同位素分析逐渐应用在水生动物洄游移动的推测研究中，其方法原理可总结为：机体组织当中稳定同位素印记反映了栖息水域的食物网[58]，基于不同的生化过程，食物网中的稳定同位素含量具有空间差异性。生物体在同位素不同的食物网之间移动时，保留了先前摄食位置的信息。这些信息印记依赖于组织对化学元素的转化效率[59]，通过热电离质谱仪等技术设备分析机体组织中稳定同位素含量，或者利用激光剥蚀等离子质谱仪等设备检测机体组织研磨截面的稳定同位素含量，将分析结果与水体当中相应稳定同位素的含量进行比较，推测研究个体（群）可能出现的地理位置。碳稳定同位素比值（$\delta C13$）能够反映水生动物摄食海域的初级生产力水平（环境的空间差异）[60]，且借鉴近岸海床 C13 含量显著高于远海，以及表层海水 C13 含量高于底层海水，$\delta C13$ 多用来指示生物个体（群体）在近远海、表底层、高低纬度海域的洄游经历[61]。氧稳定同位素比值（$\delta O18$）可作为 $\delta C13$ 的有效补充，用来指示个体（群体）所经历的温度和盐度变化。例如通过研究目标生物个体上附着的藤壶贝壳中的 $\delta O18$ 变化来间接推测目标生物所经历的温度和盐度环境，这一方法已应用于鲸鱼和海龟的洄游分布研究[62-64]。Sr 稳定同位素比值（$\delta Sr87$）在溯河洄游鱼类的起源的研究中被认为非常有效[65]，利用耳石年轮结构中印记的环境信息，$\delta Sr87$ 在大麻哈鱼[66]的溯河洄游研究中已有较多应用。在利用稳定同位素分析的生物机体材料的选取方面，耳石、鳍条、骨骼和肌肉常被用作此类研究的信息载体[67]，进而对水生动物在近海与远海、海洋与河流之间洄游移动进行推测[68]。

4. 集群效应观测

集群效应观测主要包括室内水槽观测法、野外潜水观测法、超声波影像分析法、标志放流法、数学模型模拟和仿真法等。

1）室内水槽观测法

在实验室里常用水槽或者水族箱对小股集群性鱼类进行观察，在人为控制条件下进行行为观察和机理研究。然而这种方法虽然便于实施单因子控制，但是应注意试验对象从野生自由状态到空间有限的水族箱或者水槽里生活状态，由于胁迫效应，会影响到试验结果。因此，水族箱或者水槽需要足够的空间，同时还需要对周围的环境实行严格的控制，避免光线、声音、振动等干扰。

国际上著名的鱼类行为试验水槽为英国阿伯丁大学海洋研究所的环形水槽。该水槽直径 10 m，环形通道宽为 1.5 m，环形轨道上方和中央圆槽中都装有摄像头，可以从上方、侧面同时观察记录，学者利用该水槽做了鱼群中个体相对位置和姿态，鱼类游泳能力等试验。此外，Takagi 等[69]使用大小、形状、功能不同的水槽，观察分析鱼群运动及速度等。Fangstam[70]利用人工水槽（直径 11 m），以及安装有被动式集成应答标志来研究鲑顺流而下的速度。

在国内，学者在实验室通过对鱼类行为的观察，发明了一种具有平视俯瞰效果的上盖式水族箱，采用一台录像机可以获取鱼在水中的三维信息，解决了两台摄像机同步困难的问题。

2）野外潜水观测法

野外潜水观测法是指科学家在水下可以直接对鱼类的行为进行观测、拍摄等，并同时将图像传送到水面的调查船或实验室，进行遥控观察，了解鱼类在自然环境中的行为和习性，以及鱼类对渔具的行为反应。中国水产科学院东海水产研究所在 20 世纪 60 年代，曾组织过科学家潜水队，在南海开展鱼类行为观察。英国阿伯丁大学海洋实验室研制的环流效应水下遥控运载装置，可以通过遥控运载装置上的摄像机，靠近被观察的对象，以最佳的位置或角度进行拍摄和观察，而用于姿态控制的转子利用环流效应高效地控制装置的姿态和位置，而不对鱼类产生干扰。通过安装在调查船上的遥控器，可以调整装置上的摄像机或者探头实时地获取鱼群影像。水下遥控运载装置可以在条件恶劣的环境下，进行长时间的观察，可以进入较深的水层以及海底进行观察，扩大了观察的范围。英国阿伯丁大学海洋研究所研究人员发现轻潜器呼吸排放的气泡和声音对观察对象的行为有影响，甚至造成鱼类的条件反射行为。因此，在利用潜水员或者机器人进行观察时，要注意观察装置和观察人员可能影响鱼类行为的状况；同时还需避免人工光源、潜水员排气噪声和气泡等人为因素的干扰。采用频闪灯，以求在暗环境中，不影响鱼类行为条件下进行拍摄。此外，自然条件（水下能见度等）、气候环境（急流等）及观测时间等会对观察效果和研究人员的工作产生限制。

3）超声波影像分析法

利用多波束扫描声呐、网口声呐、数字三维声呐等获得高分辨率的超声波回波影像，在较大范围或距离上，实时了解鱼类个体或群体相对船体和网具的位置，从而了解鱼类进网过程，便于及时调整网具，提高捕捞效率。利用频率较高的超声波可以获得高分辨率的鱼类个体影像或群体结构，现代数字技术可以将超声波回波信号处理后显示水下空间和鱼群三维立体影像，从而获得整个鱼群的群体分布。很多科学家利用多波束垂直扫描声呐来提取鱼群的空间、形态和能量参数，研究群体的分布模式等。Paramo 等[71]对扫描声呐获得的影像采用 SBIViewer 软件进行处理，以三维立体视图显示了鱼群中的次群体，密集核心和空泡等空间分布，进一步用主成分分析法获得鱼群群体结构的特征，给研究鱼群结构和资源密度分布与不同种群的关系等带来新的手段。

4）标志放流法

在 20 世纪 90 年代以前，对鱼类的洄游研究处于定性描述的状态。当出现了数据存储标志、声学定位标志、移动或固定的声学传感器、扫描激光系统等新的手段后，学者可以定量地研究自然界环境中的鱼类行为。悬挂在鱼体上的高精度全球定位系统（global positioning system，GPS）传感器可以提供鱼类个体运动的精确位置的时空数据。GPS技术已应用在大型鱼类，例如，金枪鱼的运动轨迹和洄游路线的跟踪上。此外，鱼类洄游标记技术，也通过将标牌、磁针、刻痕针、数码芯片等标记物附在鱼体身上或插入体内，用于识别鱼类个体，跟踪鱼类洄游路径。利用遥感技术，结合遥感获得的环境等资料，经过综合分析推测鱼类运动与环境的关系等；也可通过卫星的数据收集系统（data collect system，DCS）来获得标志放流的鱼群分布；利用电子数据存储标记对鱼和贝类的运动、洄游和对网具的反应进行检测。

5）数学模型模拟和仿真法

随着计算机技术的发展，学者在实验室研究和实地观察的基础上，建立鱼群动态模型，进行模拟仿真研究。即通过对鱼类个体或者鱼群的运动、空间分布的变化和行为反应等的观察记录，建立数学模型，来推测鱼群的运动模式和行动的规律，探究鱼群突现性等。这种建立模型进行模拟仿真的方法，已经成为一种重要的研究手段。通过比较模拟结果与实际观察资料，用其相似程度来判断、推测和分析鱼群行为内在的机制，筛选出具有重要影响的因子，这种以通过大量观察，进行对比分析探索影响因子的方法称为"唯像学"方法。Breder[72]首创了利用数学模型来研究鱼群动态结构的方法。在模型研究方法中，Aoki[73]首次在模型中将鱼的视野分为排斥、平行、吸引和搜索等 4 个区，Huth和 Wissel[74]在 Aoki 基础上进行了修正；Reynolds 和 Frye[75]率先提出了碰撞规避、速率匹配、中心聚集规则；Grimm 等[76]将生态学中基于个体的模型（individual based models，IBMs）理念应用于鱼群研究中。现在的鱼类群体模型及仿真研究中多是综合利用了以上规则和理念。Viscido 等[77]在前人基础模型之上，建立群体模型，探讨群体大小、受影响的邻居鱼数目等对鱼群群体突现行为以及对群体结构和形成的影响。Couzin 等[78]建立了一个动态模型，采用模型模拟分析拥有信息的个体影响群体行动的过程和效率。模拟分析的结果表明：当群体数量越大，所需要的信息个体的比例越小，就可以引导整个群体到达目的地。该结果具有重要的社会学意义。该模型为探究生物自组织现象、有效的领导和决策过程的机制等提供了一个新的角度。柳玲飞[79]采用 IBMs 理论建立数学模型分析获得影响鱼群群体空间分布的重要因子，通过仿真模拟获得鱼群动态结果与水下录像相似，显示数学模型为研究群体行为的机理提供了新的途径。Cambuí 和 Rosas[80]利用鱼群中个体鱼受到邻近鱼位置和速度影响的事实，基于 agent 构建模型来模拟邻近鱼间的最近邻距离（nearest neighbour distance，NND）和相对角度的分布，结果与试验测量一致。

5.2　鱼类游泳行为及特征

5.2.1　鱼类游泳能力的研究意义与应用前景

鱼类游泳能力直接影响到鱼的索饵、越冬、洄游、聚集、躲避敌害等基本生命活动，是鱼类赖以生存的基本保证。鱼类的游泳行为是鱼道设计中必须考虑的重要因素，缺乏考虑鱼类行为学的鱼道设计往往是失败的。如北非 1991 年在塞布河上加尔德大坝修建的鱼道就不适合当地河流中的西鲱；在澳大利亚，多数洄游鱼类是淡水洄游鱼类，但在新南威尔士，直到 20 世纪 80 年代中期仍使用欧洲鲑鱼科的鱼道设计标准来设计当地鱼道，这些鱼道因不适于当地鱼类最终被判定为无效。我国鱼道研究起步较晚，且 1980～2000 年基本上处于停滞状态，所以对鱼类游泳行为的研究也相当匮乏。

鱼类游泳能力研究，旨在为水利水电过鱼设施的设计与建设提供一定基础资料，从而促进我国生态系统的平衡和物种多样性保护。鱼道进口流速、鱼道类型、鱼道内流速控制、鱼道出口位置选择等基本设计，都应根据鱼类游泳能力及行为确定。如在修建较长的鱼道时，通过鱼类的耐力模型计算其最大游泳距离，以此确定休息池的距离。鱼道内孔口或竖缝的设计流速和进出口的高流速区的设计流速都应小于鱼类的突进游泳速度。为了提高鱼通过鱼道的成功率，鱼类游泳能力的研究也逐步深入。为了准确描述鱼道内孔口或竖缝周围的流速及剪应力大小，研究者们拟对鱼类通过这些特殊区域时的行为特征进行更为详细的描述，目的是确定增加或减少穿越成功率的主要控制条件，建立一整套鱼道设计的标准。此外，由于鱼类的生态行为对鱼道设计的重要影响，有研究者开始研究河流的基础结构如何影响鱼类的迁移，作为鱼道设计的参考；河流基础结构、流速与温度之间的相互作用对栖息地的破坏结果等研究，有助于实施正确的生态保护策略。从生理上考察鱼类的游泳能力，即游泳疲劳前后及恢复过程中，组织及血液中各关键指标的变化，并从生理角度评估鱼在通过鱼道时失败或死亡的机理也是未来研究的一个方向。

5.2.2　国内外研究进展与研究方法

国内对于鱼类游泳能力及行为的研究起步较晚，目前并不能完全满足鱼道设计的需要。国外对鱼类游泳能力的研究较为早，1893 年首次被提出，至今已有 100 年的历史，随后一些专家和科研工作者采用了各种设施和测量方法开展了大量的研究工作，同时开展了影响鱼类游泳能力和鱼类游泳生理机理等内外部因素的研究，20 世纪初至 20 世纪中叶，有关鱼类游泳能力的研究相对较少，到 20 世纪 60 年代，由于捕捞业的兴起，鱼类游泳能力的研究引起了大批学者的关注，鱼类游泳能力的研究得到了极大的发展。随着研究的深入，学者们开始考虑鱼类游泳速度、环境条件以及污染物等因素对鱼类游泳能力的影响。鱼类游泳能力研究的发展从单一的测试游泳能力到测试鱼类在运动过程中的肌肉收缩，再到研究鱼类运动时的能量代谢和耗氧，取得了重大的突破[81]。

在 1964 年，学术界首次提出临界游泳速度，这一指标用来评价鱼类最大有氧可持续游泳速度，并得到了广泛的应用，对鱼类游泳能力的研究起到了重要的推进作用。临界游泳速度还可以用来衡量环境因素对鱼类游泳能力的影响，如流速、温度、盐度、形态学参数、坡度等。在 1978 年，Beamish 首次提出将游泳能力划分为持续游泳速度、耐久游泳速度、突进游泳速度三个主要游泳能力评价指标[81]。2008 年，Tudorache 等[82]研究了 7 种欧洲淡水鱼游泳能力和能量代谢，发现鱼类会通过调节其游泳姿势减少能量的消耗，并提出了鱼道内最大水流流速设计的参考值。2010 年，Starrs 等[83]利用突进游泳速度来预测鱼类通过鱼道的能力，并提出合适的流速和水温是鱼类是否能通过鱼道的关键；2012 年，Katopodis 和 Gervais[84]研究、搜集并发表了大量鱼类突进游泳速度和临界游泳速度的论文，并将生态水力学原理引入鱼类游泳能力研究，将鱼类游泳速度和水力学相结合进行归纳分析。游泳能力除了被应用在鱼道设计中，近年来鱼类游泳能力参数也被用于研究鱼类的发育、摄食和避敌等自然行为，改善养殖系统的设计、改良深水抗风浪网箱结构及应用于仿生学领域等。

目前，一些学者依据鱼类生物代谢模式和持续时间的不同，将鱼类游泳类型划分为持续式游泳、延长式游泳和突进式游泳，且对应速度评价指标为持续游泳速度、耐久游泳速度、突进游泳速度。持续游泳速度是指鱼类游泳时间大于 200 min 以上不会产生疲劳，持续式游泳主要通过有氧运动的方式提供能量使红肌纤维缓慢收缩，产生鱼类向前的推力，持续式游泳一般是鱼类在洄游期间最常用的游泳模式。耐久游泳速度是鱼类游泳速度处于突进游泳速度和持续游泳速度之间，游泳时间小于 200 min 大于 20 s，由有氧呼吸和无氧呼吸供应能量，产生鱼类耐久游泳向前的推力，其中无氧运动提供的能量较高。突进游泳速度是鱼类所能达到的最大速度，可以衡量鱼类运动的加速能力，当流速较低时，鱼类产生向前推力的能量主要来源于红肌和粉肌的有氧代谢，当流速增大时为白肌的无氧代谢，一般无氧代谢提供的能量较高，但容易产生乳酸的大量积累。突进游泳速度是鱼类的最大游泳速度，一般持续时间短于 20 s，鱼类通过无氧呼吸供能，驱动白肌纤维收缩，获得可维持短时间的突进游泳速度。突进游泳速度是鱼类躲避敌害、受到惊吓、穿过高流速区时使用的速度，鱼道设计的成功性也通常取决于鱼类突进游泳能力。此外，尾鳍摆动频率（每秒尾鳍摆动的次数）、步幅长度（一次摆尾所游过的距离）和肌肉收缩时间等也常被作为鱼类游泳能力的评价指标。

5.2.3　鱼类游泳能力与行为测试方法

目前，鱼类游泳能力的测定方法有多种，如肌电图（electromyogram，EMG）遥测技术、PIT 标记放流测量、室环形水槽旋转黑白条纹测试、水槽试验法等。鱼类遥测技术于 1956 年首次应用，此后它被广泛用于监测全世界迁徙鱼类的活动[85]。传统的遥测方法只能定位个体，主要用于确定个体鱼类的位置和运动。生物遥测技术可用于测量和传递自由游泳鱼类的无线信息和生理变量（如心率和肌肉活动）。后来开发了一种无线电发射机，用于检测和传递轴向肌肉活动过程中产生的 EMG。肌电图是自由移动鱼类肌肉活动强度的指标，大多数物种在强迫游泳期间轴向肌电活动和游泳速度之间产生相当强的关系，可以直接用作相对鱼类活动的指标。EMG 遥测技术已被证明是一种有效的技术，国外学者通过无线电传输的 EMG 信号可以确定鱼的游泳速度。Makiguchi 等[86]利用 EMG 遥测技术在日本北海道丰平川研究三文鱼上溯迁移，Hinch 等[87]使用 EMG 遥测技术在河流中估计红鲑和粉红鲑在跨越产卵迁移期间的瞬时游泳速度。PIT 技术是通过线圈式天线阅读器对 PIT 标签所发送信号进行接收以实现对标记鱼类的监测，其最初的研究可追溯到 1996 年，通过在鱼道中放入线圈，运用 PIT 技术可以实时监测鱼道过鱼对象的位置、速度等。Calles 和 Greenberg[88]于 2001～2002 年在瑞典埃曼河下游两座鱼道中使用 PIT 标签对鱼类是否能够通过鱼道进行了研究，发现鱼类以 180～190 m/h 的平均速度通过鱼道。目前，鱼类游泳能力研究较多采用水槽试验法，主要集中在封闭水槽和开放明渠中。封闭水槽由于能够精确控制试验条件，实现单因子影响因素的研究，具有短时间内可以重复处理、多次试验，其技术成熟，便于运输、操作简单等优点，所以逐渐被广大研究者所接受。尽管 20 世纪 60 年代开始，流速递增量法和固定流速法两种室内游泳测量方法一直被广泛应用，并被广大科研学者所认同，但水槽可以创造更接近自然情况的水力条件，可实现鱼类游泳能力更精准的测量，所以在水槽中测定鱼类自主游泳行为逐渐被研究者推崇。

1. 感应流速

感应游泳速度的测定采用流速递增量法，将单尾试验鱼放置于游泳能力测试水槽中，静水下适应 1 h 后，每隔 5 s 以微调的方式逐步增大流速，同时观察鱼的游泳行为。当试验鱼游速随着水流速度缓慢增加，出现游泳姿态呈现顶水流方向并均匀摆尾时，该流速即为试验鱼的感应流速。

2. 临界游泳速度

临界游泳速度试验开始前，先将试验鱼放置在流速为 1 BL/s 的试验水槽中适应，缓解试验鱼的应激反应，适应时间为 1 h。适应结束后，采用流速递增量法进行测试，每 20 min 递增一次流速，流速增量为 1 BL/s，直至试验鱼疲劳（试验鱼停靠在下游网上时，轻拍下游壁面 20 s，鱼仍不重新游动，视为疲劳）。取出已疲劳试验鱼并测量体重及常规形态学参数。相对临界游泳速度（U'_{crit}，BL/s）按以下公式计算：

$$U'_{crit} = U_{max} + \frac{t}{\Delta t}\Delta U$$

其中 U_{max} 为鱼能够完成持续时间 Δt 的最大游泳速度，t 为在最高流速下的实际持续时间（$t < \Delta t$），Δt 为改变流速的时间间隔（20 min），ΔU 为速度增量（1.0 BL/s）。绝对临界游泳速度 U_{crit}（m/s）由相对临界游泳速度 U'_{crit}（BL/s）与鱼体长（BL）相乘求得。

3. 突进游泳速度

突进游泳速度的测定亦采用递增量流速法，与临界游速的测试方法基本一致，只是将流速提升时间间隔 Δt 改为 20 s，流速增量仍为 1.0 BL/s，鱼体疲劳时对应的流速即为突进游速。突进游泳速度计算公式与临界游泳速度计算公式一致。

4. 持续游泳速度

持续游泳速度的测定采用固定流速法测试法,即在 1 BL/s 流速下适应 1 h 后,在 1 min 内将水流速度调至设定流速,设定流速的初始值采用试验鱼的平均临界游泳速度,记录设定流速下的游泳时间。每个流速下重复 5～10 尾。根据试验结果,在该速度的基础上调整下一组试验鱼的设定流速,流速改变值通常为 0.1～0.2 m/s。当某一流速下有 50% 的试验鱼持续游泳时间不小于 200 min,则此流速为最大可持续游泳速度。小于最大可持续游泳速度的流速值都称为可持续游泳速度。

5. 耐久游泳速度

耐久游泳速度测定同持续游泳速度的测试方法相同,采用固定流速测试法测试。即在 1 BL/s 流速下适应 1 h,适应结束后,在 1 min 内将水流速度调至设定流速,设定流速的初始值亦采用试验鱼的平均临界游泳速度,记录设定流速下的游泳时间。每个流速下重复 5～10 尾。根据试验结果,在该速度的基础上调整下一组鱼的设定流速。流速改变值通常为 0.1～0.2 m/s,记录游泳开始至疲劳的时间。当某一流速下有 50% 的试验鱼持续游泳时间不大于 20 s,则此流速为最大耐久游泳速度。最大可持续游泳速度至最大耐久游泳速度间的流速范围均为耐久游泳速度。

5.2.4　研究实例

1. 试验设计及试验方法

异齿裂腹鱼临界游泳速度、突进游泳速度均在封闭游泳能力测试水槽（游泳水槽 SW10150,Loligo System;丹麦）中完成。

1）游泳能力测试水槽设置

鱼类自主游泳能力及行为测试在长 900 cm、宽 40 cm、深 30 cm 的上端敞开式可变坡水槽[图 5-3（a）]中进行,该水槽主体由上下回水池、中间试验水槽、水循环动力系统组成。试验用水由 1 台流量为 100 m³/h 潜水泵供给,水流经消能整流后进入槽体试验段,最后经由尾门排入下游水池循环。选取水槽水流流态平顺的中间段作为试验测试段,水槽末端放有百叶栅式尾门和拦鱼网。试验区正上方架设 3 台摄像头（红外网络摄像头,焦距 8 mm、帧率 25 Hz）,摄像头与试验水槽平行架设,记录鱼类整个上溯过程。通过在水槽放置规则障碍物束窄水槽过水断面制造急流区和缓流区,以便研究复杂流态下试验鱼通过流速障碍能力和行为。试验分 3 种工况,其中工况 1 水槽坡度为 1.10%,工况 2 和工况 3 水槽坡度为 2.00%。鱼类通过多级流速障碍试验（工况 1、工况 2）中,试验区固定 4 个障碍物[见图 5-3（b）],其中第 1、第 2 和第 3 障碍物剖面为上底长 40 cm、下底长 100 cm、高 27 cm 的等腰梯形,第 4 个障碍物（靠近上游回水池）剖面为上底长 40 cm、下底长 125 cm、高 27 cm 的梯形,形成长 40 cm、宽 22 cm 的 4 级竖缝;鱼类通过单级流速障碍试验（工况 3）障碍物剖面为上底长 160 cm、下底长 245 cm、高 27 cm

的梯形，形成了长 160 cm、宽 22 cm 的单级竖缝[图（5-3（c）]。

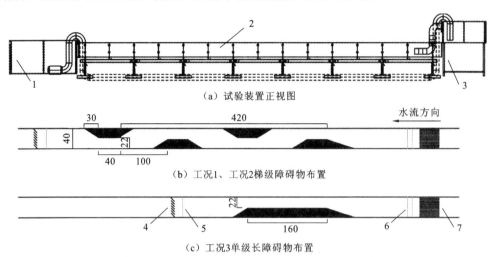

（a）试验装置正视图

（b）工况1、工况2梯级障碍物布置

（c）工况3单级长障碍物布置

图 5-3　试验水槽正视图及各试验工况障碍物布置俯视图（单位：cm）

1.下游回水池；2.试验水槽；3.上游回水池；4.尾门；5.可移动拦网；6.平流蜂窝；7.整流消能管

2）试验用鱼

试验鱼为异齿裂腹鱼，电捕于雅鲁藏布江藏木水电站坝下河段，捕获的试验鱼分批在直径为 2.9 m 的钢化玻璃缸中暂养，试验前进行饥饿暂养 48 h。暂养水取自雅鲁藏布江，水温为（14.6±1.1）℃，全天不间断充氧，溶解氧大于 6.0 mg/L。从大量渔获物中挑选出未受伤、体质健康的样本用于试验，共 147 尾。其中 18 尾[体长 BL=（19.41±2.33）cm、湿重 Wg=（96.87±39.81）g]用于突进游泳速度测试，21 尾[体长 BL=（20.96±2.66）cm、湿重 Wg=（137.96±45.16）g]用于临界游泳速度测试，39 尾[体长 BL=（20.02±1.86）cm，湿重 Wg=（116.45±32.48）g]用于工况 1 通过 4 级流速障碍能力和行为试验，39 尾[体长 BL=（21.38±2.71）cm，湿重 Wg=（139.05±51.17）g]用于工况 2 通过 4 级流速障碍能力和行为试验，30 尾[体长 BL=（22.61±2.09）cm，湿重 Wg=（154.73±43.85）g]用于工况 3 通过单级流速障碍持续爆发游泳能力试验。

3）试验方法

（1）鱼类临界、突进游泳能力测试。通过流速递增量法测试异齿裂腹鱼临界游泳速度和突进游泳速度。临界游泳速度测试：试验前估计试验鱼体长，试验鱼在流速为 1 BL/s 条件下适应 60 min，适应结束后流速增加 1 BL/s，此后，流速每隔 20 min 增加 1 BL/s，直到试验鱼疲劳贴网超过 10 s 后结束试验。突进游泳速度测试：试验方法类似于临界游泳速度测试，区别在于时间增量 t 为 20 s。临界游泳速度和突进游泳速度由以下公式得到：

$$U_{\text{crit, burst}}^{i} = U_{\text{i}} + \nabla v \frac{t_{i}}{t}$$

式中：U_{i} 为第 i 尾试验鱼疲劳时前一流速 cm/s；∇v 为速度增幅 1 BL/s；t 为时间增量（临界游泳能力测试为 20 min、突进游泳能力测试为 20 s）；t_{i} 为试验鱼在最高流速下游泳时间 s；U_{crit}^{i}、U_{burst}^{i} 分别表示第 i 尾试验鱼临界游泳速度和突进游泳速度。

（2）鱼类自主游泳能力及行为测试。每次试验将一尾试验鱼放入水槽下游拦网后适应 10 min，适应结束后开始正式试验。试验鱼通过第 4 级竖缝和通过长 160 cm 的单级竖缝则试验结束，且每次试验时间不超过 60 min。试验水槽底部贴有与鱼体色有较大差异的白色反光膜，以便对鱼类运动轨迹进行视频追踪定位。试验后，截取试验鱼通过竖缝的游泳视频，并通过 LoggerPro3.12 软件提取试验鱼上溯轨迹坐标和通过竖缝所需时间（精确到 0.04 s）。通过多级流速障碍能力及行为试验过程中记录试验鱼通过每级竖缝的时间、成功通过竖缝次数、尝试通过（鱼头部进入竖缝，但未通过的情况）次数以及计算通过多级流速障碍成功率（通过每级竖缝试验鱼尾数占总试验鱼尾数百分比）、相对成功率（成功通过每级竖缝试验鱼尾数占成功通过上一级竖缝试验鱼尾数百分比）和通过效率（每尾试验鱼成功通过竖缝总次数占尝试通过总次数和成功通过总次数之和的百分比）。为对比研究不同竖缝流速、不同竖缝长度下鱼类游泳速度，将长度为 160 cm 单级竖缝划分为 4 个等级，即竖缝长度为 40 cm、80 cm、120 cm、160 cm 这 4 个等级，同样记录试验鱼成功通过竖缝和尝试通过的时间。

2. 结果与分析

1）通过流速障碍的能力

鱼类有氧运动能力评价指标主要由 U_{crit} 来表示，而在较短时间内的突进游泳速度即 U_{brust} 是评价无氧运动主要指标，这两个指标是鱼道设计的重要参数。试验结果表明：异齿裂腹鱼在水温为（14.79±1.72）℃下临界游泳速度为（101.01±20.86）cm/s（69.00～148.00 cm/s）；在水温为（15.95±0.62）℃下突进游泳速度为（196.94±21.80）cm/s（145.00～237.00 cm/s）（图 5-4、图 5-5、表 5-2）。

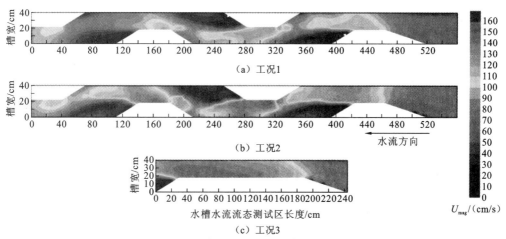

图 5-4　各试验工况流速等值线云图

表 5-2　试验工况、竖缝平均流速情况

试验工况	试验鱼尾数 n	试验水温/℃	竖缝流速 U/（cm/s）				
			第 1 级平均流速	第 2 级平均流速	第 3 级平均流速	第 4 级平均流速	竖缝平均流速
工况 1	39	13.8±0.2	93.77±9.32	95.35±14.27	111.00±16.62	106.05±10.90	101.55±14.87[a]
工况 2	39	13.5±1.2	91.96±15.28	122.88±24.60	124.99±26.67	118.71±11.26	114.63±24.28[b]
工况 3	30	14.2±1.2	152.80±4.52（40）	149.87±6.19（80）	145.44±9.38（120）	137.45±17.63（160）	137.45±17.63[c]

工况 1、工况 2 为通过竖缝长度为 40 cm 的多级流速障碍试验；工况 3 为通过竖缝长度为 160 cm 的单级流速障碍（划分为竖缝长 40、80、120、160 cm 这 4 个等级流速障碍）试验；统计值均用平均值±标准差（mean±SD），平均值上标 a、b、c 表示工况 1、工况 2、工况 3 差异显著（$P<0.05$），下同

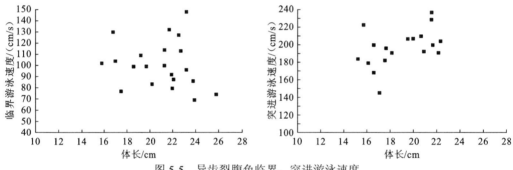

图 5-5　异齿裂腹鱼临界、突进游泳速度

2）自主上溯游泳能力

对于成功通过四级竖缝的试验鱼，统计其通过每级竖缝所需持续游泳时间。通过工况 1、工况 2 各级竖缝持续游泳时间见表 5-3。两种工况下通过竖缝持续游泳时间具有显著差异，其中工况 1 每尾试验鱼通过各级竖缝持续游泳平均时间为（0.62±0.28）s，工况 2 为（1.08±0.68）s。试验鱼通过流速大于其临界游泳速度（101.01 cm/s）的竖缝所需持续游泳时间为（0.52±0.34）s。通过单级流速障碍能力试验中有 28 尾试验鱼通过竖缝，1 尾尝试通过。通过不同长度竖缝，对应持续游泳时间、平均游泳速度见表 5-4。试验鱼通过不同长度竖缝游泳速度为（215.18±18.39）cm/s，且无显著性差异。通过不同竖缝长度与对应可通过的流速的关系可拟合为：$y=158.30-0.11x$（$R^2=0.59$，$P<0.01$），通过不同竖缝长度与所需持续爆发游泳时间的关系可拟合为：$y=0.06+0.01x$（$R^2=0.61$，$P<0.01$），见图 5-6。试验鱼通过流速 106.05~152.81 cm/s 的竖缝时，游泳速度无显著性差异（$P>0.05$），值为（214.01±30.64）cm/s，且与突进游泳速度（196.94 cm/s）无显著性差异（$P>0.05$）。可见在本次试验条件下，试验鱼通过流速大于其临界游泳速度的竖缝时，以与突进游泳速度无显著性差异的恒定游泳速度上溯。

图 5-7 中 3 种工况下试验鱼通过不同流速竖缝时游泳速度（不同字母表示通过不同流速竖缝时游泳速度具有显著性差异（$P<0.05$）；虚线分别表示竖缝流速为临界游泳速度

表 5-3　工况 1、工况 2 试验鱼通过每级竖缝持续游泳时间

工况	通过竖缝需要时间/s				
	第 1 级竖缝	第 2 级竖缝	第 3 级竖缝	第 4 级竖缝	平均时间
工况 1	0.80±0.49	0.78±0.57	0.45±0.23	0.43±0.24	0.62±0.28[a]
工况 2	2.02±1.68	0.60±0.26	0.53±0.27	0.49±0.31	1.08±0.68[b]

a、b 分别表示工况 1、工况 2

表 5-4　通过不同竖缝长度对应可通过流速以及持续突进游泳速度

通过竖缝长度/cm	上溯轨迹提取数量	持续爆发游泳时间/s	流速/(cm/s)	游泳速度/(cm/s)
40	29	0.66±0.23	152.81±3.34	217.63±17.14
80	28	1.23±0.38	149.77±4.00	218.08±16.62
120	28	1.80±0.51	145.89±4.07	215.48±17.33
160	28	2.43±0.81	138.94±5.31	209.43±21.76

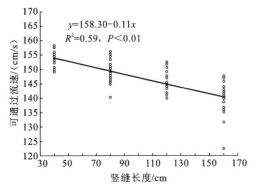

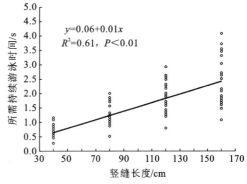

（a）不同障碍长度可通过流速关系拟合　　　　（b）通过不同障碍长度所需持续游泳时间

图 5-6　通过不同障碍长度所需持续游泳时间和可通过流速

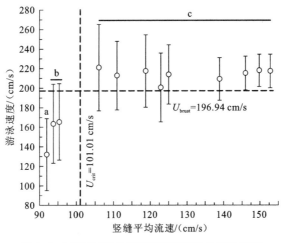

图 5-7　试验鱼通过不同流速竖缝时的游泳速度

和游泳速度为突进游泳速度）。

目前，我国绝大多数垂直竖缝式鱼道过鱼口流速低于 1.2 m/s。试验结果表明 93.33%试验鱼以（209.43±21.76）cm/s 游泳速度成功通过长度为 160 cm、流速为（137.45±17.63）cm/s 的竖缝。综合 3 种工况，110 cm/s 的鱼道竖缝流速对异齿裂腹鱼上溯不构成流速障碍。

3）通过多级流速障碍成功率和通过效率

成功率和相对成功率是鱼道过鱼效果整体评价和问题池室监测的主要指标。工况 1 试验鱼通过竖缝成功率从第 1 级的 87.18%降到第 4 级 82.05%，工况 2 从第 1 级 92.31% 降到第 4 级 84.62%［图 5-8（a）］，两种工况下成功率无显著差异性（$P>0.05$）。工况 1 和工况 2 相对成功率分别为（95.30±5.60）%、（95.59±3.32）%，两种工况通过竖缝相对成功率无显著差异性（$P>0.05$）。两种工况通过第 1 级竖缝相对成功率低于通过第 2 级、第 3 级、第 4 级竖缝相对成功率；工况 1 第 3 级竖缝和第 4 级竖缝流速大于第 1 级和第 2 级竖缝流速，通过第 3 级竖缝的试验鱼全通过第 4 级竖缝；工况 2 第 2 级竖缝和第 3 级竖缝流速大于第 1 级和第 4 级竖缝流速，通过第 2 级竖缝的试验鱼全通过第 3 级竖缝［图 5-8（b）］。

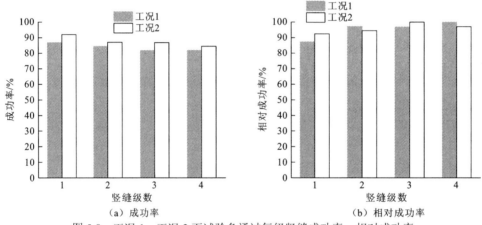

（a）成功率　　　　　　　　　　　（b）相对成功率

图 5-8　工况 1、工况 2 下试验鱼通过每级竖缝成功率、相对成功率

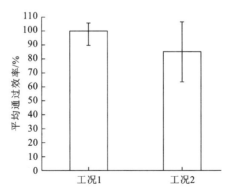

图 5-9　工况 1、工况 2 试验鱼通过多级竖缝通过效率

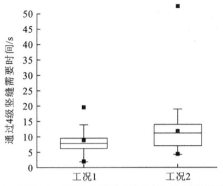

图 5-10　工况 1、工况 2 试验鱼通过竖缝所需游泳时间

工况 1 有 31 尾试验鱼通过效率为 100%，工况 2 下有 21 尾试验鱼通过效率为 100%。工况 1、工况 2 通过效率分别为（97.62±8.23）%、（84.99±21.38）%（图 5-9）。两种工况通过效率（工况 2 通过效率小于工况 1）具有显著差异（$P<0.05$）的主要原因可能是工况 2 试验鱼尝试通过竖缝次数高于工况 1 的尝试次数。对试验鱼连续通过 4 级竖缝所需游泳时间进行统计。工况 1 连续通过 4 级竖缝所需时间为（9.08±4.77）s，工况 2 为（11.73±7.31）s（图 5-10）。两种工况下试验鱼从进入第 1 级竖缝到通过第 4 级竖缝所需时间无显著性差异（$P>0.05$）。第 1 级竖缝进口到第 4 级竖缝出口直线距离为 460 cm，工况 1 通过所需最短时间为 1.96 s，工况 2 为 4.52 s。部分试验鱼以极高速度通过多级竖缝，可能与上溯过程中利用流场加快游泳速度，减少上溯时间有关。

若游泳能力是鱼类是否通过鱼道流速障碍的决定性因素，则在低流速工况下成功率应更高，而实际并非如此。鱼类能否通过，受包括生理条件、嗅觉信号和鱼对水流反应在内的多因素影响。工况 1 和工况 2 竖缝流速均接近藏木鱼道竖缝设计流速，两种工况通过竖缝成功率、相对成功率以及通过 4 级竖缝所需时间无显著性差异。

4）不同运动路径对上溯效率的影响

从工况 2 下 33 尾成功通过 4 级竖缝的上溯轨迹中提取 31 条（剔除非连续上溯轨迹）对第 2 级竖缝出口进入第 3 级竖缝进口的上溯轨迹进行分析。将上溯轨迹分为 3 类：通过低流速区（回流区）进入下一级竖缝，记为第 1 类轨迹，共 13 条 [图 5-11（a）]；从高流速区（主流）进入下一级竖缝，记为第 2 类轨迹，共 10 条 [图 5-11（b）]；其他上溯轨迹记为第 3 类，共 8 条 [图 5-11（c）]。统计各类轨迹通过池室所需时间以及各轨迹上溯路径长度。结果表明：第 1 类轨迹上溯所需时间小于第 2、第 3 类且具有显著差异性，第 1 类上溯路径长度小于第 2 类、第 3 类轨迹且具有显著性差异，见表 5-5。

表 5-5　各类轨迹通过池室所需时间以及各轨迹上溯路径长度

轨迹分类	分类依据	轨迹条数	上溯需要时间/s	上溯路径长度/cm
第 1 类	从低流速区（回流区）通过	13	1.41±0.80[a]	107.50±6.80[a]
第 2 类	从高流速区通过	10	4.86±2.13[b]	159.00±37.00[b]
第 3 类	其他	8	5.46±2.22[b]	208.40±56.30[c]

表中的 a、b、c 分别对应图 5-11 中的第一类轨迹、第二类轨迹、第三类轨迹

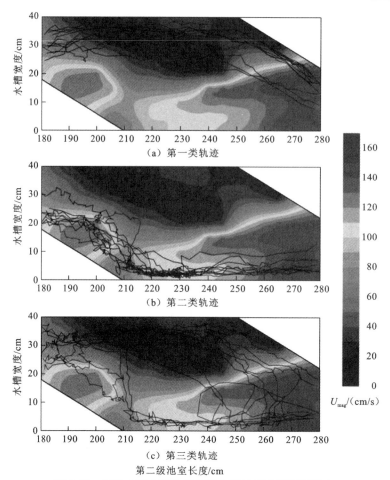

图 5-11　工况 2 下上溯轨迹与第 2 级池室水流速度耦合

　　相比第 2 类、第 3 类上溯轨迹，第 1 类轨迹处于低流速区且试验鱼运动方向与水流方向相同（图 5-12）。试验鱼借助自身初始速度以及低流速区水流推动，无须摆动尾鳍亦可通过池室，进入下一级竖缝。选择第 1 类轨迹上溯的试验鱼不仅上溯效率高于其他上溯路径，游泳耗能也会降低。

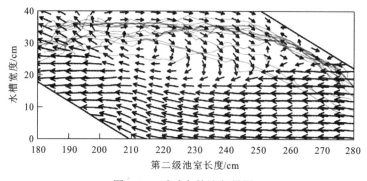

图 5-12　试验鱼轨迹矢量图

3. 结论

试验以临界游泳速度（101.01 cm/s）和藏木水电站鱼道竖缝流速（设计值为110.00 cm/s）为参考，通过在开放游泳水槽内加装不同束窄梯形体，开展两种底坡条件下 4 级短竖缝（工况 1 和工况 2 竖缝流度为（101.55±14.87）cm/s、（114.63±24.28）cm/s，竖缝顺水流长度均为 40 cm）和单级长竖缝（工况 3 竖缝流速为（137.45±17.63）cm/s、竖缝顺水流长度为 160 cm）下异齿裂腹鱼通过流速障碍能力和行为研究。通过统计不同流态下通过流速障碍成功率、相对成功率、通过效率和持续爆发游泳时间，定量了试验鱼通过流速障碍能力。同时通过将试验鱼上溯轨迹与速度场进行耦合，分析了试验鱼利用流场达到上溯目的的行为。具体结论如下。

（1）工况 1 异齿裂腹鱼通过竖缝成功率从第 1 级的 87.18%降到第 4 级的 82.05%，工况 2 成功率从第 1 级 92.31%降到第 4 级的 84.62%。两种工况成功率无显著差异性（$P>0.05$）。工况 1 和工况 2 相对成功率分别为（95.30±5.60）%、（95.59±3.32）%，无显著差异性（$P>0.05$）。通过第 1 级竖缝相对成功率低于第 2 级、第 3 级、第 4 级。

（2）工况 1 和工况 2 通过效率分别为（97.62±8.23）%、（84.99±21.38）%，具有显著性差异（$P<0.01$）。工况 1 试验鱼通过每级竖缝时间为（0.62±0.28）s，工况 2 为（1.08±0.68）s，具有显著差异性（$P<0.01$）。工况 1 和工况 2 试验鱼从第 1 级竖缝进口上溯到第 4 级竖缝出口所需游泳时间分别为（9.08±4.77）s、（11.73±7.31）s，且无显著性差异（$P>0.05$）；工况 1 从第 1 级竖缝进口到第 4 级竖缝出口（直线距离为 460 cm）所需最短时间为 1.96 s，工况 2 为 4.52 s。两种工况下，试验鱼通过流速大于其临界游泳速度（101.01 cm/s）的竖缝所需持续游泳时间为（0.52±0.34）s。

（3）试验鱼通过平均流速为（106.05～152.81）cm/s 的竖缝时，游泳速度无显著性差异（$P>0.05$），值为（214.01±30.64）cm/s，且与突进游泳速度（196.94 cm/s）无显著性差异（$P>0.05$）。93.33%试验鱼以（209.43±21.76）cm/s 游泳速度成功通过长度为160.00 cm、流速为（137.45±17.63）cm/s 的单级流速障碍。

（4）设计流速为 110.00 cm/s 的藏木水电站鱼道竖缝流速对异齿裂腹鱼上溯不构成流速障碍，但综合上溯效率和鱼道建设成本，还须设置覆盖面更广的竖缝流速范围，进一步确定鱼类上溯效率最佳的水力条件。

（5）鱼类游泳轨迹与流场耦合分析表明：不同运动路径选择对上溯游泳效率具有显著的影响（$P<0.01$）。试验鱼通过借助同向水流的推动，减少上溯所需时间和上溯路径长度，从而增加上溯效率。在复杂流态中，除了流速，紊动能、紊动强度、雷诺应力和涡径等水力因子也可能影响鱼类游泳行为。

5.2.5　鱼类游泳能力指标的应用

过鱼设施的流速设计需要依据过鱼对象的游泳能力进行参考，缺乏鱼类游泳能力与行为的过鱼设施的设计往往是失败的。感应流速是鱼道内流速设计的参考数据之一，设计鱼道时，鱼道内水流速度应大于过鱼对象的感应流速，否则鱼类进入鱼道内会迷失方向。此外，鱼类增殖放流时，放流点的主流流速应大于鱼的感应流速。根据研究证明，鱼类的感应流速低于 0.20 m/s，所以建议鱼道内设计流速不应低于 0.20 m/s。

突进游泳速度是鱼道设计的重要参考，鱼类能否成功通过鱼道竖缝或者鱼道高流速区与鱼的突进游泳速度相关。在鱼道设计中，鱼道内孔口或者竖缝处的设计流速和进出口高流速区的设计流速都应小于鱼的突进游泳速度。鱼类能否快速找到并成功通过鱼道进口，是鱼道能否成功的一个重要决定因素，在鱼道进口处一般会采用较大的流速吸引鱼类，但进口流速需要在鱼类的耐受范围之内，通常是大于临界游泳速度，小于突进游泳速度。鱼道尺寸、休息池距离的设计需考虑过鱼对象的持续游泳时间。通过游泳时间与游泳速度关系的耐力曲线，可以计算得到鱼类在特定水流速度下的游泳时间和游泳距离。通过耐力曲线，可以估算不同长度鱼道内所允许的最大平均水流速度，作为鱼道尺寸及流速设计的重要参考。在鱼道设计中，为了使鱼在通过鱼道过程中快速恢复体力，鱼道休息池主流设计应介于感应流速和临界流速之间。

5.3　鱼类对光的趋避行为研究与应用

无论是动物还是人类，视觉功能都是一种不可或缺的功能。生活在水中的不同水生生物，由于其生活环境及生活习性的不同，对光也会产生不同的行为反应。通过研究鱼类对光的行为反应，可为水产养殖提供合适的渔具及方法，从而提高生产效率、提升水产养殖技术；也可为各种过鱼设施建设提供基础数据和理论依据；还可以更加科学合理的开发海洋渔业资源；更可为物种间的生物信息交流提供更可用的渠道。

5.3.1　鱼类对光的行为反应的研究意义与应用前景

对于鱼类而言，视觉、听觉、触觉、侧线感知等都显得尤为重要，都为其生存繁衍提供了重要的保障。其中，由于生活环境的特殊性，视觉影响大多鱼类觅食、躲避敌害等行为。研究表明，明暗变化会引起鱼类自身的生理变化。因此，视觉对鱼类生存有着重要的影响。

对于生活在浅水区的鱼类，它们对光的敏感度更高。无论是昼夜交替，还是天气转换都会影响到水中的照度，从而影响到水生生物的行为习性。如 Block 等[89]就曾发现太平洋金枪鱼和太平洋黑鲔在自然光照周期下的游泳方式会随着日出日落时环境光强度的不同而发生变化。随着时间的推移，鱼类也在不断地进化以更好地适应所处的环境变化。不同的鱼种或处于不同生长发育期的同一鱼种对光的反应也存在较大差异，许多研究者发现光照周期与鱼类的生长有着较密切的关系，有些鱼类在持续光照或延长光照周期的条件下生长加速，如虹鳟[90]、鲱形白鲑、稚鲑和白鲢仔鱼[91]。光照周期使鱼类生长加速的原因很可能是以内分泌为媒介的光刺激引起的。研究表明不同鱼种在不同生长期对于光波长及照度的偏好情况及不同行为反应，人们将这些特性应用于实际的工程及生产生活中，以提高过鱼效率或是鱼类的各种生理指标，如繁殖率，生长率等。

光环境变化包括光波长、照度、光周期等的变化，这些变化不仅仅会导致鱼类产生不同的行为反应，还会在不同程度上影响到鱼类的视网膜结构及各种生理指标的变化。对于鱼类而言，视网膜结构的不同就会导致其对光产生截然不同的反应。如杆状视觉细胞较多，其可以分辨的光照度能力更强，对光照度有明显的趋避行为反应；而锥状视觉细胞多的鱼类会对光波长的变化更为敏感，即会对不同颜色的光产生明显的喜好或厌恶行为。

5.3.2　鱼类趋避光性的国内外研究进展与研究方法

众多学者研究发现，光对鱼有一定的定向诱驱作用。无光黑暗情况下，鱼类游动经常是没有方向性的，但在有光情况下，鱼类运动方向开始变得有序，鱼群也会出现明显的共同趋向行为。根据鱼类对不同光的行为响应，可分为以下几种行为。

1. 趋光行为

趋光行为是鱼类对光照呈现的正反应行为，即靠近光源或向光照强的方向运动的行为，所以，可以用特定的光照来诱集具有这一特性的鱼类。如中华鲟仔稚鱼[92]在 100 lx 下趋光性最强，偏好光强照度为 50 lx 的环境；孔雀鱼则偏好于 1 500～2 000 lx 的蓝光；吉富罗非鱼[93]的白光适宜照度为 1 000～1 500 lx。一些喜欢生活在水体中上层的鱼类，如鲱幼鱼[94]呈现出正趋光性；花鲈幼鱼[95]主要分布在浅海近岸的海域，依靠视觉摄食，其最佳的摄食光照强度为 400 lx。昼伏夜出行为的鱼类，或是一些幼鱼，例如大西洋鲱幼鱼[96]就具有明显的趋光行为。暗纹东方鲀仔稚鱼[97]属白昼中照度型鱼类，故其在 300～700 lx 光照度下的摄食效果最好。

2. 避光行为

避光行为指鱼类对光照呈现负反应，即远离光源或向光照弱的方向运动的行为。刺参[98]的趋集率会随着光照强度的增加而减小，呈现负趋光性。海鳗、淡水鳗[99]和七鳃鳗等呈现厌光的习性。王萍等[100]研究表明底栖性鱼类由于栖息、繁殖和索饵于水底，光线对其作用较小，所以表现出对光线刺激呈负趋光反应。Mercier 等[101]的研究表明，糙海参在五触手幼体发育阶段时呈现出负趋光性，这与它本身喜欢栖息在底层物体阴影中的习性一致。三疣梭子蟹对弱光更敏感，且最适光照度区为 $10^{-3}～10^{-2}$ lx，这种光偏好行为与其畏强光喜弱光的生活习性相一致。史氏鲟[102]对光照变化的反应不是很大；草鱼[103]也具有明显的负趋光性。

3. 无固定趋避光反应

鱼类随着生理期的变化，对光照的趋避反应也在发生变化。多数鱼类在整个生活史的趋光性不唯一，也不是全年趋光，也有很多鱼类只在幼鱼或是特定时期才具有趋光性。

如竹荚鱼只有在秋冬季节才会对光有集群的行为。在个体发育的不同阶段适宜的照度区也会发生变化，而且随着视觉的发育光敏感性上升，视觉阈值降低到较低水平。S. Torisawa 等[104]发现随着太平洋蓝鳍金枪鱼幼鱼年龄的增长和视觉的发育，其光强感觉阈值不断降低，这对其发现同伴和完成集群行为有着很大的影响；中华鲟仔稚鱼期具有趋光行为，随着其生长发育进入幼鱼期，其生活习性也从浮游生活转为底栖生活，故趋光行为也不复存在。还有一些水生动物对光强并无反应，如中吻鲟[105]整个生活史中都没有明显的趋光行为，既不趋光，也不避光。

5.3.3　研究实例

1. 试验设计及试验方法

1）试验装置

（1）圆形水槽。圆形水槽用以研究齐口裂腹鱼在静水条件下对不同光色的偏好情况。试验装置主要包括试验水槽、光源及监控系统（图 5-13）。试验水槽为直径 2.50 m、高 0.50 m 的圆形水槽，槽内试验水深为 0.20 m。用遮光布将水槽均分成 4 个区域。光源由布置在各区域正上方中心的 LED 灯提供，并通过更换滤光纸和控制调压变压器来更换光色及控制试验区光强。监控系统由红外摄像仪和录像机组成。将摄像仪布置于试验区域中心正上方，通过录像机对试验进行观察和记录数据。

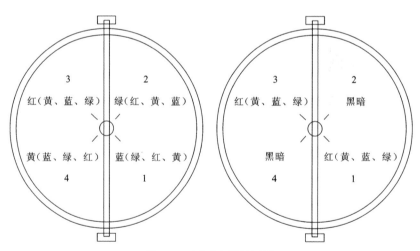

图 5-13　圆形水槽俯视图

（2）矩形水槽。矩形水槽用以研究不同水流速度下齐口裂腹鱼的趋光性。装置主要包括循环水系统、试验水槽和监控系统（图 5-14）。循环水系统包括上下游蓄水池、水泵和引水管路。水槽为不锈钢材质，规格：3.00 m×0.55 m×0.40 m，架在上下游蓄水池之间。前后用透明拦网隔出 2.20 m 试验区域，通过水泵和引水管路在试验水槽中形成稳定可控的水流，通过控制尾门来调节水深至 20.00 cm。光源由布置于试验区上游侧的 LED

灯提供,并在区域内形成梯级光场。光照强度由 ZDS-10W 水下照度计（量程 0～10 000 lx,精确度 0.10 lx）测定。监控系统由红外摄像仪和录像机组成。摄像仪布置于装置正上方,对试验过程进行视频记录。

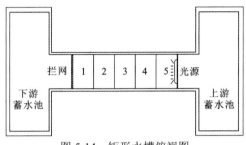

图 5-14　矩形水槽俯视图

在矩形水槽中,试验区域上游端光照强度为定值 20 lx,水槽内形成均匀的梯级光场。将试验区域均分为 5 个小区域,远离光源端至接近光源端依次为 1～5（如图 5-14）。不同光色在 5 个区域内的光照强度见表 5-6。

表 5-6　不同光色在 5 个区域内光照强度

光色	光照强度（lx）				
	区域 1	区域 2	区域 3	区域 4	区域 5
红光	0.2～0.4	0.5～1.0	1.1～1.8	1.9～6.0	6.1～20.0
黄光	0.2～0.4	0.5～0.8	0.9～1.6	1.7～5.8	5.9～20.0
蓝光	0.2～0.4	0.5～0.6	0.7～1.3	1.4～3.9	4.0～20.0
绿光	0.2～0.4	0.5～0.7	0.8～1.4	1.5～4.6	4.5～20.0

2）试验方法

（1）光色选择试验。以往学者进行相关光色选择研究时发现鱼类基本偏好红、黄、蓝和绿光基于以往的经验,本次试验目的是观察齐口裂腹鱼对红、黄、绿和蓝光 4 种颜色的偏好。试验前,同样检查试验水温以及停止试验水曝气。根据各试验处理工况将不同颜色滤光纸布置在四个区域的光源下。通过控制调压变压器使各区域不同颜色光照度一致,均为 10 lx。每组试验时长为 60 min,重复 10 次。试验工作分为两步,试验工况见表 5-7。

① 将红、黄、蓝和绿光按顺序分别布置在四个区域中,观察试验鱼在各区域的游动时间分布。为消除水槽对鱼的影响,每次重复试验结束后,在保持光色排列顺序不变的情况下,将试验区中光色按顺时针旋转更换位置。

② 将红、黄、蓝、绿光分别与黑暗配对布置在四个区域中,并设置全黑暗空白对照组,将同种颜色的光对角布置。在每次试验结束后,保持光色排列顺序不变的情况下,将 4 个区域中的光按顺时针更换位置。观察试验鱼在亮区与暗区下的偏好。

表 5-7　光色选择试验工况表

试验	工况	区域 1	区域 2	区域 3	区域 4
①	1	红光	黄光	蓝光	绿光
	2	黄光	蓝光	绿光	红光
	3	蓝光	绿光	红光	黄光
	4	绿光	红光	黄光	蓝光
②	1	红光	黑暗	红光	黑暗
	2	黑暗	红光	黑暗	红光
	3	黄光	黑暗	黄光	黑暗
	4	黑暗	黄光	黑暗	黄光
	5	蓝光	黑暗	蓝光	黑暗
	6	黑暗	蓝光	黑暗	蓝光
	7	绿光	黑暗	绿光	黑暗
	8	黑暗	绿光	黑暗	绿光
	9	黑暗	黑暗	黑暗	黑暗
	10	黑暗	黑暗	黑暗	黑暗

（2）趋光性试验。本次试验目的是观察齐口裂腹鱼分别在红、黄、绿和蓝光下的趋光性。试验前，检查试验水温是否与暂养水温一致，同时停止充气。用不同颜色滤光纸包住 LED 灯来制造不同光色，通过控制调压变压器来调节光源强度，保证不同颜色下试验区域上游段水下光照强度一致。试验前随机将 1 尾健康的齐口裂腹鱼放入试验区域，黑暗适应 30 min。待鱼自由游动后结束适应并开启光源开始试验，每组试验时长为60 min，重复 10 次。

保持试验区域上游端光照强度 20 lx 不变。试验设置三种流速梯度，分别是静水（0 m/s）、动水（0.15 m/s、0.30 m/s）和四种光照颜色（红、黄、蓝、绿）。观察鱼在不同流速下对于不同光环境的趋性行为（表 5-8）。

表 5-8　趋光性试验工况表

工况	流速/（m/s）	光色
1	0	红光
2	0	黄光
3	0	蓝光
4	0	绿光
5	0.15	红光
6	0.15	黄光

工况	流速/（m/s）	光色
7	0.15	蓝光
8	0.15	绿光
9	0.30	红光
10	0.30	黄光
11	0.30	蓝光
12	0.30	绿光

3）数据处理

（1）以趋光率（η）为指标表示齐口裂腹鱼在不同光色下对光强的趋光反应程度。

$$\eta = \frac{t_i}{T} \times 100\%$$

式中：t_i 为试验鱼在规定光照度区域内的游动时间，i 为区域 4～5；T 为试验总时间。

（2）以分布率 F 为指标表示齐口裂腹鱼对不同颜色的偏好。

$$F(\%) = \frac{f}{N} \times 100\%$$

式中：f 为试验鱼在某种光色区域下的分布尾数；N 为所有光色区域中试验鱼分布总尾数。

（3）以选择指数 E 为指标表示齐口裂腹鱼对不同组合中颜色的选择性。

$$E = \frac{r_i - P_i}{P_i}$$

式中：E 为选择指数，为零时表示无选择；小于零时表示回避；大于零时表示喜好。E 的绝对值越大表示对某种光的趋性越强烈；r_i 为某一颜色区域鱼的分布率；P_i 为鱼出现在四个区域中的概率（百分数），即将分布在某一区域的尾数除以参加试验所有鱼总数，得到分布在四个区域的概率 P_i。计算结果见表 5-9。

表 5-9　试验鱼分布在不同区域的概率

区域 1（P_1）	区域 2（P_2）	区域 3（P_3）	区域 4（P_4）
22.90%	29.34%	25.36%	22.40%

本次试验所有数据都采用 Excel 和 SPSS 19.0 软件来分析，采用单因素方差分析和非参数检验在不同光照条件下分布率是否显著，采用回归分析得到不同光照条件下的趋光阈值。统计值用平均值±标准差表示。

2. 结果与分析

1）齐口裂腹鱼对光照颜色的选择

（1）齐口裂腹鱼对四种光色的偏好。圆形水槽中齐口裂腹鱼在红、黄、蓝、绿四种光环境中的分布率分别为（15.9±7.58）%、（14.71±7.65）%、（31.23±14.82）%和

（38.16±18.42）%（图 5-15）。齐口裂腹鱼在蓝、绿光区域的分布率显著高于其他两个区域（$P<0.05$），故齐口裂腹鱼偏好蓝光和绿光，其中蓝光和绿光的分布率不存在显著性差异（$P>0.05$），红光和黄光的分布率不存在显著性差异（$P>0.05$）。

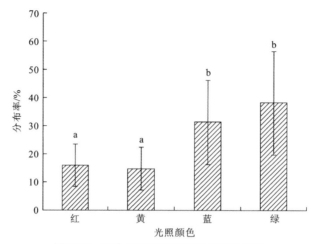

图 5-15　试验鱼在 4 种颜色区域的分布率

注：柱形图上相同字母表示差异不显著（$P>0.05$），不同字母则表示差异显著（$P<0.05$）。

（2）不同组合下齐口裂腹鱼对光色的选择及齐口裂腹鱼在有光与无光环境下的选择比较。齐口裂腹鱼在黑—红、黑—黄、黑—蓝、黑—绿和黑—黑五种光色组合内的选择指数见图 5-16。图中的选择指数 E 反映了试验鱼对光环境的趋性程度。在黑—红和黑—黄两种光色组合中，齐口裂腹鱼对红光和黄光的选择指数为负，即表现出躲避红光和黄光区域的行为。在黑—红和黑—黄两种光色组合内，齐口裂腹鱼在黑暗区域内的分

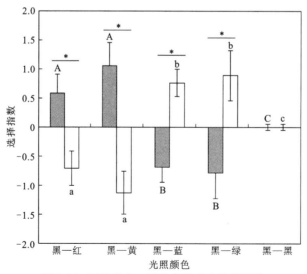

图 5-16　试验鱼在 5 种光色组合内选择指数

柱形图中大写字母不同表示黑暗组间差异显著（$P<0.05$），柱形图中小写字母不同表示组间光色差异显著（$P<0.05$），柱上*表示组内差异显著（$P<0.05$）

布率显著高于在红光和黄光的区域（$P<0.05$），而在黑—蓝和黑—绿两种光色组合内，齐口裂腹鱼在蓝光和绿光区域内的选择指数为正，显著高于黑暗区域（$P<0.05$）。在黑—黑光色组合中，齐口裂腹鱼对于试验区域的选择无显著性差异（$P>0.05$）。将图中不同组合同色的选择指数 E 进行比较，结果得到齐口裂腹鱼对这 5 种颜色的喜好顺序为绿色>蓝色>黑色>红色>黄色。

2）齐口裂腹鱼的趋光性试验

（1）齐口裂腹鱼的照度偏好。齐口裂腹鱼在红光和黄光的分布率从区域 1 至区域 5 总体呈现逐渐降低的趋势（图 5-17），在区域 1 内分布率显著高于其他区域（$P<0.05$）。齐口裂腹鱼对蓝光和绿光的分布率在区域 5 内显著高于其他区域（$P<0.05$），且其他区域内无显著性差异（$P>0.05$）。

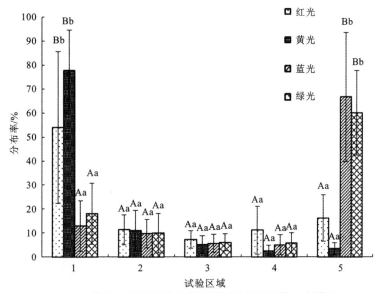

图 5-17　静水工况下试验鱼在不同试验区域下的分布情况

柱形图中大、小写字母不同表示黑暗组间差异显著（$P<0.05$），柱形图中小写字母不同表示组间光色差异显著（$P<0.05$）

区域 1 中齐口裂腹鱼对红光和黄光分布率显著性大于蓝光和绿光（$P<0.05$），区域 5 中其对蓝光和绿光的分布率显著性大于红光和黄光（$P<0.05$），且区域 1 和区域 5 中齐口裂腹鱼对红黄光之间与蓝绿光之间分布率均无显著性差异（$P>0.05$），区域 2 至区域 4 内各光色间分布率均无显著性差异（$P>0.05$）。

齐口裂腹鱼在红色和黄色的光环境下表现出远离光源端的行为反应，而在蓝色和绿色的光环境下表现出趋向光源端的行为反应，即齐口裂腹鱼在静水环境中对于红光和黄光表现为负趋性，对于蓝光和绿光表现出正趋性。

在 0.15 m/s 流速工况下，对于红光，齐口裂腹鱼在区域 1 内分布率显著高于其他区域（$P<0.05$），且其他区域内无显著性差异（$P>0.05$）。齐口裂腹鱼在黄光下对各区域间均无显著性差异（$P>0.05$）。对于蓝光，齐口裂腹鱼在区域 1 内分布率显著高于区域 2 至区域 4（$P<0.05$）且显著低于区域 5（$P<0.05$）。在绿光下，齐口裂腹鱼在区域 5 内的

分布率显著高于其他区域（P<0.05），且其他区域内分布率无显著性差异（P>0.05），见图 5-18。

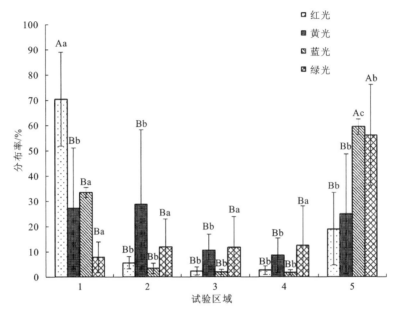

图 5-18　0.15 m/s 流速工况下试验鱼在不同试验区域下的分布情况

柱上大写字母不同表示同一区域内差异显著（P<0.05），小写字母不同表示不同区域间差异显著，（P<0.05），下同

区域 1 中，齐口裂腹鱼在红光下的分布率显著高于黄光、蓝光和绿光（P<0.05），而黄光、蓝光和绿光之间的分布率并无显著性差异（P>0.05）。区域 5 中，齐口裂腹鱼在蓝光和绿光下的分布率显著性大于红光和黄光（P<0.05），且红黄光之间与蓝绿光之间的分布率均无显著性差异（P>0.05）。区域 2 至区域 4 内各光色间均无显著性差异（P>0.05）。

与静水工况相比不同的是，齐口裂腹鱼对红光在区域 1 中的分布率有所增加。黄光在区域 1 中的分布率有所减少，而在区域 2 至区域 5 中的分布率有所增加，蓝光和绿光在区域 5 的分布率有所降低。结果表明在 0.15 m/s 流速下，黄光的趋光性有所提升，红光、蓝光和绿光的趋光性均有所降低。

在 0.3 m/s 流速工况下，齐口裂腹鱼对红光的分布率从区域 1 至区域 5 总体呈现出逐渐降低的趋势，在区域 1 内分布率显著高于其他区域（P<0.05）。齐口裂腹鱼对于黄光在各区域间的分布率均无显著性差异（P>0.05）。而在蓝光下齐口裂腹鱼在区域 1 内分布率显著高于区域 2 至区域 4（P<0.05）且显著低于区域 5（P<0.05）。在绿光下齐口裂腹鱼从区域 1 至区域 5 内分布率总体呈现出逐渐降低的趋势，在区域 5 内的分布率显著高于其他区域（P<0.05），且区域 1 至区域 4 内不存在显著性差异（P>0.05），见图 5-19。

区域 1 中齐口裂腹鱼对黄光、绿光和蓝光的分布率之间不存在显著性差异（P<0.05），但其分布率均显著小于红光下的分布率（P<0.05）。区域 5 中齐口裂腹鱼对红光和黄光之间分布率无显著性差异（P>0.05），且其与绿光之间存在有显著性差异（P<0.05），而蓝

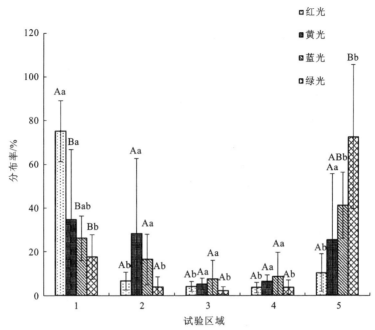

图 5-19 0.30 m/s 流速工况下试验鱼在不同试验区域下的分布情况

柱形图中大写字母不同表示黑暗组间差异显著（$P<0.05$），柱形图中小写字母不同表示组间光色差异显著。

光与红光、黄光和绿光之间都不存在显著性差异（$P<0.05$）。

与静水和 0.15 m/s 流速工况下不同的是，在 0.30 m/s 工况中，在红光下，齐口裂腹鱼在区域 1 中的分布率在原来的基础上又有所提升，而绿光下的齐口裂腹鱼在区域 5 的分布率有所提升，在黄光下，在 0.30 m/s 工况中齐口裂腹鱼在区域 5 内分布率比静水工况下高，比 0.15 m/s 流速工况低，而蓝光中，齐口裂腹鱼在区域 5 内的分布率比静水与 0.15 m/s 流速工况下都要低。

（2）齐口裂腹鱼的趋光阈值。通过对试验区域（光强）为自变量以及选择指数为因变量进行函数回归分析，在静水工况下其关系图见图 5-20 和图 5-21，通过试验鱼在不同光环境下的分布趋势线可以看出齐口裂腹鱼在红光和黄光环境下其选择指数呈现出逐渐下降的趋势，即越靠近光源区域其偏好程度越低，当选择指数为负值时，表示齐口裂腹鱼回避此区域。而蓝光和绿光选择指数呈现出逐渐上升的趋势，即越靠近光源区域其偏好程度越高。

通过图 5-20、图 5-21 中回归趋势线可看出，红光和黄光的选择指数为 0 的点都在区域 2.0 至区域 2.5，蓝光和绿光在区域 3.5 至区域 4.0，故红光和黄光的趋光阈值分别应在 0.75～1.0 lx 和 0.65～0.80 lx，蓝光和绿光的趋光阈值在 1.40～2.65 lx。在不超过 20 lx 的光照度下，在红光和黄光中当光强超过趋光阈值时，随着光照度的增大，齐口裂腹鱼对于红光和黄光的回避性越强，而在蓝光和绿光中，随着光照度增大，齐口裂腹鱼对于蓝光和绿光的偏好性越强。

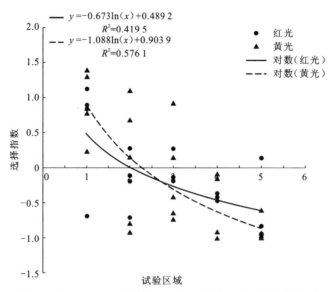

图 5-20　静水工况下试验鱼在红光和黄光环境下的选择指数

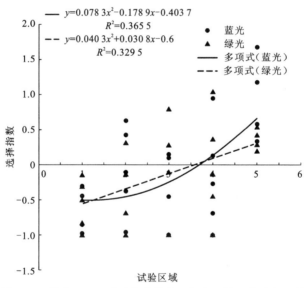

图 5-21　静水工况下试验鱼在蓝光和绿光环境下的选择指数

（3）齐口裂腹鱼的趋光率。在静水工况下齐口裂腹鱼对蓝光的趋光率最高，绿光次之，黄光区域的趋光率最低（表 5-10）。在 0.15 m/s 和 0.30 m/s 动水工况下，齐口裂腹鱼对红光和蓝光的趋光率有所降低，而对绿光和黄光的趋光率有所提升，在蓝光中，齐口裂腹鱼在 0 m/s 流速下的趋光率相对 0.30 m/s 流速下的趋光率而言显著性降低（$P<0.05$）。结果表明流速对于齐口裂腹鱼趋光性存在有影响性，但其并不能起主导作用，无论是哪种流速工况下，齐口裂腹鱼都对蓝光和绿光表现出正趋光性，对红光和黄光表现出负趋光性。综合以上分析，齐口裂腹鱼对绿光的趋光率最高，且因其在 20 lx 内随着光强照度的增大，其偏好性越强，故在工程中可选择 20 lx 的绿光进行引诱。

表 5-10　不同流速和光环境下试验鱼的趋光率

流速/（m/s）	趋光率			
	红光	黄光	蓝光	绿光
0	27.44%[a]	5.94%[a]	71.72%[a]	65.89%[a]
0.15	21.61%[a]	33.44%[a]	61.25%[ab]	68.67%[a]
0.30	14.06%[a]	31.72%[a]	49.79%[b]	76.32%[a]

同一列中小写字母不同表示差异显著（$P<0.05$）为最大特征根

5.3.4　光诱驱鱼技术的工程应用

1. 光诱驱鱼技术的原理

光照本身并不能直接捕捞鱼类，它的主要作用是在引诱或驱离鱼群，在捕捞及养殖中起到辅助作用。在使用这一技术前，应对所使用的环境及鱼种有一定的了解，包括：①明确目标鱼种的喜好或厌恶的光强及光色，对于海洋捕捞尽可能选择趋光性或喜光的鱼类；②了解鱼种在水中所处深度的光强，注意光进入水中的衰减情况，及时调整灯光的强度；③应根据鱼种的不同发育阶段调节水中照度及波长；④提前测量水域的浑浊度，随时调整光强。

2. 光照在水产养殖及海洋捕捞中的应用

随着社会的不断进步与发展，人类对环境的影响越来越大，鱼类资源量也开始逐渐减少，为了阻止这一趋势的发展，光照无损伤导鱼技术被作为一种重要的定向导鱼技术应用到工程实践当中。我国在 20 世纪 30 年代，为提高捕捞效率，就开始使用当时较明亮的汽油灯诱集鱼类。系统性研究光照诱驱鱼始于 20 世纪 70 年代末，当时研究主要集中在光照对鱼类摄食的影响。许传才等[106]研究了不同颜色光对鲤的诱集效果；还有研究者研究了光照强度对花鲈幼鱼、史氏鲟稚鱼和暗纹东方鲀稚鱼等[107]摄食的影响，研究表明在适宜光照强度和光照颜色下，其摄食量明显可达到最大值。因此，在傍晚或夜间用适宜光将鱼苗引诱至较集中的区域摄食，有利于提高其摄食率。在水库或是远洋捕捞业中，利用光照诱驱鱼达到聚集鱼群的效果，以提高捕捞效率。在鱼类养殖中，利用环道和网箱培育苗种时，可以选择适宜的光色将鱼苗诱离残饵污物区，提高清箱和分箱操作的效率。

3. 光学诱驱鱼在行为导向系统中的应用

光学诱驱鱼在协助鱼类过坝以及水工程的定向驱导实践中，被证实有实际效果并具备较好的前景。目前，在欧洲应用最广的声光气鱼类诱导系统，是提供一套完整的鱼类行为检测系统，每一个鱼类行为检测系统均根据当地环境利用气泡幕、声学信号、灯光系统或电场量身打造；该系统依靠鱼的行为排斥反应，而不是鱼的身体直接接触，被称为"行为导向系统"（图 5-22）。行为导向系统中所提供的水下照灯系统（高强度的灯条系统或高强度的光圈系统），配合声系统和气泡系统引导鱼群移动或是实现驱赶效果。Vowles 和 Kemp[108]通过试验表明，在鱼类下行过坝中可以实现定向驱赶下行的褐鳟。总之，国外研究已经证明了光诱驱鱼技术具有广阔的应用前景。

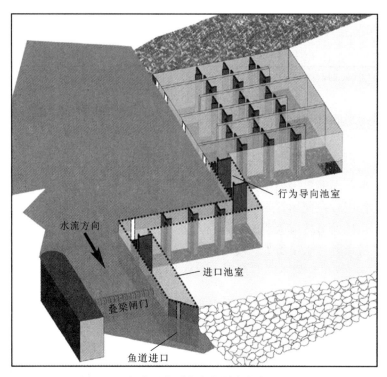

图 5-22　行为导向系统在鱼道中的应用

5.3.5　小结

在自然界中，光具有多种特性，影响着鱼类的生活习性，是水生动物新陈代谢的启动因子，也是影响水生动物生长发育的重要环境因子。光学诱驱鱼技术对于鱼类保护具有深远的意义，在提高各种过鱼设施的过鱼效率方面起着至关重要的作用。现阶段，国内外单纯关于光环境及水流综合条件对鱼类影响方面的研究较少，为满足更多工程实际的需求，在往后的研究中，我国水利保护科研人员需继续加强对这方面的研究，最终形成一套较为完整且可行的设计方法或设计标准。其具体探究内容至少应包括：①对我国主要流域的保护鱼类进行更细致的趋光性研究；②结合我国鱼道及其他过鱼设施的设计标准，探究更适用于我国实际情况的光诱驱鱼技术；③应加入对垂向水体分布鱼类趋光性的研究，以期了解不同水层鱼种的趋光特性，为不同过鱼设施中光诱驱鱼布置方案提供理论基础；④应更多地就实际工程案例提供具体的灯光布置方案设计方法，以更好地发现和解决技术问题。

5.4　鱼类对声音的趋避行为研究与应用

5.4.1　鱼类对声音的趋避行为研究意义与应用前景

目前，声音对鱼类行为的影响研究较多，但在声音导鱼方面研究较少。声音的许多特性可以成为改变鱼类运动的良好手段，特别是在水下距离较远或能见度较低时。鱼类对特殊声音的行为反应根据种类的不同有很大差异。声压水平、频率、连续或间歇的声音等参数，也会影响鱼的行为。鱼类对于不同声音特性具有独特的行为反应特征，如人为噪声和一些捕食者发声可用作声学障碍防止鱼类受到引水结构的撞击或夹带，水流声和鱼类摄食声则可将鱼类诱集。基于此，在实施鱼类保护和声音诱驱鱼实践时通常需要对鱼类偏好的特定声音特征进行研究，并找出不同鱼类敏感的声音作为声学手段进行诱鱼至关重要。

鱼类能够通过内耳、测线和鳔接收声音，当声音具有一定信号意义的时候，便会对鱼类的活动产生刺激或抑制，随之产生相应的行为特征。鱼类的趋声性分为正趋声性和负趋声性，当鱼类感受到声音的时候靠近声源的行为特征称之为正趋声性，许多种鱼类对一些特定的声音刺激都会产生正趋声性，美国迈阿密大学海洋研究所科研小组在墨西哥湾流海区海底安置了低频声源播放录制的食肉鱼类进食的声音，被声音吸引而来的鱼类包括拿骚鳜鱼、黄尾鳜、红鳍鱼、黑鲭鱼、黄鳍鲭鱼以及一些鲨类，但也有一些鱼类并未被吸引过来，该试验无法证实是否有鱼类被食肉鱼类进食声惊吓远离声源，但是墨西哥湾海区多数底栖鱼类被该声音信号有效吸引。当鱼类感受到声音而远离声源的行为特征称之为负趋声性，夜间浮到水面的鳀鱼只要听到船舶机器噪声便会迅速逃离声源下潜至 20 m 处。鱼类可通过发声实现种内和种间的信息传递，通过接收到的声信号识别同类的呼叫声、生殖时的集群声、寻找食物的试探声，以及为躲避敌害而发出的惊恐声和报警声，发出声音的同时还会表现出相应的行为特征。不同的声音传递给鱼类的信息和对鱼类声音接收器官的刺激是不同的，所以鱼类对不同声音产生不同的反应。

5.4.2　鱼类对声音的趋避行为国内外研究进展与研究方法

1. 鱼类对单纯音的趋避行为

Kastelein 等[109]将捕获的北海鱼类暴露在 0.1~64 kHz 的纯音下，研究该鱼类惊吓行为的反应阈值。发现鱼类对声音产生反应的频率和声强阈值都存在着种间和种内差异。黑鲈的 50%反应阈值发生信号为 0.1~0.7 kHz，乌鱼为 0.4~0.7 kHz，红鳍鲌为 0.10~0.25 kHz，竹荚鱼为 0.1~2.0 kHz，大西洋鲱 4.0 kHz。不到 50%鳕鱼和鳗鱼达到反应阈值。鱼类的反应阈值从 100 dB、0.10 kHz 增加到 160 dB、0.7 kHz，其中 50%的鱼类反应阈值与听力曲线并不匹配。

2. 鱼类对宽频音的趋避行为

人为的声音多是宽频音，对鱼类有显著影响，可能会导致鱼类生理和行为上的反应。例如暴露在船的噪声下的鱼类可以导致心率的提高和皮质醇水平的增高[110-112]，还会引起鱼类的惊吓反应、逃逸反应或下潜到更深的水域来逃避这些船声[113-115]。Voellmy 等[116]通过循环播放水下船声来研究人为噪声对三刺鱼和欧洲鲈鱼的影响。Mclaughlin 和 Kunc[117]通过渡船声音的试验来研究九间始丽鱼的行为反应。另外，也有研究表明打桩声音、空气枪声音及白噪声等也会对鱼类的行为、生理产生一定的影响，如空间躲避反应等。Bagocius 和 Donatas[118]研究了打桩声音对鲑的影响。Fewtrell 和 Mccauley[119]通过研究发现人为噪声影响了鱼类的行为和生理功能，但是在重复的暴露中响应应答可能会发生改变[120-121]。

人类在水面或水上各种各样的活动引起了不同时间模式的水下声音，而这些暴露时间不同的声音也会影响鱼类的行为。目前有些研究揭示了人为噪声对捕食者与猎物之间相互关系的影响。Sabet 和 Neo[122]通过测试在时间格局上不同的 4 种声音，包括连续的声音，长和短的有规律的间歇声音及无规律的间歇声音对斑马鱼捕食大型蚤的影响。结果发现，该声音对水跳蚤的游泳速度和游泳深度没有影响，说明编辑后的声音片段对斑马鱼具有潜在的驱赶作用。间歇的声音，例如打桩声音，可能比连续声音对鱼有更强的行为影响。

5.4.3　鱼类对声音的趋避行为相关应用

1. 声导鱼 SILAS 系统设计的理论基础

声导鱼 SILAS(synchronised intense light and sound)是一项英国 Fish Guidance System 的鱼类引导系统专利技术，这种技术是专门开发用在与光学系统结合使用的声音导鱼系统上。声导鱼 SILAS 的工作原理是将光打入水中的同时，水声发射器将声音发射到灯光打到的地方。上述工作是由专门开发的软件完成，软件预装在每台声音投射器的模块中。声导鱼 SILAS 的驱动系统一般由以下部件组成：①声光气鱼类诱导系统 Model 30-600 Mk III 声音发射器；②声光气鱼类诱导系统高强光；③声光气鱼类诱导系统 Model 3-06 电力与通信枢纽；④声光气鱼类诱导系统 Model 3000 供电设备；⑤声光气鱼类诱导系统控制设备。

2. 声光气鱼类诱导系统

声光气鱼类诱导系统提供了一套完整的鱼类行为检测系统，例如，声驱鱼系统使鱼远离进水口；再利用气泡幕、声学信号、闪光灯或电场驱鱼到目的地。每一个鱼类行为检测系统都根据当地环境量身打造。由于它们依靠鱼排斥刺激的行为反应，而不是对鱼体直接物理阻拦，这种排斥技术被称为"行为系统"。这种技术对当地和迁徙的鱼类伤害较小。该行为系统可结合水下声音、气泡幕和灯光以达到更好的导鱼目的，而最常用的声学信号有两种。

1）声投影机阵列系统

声投影机阵列系统用于阻碍或改变鱼在进水口的游动方向，对鱼无害。该系统利用扩音器和电子信号发生器驱动水下声发射器，在进水口前的一片区域发出排斥性的声音。声投影机阵列系统类似扩音装置或家用音响系统。信号被记录在可擦可编程式存储器芯片上，信号发生器包含许多可擦可编程式存储器芯片，可以手动选择，随机播放或重复播放。一个或几个高性能的扩音器相配合过滤，以适合声投影机扩大信号。

2）生物声学的鱼防护体系

生物声学的鱼防护体系是将鱼群从一处主水流转移至小水流处，这被认为类似于传统的护鱼筛网。它利用气泡幕形成一个由空气作用产生的音频信号，产生一个"音频墙"，使鱼类运动方向偏转，可以通过鱼道偏转来引导河道建筑物周围的鱼群。从物理学上讲，生物声学的鱼防护体系是由一个有气动的音频传感器组成的，连接一个气泡幕传感器，将声波传到不断上升的气泡幕里。声音由于折射融进气泡幕里，气泡里的音速和水里或空气里的音速都不同。声音频率可以用和标准的气泡幕一样的方法来构架，但是效果就如鱼栏栅一样，被弹回的声波信号大大提高。声波信号的特性和声投影机阵列系统的相似，也就是说在 20～500 Hz 的频率范围内用频率或振幅扫描。

3. 声音导鱼效果的模拟：以大坝实现声音驱鱼为例

实现声音在水中播放，一般需要经过以下步骤：声音通过声音信号发生器发送到功率放大器中，功率放大器提高声音的功率即声音的响度，然后通过水下扬声器播放出来。根据这些原理和装置，可以在大坝附近设计一个带有水下扬声器阵列的装置。当大坝泄水时，可以通过播放某种鱼类畏惧或不喜欢的声音，让鱼类远离大坝出水口，从而有效保护鱼类免受伤害。图 5-23 是带有声音驱鱼装置的大坝模型，包含有很多水下扬声器，扬声器排列成一排。

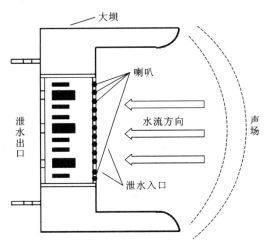

图 5-23 一种带有扬声器阵列装置的大坝模型

对于声音导鱼的大坝模型还有很多种，不同的大坝结构对应有不同的扬声器阵列形式，产生的声音叠加效果也不同。在大坝泄洪时，通过扬声器播放鱼类畏惧的声音，播出来的声音会在大坝前产生一个大范围的声场。如果能保证在离坝前一段距离范围内的声音大小和频率在鱼类声音敏感域内,当鱼群接近大坝时,一旦鱼类感受到播放出的声音并产生畏惧感时,鱼群就不会继续靠近,从而有效阻止鱼群进入大坝泄洪入口,有效减少因大坝泄洪而带来的鱼类的伤亡。

4. 声诱驱鱼技术用于生态重建

现在已有利用鱼类的趋声性,在生态环境遭到破坏的水域进行生态重建的应用实例。Simpson 等[123]利用生长于海洋深处的幼鱼回珊瑚礁定居和繁殖的特性,做了关于珊瑚礁中产生的声音对幼鱼吸引力的试验,研究小组在大堡礁附近的蜥蜴岛修建了 24 个补丁礁,他们随机选择其中一半的补丁礁,使用水下扬声器发出礁石的噪声和礁斑上捕捉到的鱼虾发出的声音,结果显示在 12 个试验组补丁礁上定居的幼鱼更多。利用水下音响系统引导鱼类已被证明可行。

5. 声音在水产养殖及海洋捕捞中的应用

声音无损伤导鱼技术作为一种重要的定向导鱼技术,已经被应用到工程实践当中。例如,近年来开始出现的"声诱渔业""海洋牧场"便是以鱼类的正趋声性为基础的。而负趋声性表现为鱼在声音刺激下避开声源的方向游动,研究者常根据鱼类的这种负趋声性来阻拦和驱赶鱼群。并且通过声音诱捕,可以做到有选择地捕捞,从而达到有效保护种鱼和幼鱼,进而保护渔业资源的目的。

6. 研究实例

1)试验装置

本次试验的试验装置为 10 m×1 m×1 m 的可拼接的玻璃纤维水槽(图 5-24),将水槽底部贴上白色防水贴纸,并用记号笔在水槽底部画上 50 cm×50 cm 的网格线(图 5-25),将水槽分成 40 个区域,用于确定鱼在水槽中的位置。在距离试验水槽一端 1.5 m,距离水槽两边侧壁 20 cm,距离水槽底部 3.0 cm 的位置各放一对水下喇叭,用于播放声音。水下喇叭要完全浸没在水中,水下喇叭与功率放大器相连,水槽两侧的喇叭各连功率放大器的一个旋钮,可手动控制声音的播放与关闭。水槽上方架设两台摄像机(红外网络摄像头,焦距 4 mm,帧率 24 Hz),每次试验开始前,进行视频录制,以记录试验鱼在声音播放时的行为反应。试验用水来源于扎曲河,水槽内的水深为 40 cm。每次试验前,对水槽进行换水,以保持水槽内的水温维持在 15~18 ℃。所有的试验都在晚上进行,以维持水槽中水温的恒定和消除阳光对试验鱼行为的影响。每组试验结束时,对水槽进行充氧,直至下一组试验开始。

2)试验对象

本试验的试验对象为裸腹叶须鱼,为辐鳍鱼纲鲤形目鲤科叶须鱼属的鱼类,俗名"花鱼",是中国的特有物种。分布于金沙江流域、澜沧江、怒江上游干支流等,为冷水鱼类。本次试验中的裸腹叶须鱼捕自澜沧江的支流扎曲河,所捕获的试验鱼暂养在 5 m×2 m×1 m 的水槽中,暂养水槽水深为 60 cm,试验前进行饥饿暂养 48 h。暂养水来源于扎曲河，其间采用动水养殖，全天不间断充氧，溶解氧大于 6.0 mg/L。从捕捞鱼中挑选出未受伤、体质健康的样本用于试验，共 40 尾。试验鱼体长为 23.2～27.5 cm，体重为 123～150 g。试验结束后，将试验鱼放回扎曲河。

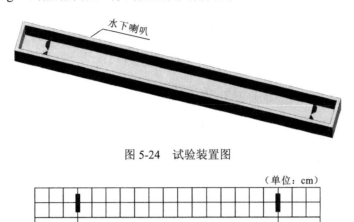

图 5-24　试验装置图

（单位：cm）

图 5-25　试验装置网格示意图

3）试验方法

（1）声音的录制与合成。单频音合成：用 Cool editor pro 软件合成 500 Hz、1 000 Hz、1 500 Hz、2 000 Hz、2 500 Hz、3 000 Hz 的单频音。

负趋声的录制：用 Reson T4031 水听计对可能具有驱鱼效果的声音进行录制。录制短吻鳄吼叫声，录制地点为重庆鳄鱼中心，录制时，水听计距离鳄鱼的距离为 3 m 左右，待鳄鱼吼叫时，在空气中进行录制，录制时间为 60 s，再选取其中有效的部分用 Cool editor pro 软对声音进行剪辑，得到了一个 4 s 的声音。录制水下汽艇发动机声音，录制位置：清江隔河岩大坝坝前 1 000 m。录音者站在趸船上，汽艇以 40～45 km/h 的速度，距离趸船 10～15 m 横向驶过，用水听计录制声音 60 s。用 Cool editor pro 软件选取其中一段有效的声音片段，共 30 s。

（2）鱼类行为的定义。正趋声反应：定义为当播放声音开始 15 s 以内游向声源，并且从远离声源的一端在 30 s 以内鱼游过水槽中线 5 m 处。

负趋声反应：定义为当播放声音开始 15 s 以内游离声源，并且从靠近声源的一端在 30 s 以内鱼游过水槽中线 5 m 处。

中性反应：既不符合正趋声反应，又不符合负趋声的反应。

连续反应：如果鱼有负趋声反应，就继续进行声音试验。当鱼游过中线时，开始一端停止播放声音，另外一端开始播放声音。这样来回交替更换声源位置，记录鱼来回游动次数。如果鱼有 2 次或更多次趋声反应即有连续反应。

（3）单纯音试验。试验开始前让鱼在试验水槽中适应 2 个小时左右。开始试验时，先观察鱼的位置，当鱼靠近一端的水下喇叭时播放一段 30 s 的单纯音（500 Hz，1 000 Hz，1 500 Hz，2 000 Hz，2 500 Hz，3 000 Hz），若试验鱼在 15 s 内游离声源并在 30 s 内游过水槽中线（5 m），则记为一次反应，并关掉正在播放的水下喇叭，打开另一端的水下喇叭继续播放声音，若鱼继续反应，则如此反复交替更换声源，直到试验结束，试验时间为 5 min。待试验鱼休息 15 min 后，再播放另一种单纯音。直到 6 种单纯音都播放完毕。单纯音试验共用试验鱼 10 尾。

（4）宽频音试验。本次试验以短吻鳄吼叫声、船声、打桩声等宽频音作为声音刺激，对进行过单纯音试验的鱼，让鱼休息 15 min 后开始播放一种宽频音，若试验鱼有反应则来回更换声源，直到试验结束，试验时间为 5 min。对其他试验鱼，在试验开始前，先让鱼在试验水槽中适应 2 h 左右，开始试验时，先观察鱼的位置，当鱼靠近一端的水下喇叭时播放一段宽频音，若鱼有反应，则继续放音，直到试验结束。每个宽频音试验结束后让鱼休息 1 h 后再继续播放另一种宽频音。宽频音试验共用试验鱼 30 尾。

4）试验数据处理与方法

（1）水下喇叭附近声场的表征。声级计与水听计相连，测量水下喇叭播放声音后的声音强度，将水槽划分为 0.1 m×0.4 m 的网格进行测量，在靠近水槽边壁的位置划分为 0.05 m×0.4 m 的网格进行测量，共测量 312 个点。测量水深为 22 cm，测量了所播放的单纯音及宽频音。用 Origin 8.1 软件画出测出的声场图。

（2）声音频谱分析。通过测量均方根（rms）电压并使用 Cool Edit Pro 2.1 软件转换为以 dB 为单位的相对声压水平，计算每个频率的相对声压级（SPL）。采用 2048 点快速傅里叶变换和采样率为 44.1 kHz 的方法计算声波的频率和功率谱。用 Origin 8.1 软件画出声强频率图。

（3）数据分析方法。使用跟踪软件 Logger Pro 对录像进行分析。Logger Pro 软件打点的时间间隔为 1 s，每个视频共打点 300 个，以确定每个时刻试验鱼的位置。以每条鱼作为观察对象，对游泳速度和消耗时间进行量化，并统计鱼的反应次数。使用单因素方差分析鱼的反应次数和游泳速度数据。

5）试验结果

（1）水槽中的声音分布。试验水槽中的环境噪声为 60～75 dB，对播放的 1 500 Hz 的单纯音及短吻鳄的吼叫声进行了声场图的绘制，如图 5-26、图 5-27 所示。所有的声音

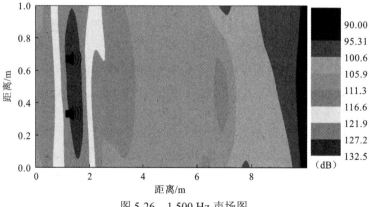

图 5-26　1 500 Hz 声场图

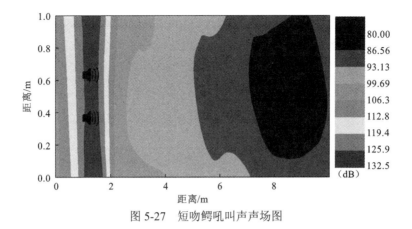

图 5-27 短吻鳄吼叫声声场图

在水槽中都有一定的衰减，在播放单纯音和短吻鳄吼叫声时，喇叭正前方的声强大约为 132 dB，在播放 500 Hz 的单纯音时，水槽末端的声强为 90 dB，衰减幅度为 42 dB。在播放短吻鳄吼叫声时，水槽末端的声强为 80 dB，衰减幅度为 52 dB。比较播放 500 Hz 的单纯音和短吻鳄吼叫声的声场图可发现，在播放这两种声音时，由于声音的不同，声音在水槽中的衰减幅度有所不同，但两者的声场在水槽中均呈梯级分布。

（2）声音的频谱。以 1 500 Hz 的单纯音和短吻鳄的声音为代表，作出声强频率图（图 5-28）。所有的单纯音在主频率处都有一个狭窄的声强峰值，短吻鳄吼叫声的声音频率范围为 50~5 000 Hz，声强的峰值集中在 100~500 Hz。

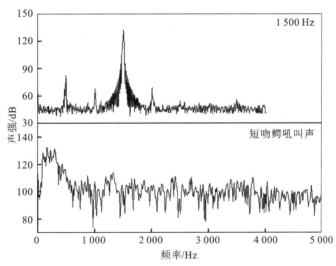

图 5-28 1 500 Hz 与短吻鳄吼叫声声强频率图

（3）试验鱼的反应次数。在不播放声音时，试验鱼在水槽中自由游动，大约每 2 min 游一个来回，或者在水槽中的某一位置静止不动，大多聚集在水槽末端。在单纯音试验中，大约有 15%的试验鱼在开始播放声音后表现出负趋声性，并无第二次反应及连续反应（图 5-29）。85%的试验鱼对单纯音没有反应，静止在原地或者游向声源。然而，在播放复杂声音时，鱼总是表现出负趋声性。100%的试验鱼对短吻鳄吼叫声有行为响应，表现为试验鱼沿着水槽来回游动以远离声源。平均每次试验的反应次数为（8.4±0.22）次。此外，在播放短吻鳄吼叫声时的平均连续响应的次数明显大于（$P<0.01$）单纯音试验。

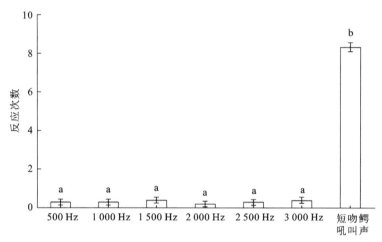

图 5-29　不同声音下试验鱼的反应次数

注：柱形图中相同字母表示差异不显著（$P>0.05$），不同字母表示差异显著（$P<0.05$）

（4）试验鱼的代表性反应。裸腹叶须鱼对单纯音及短吻鳄的吼叫声的代表性反应曲线如图 5-30 所示。该图反映了试验鱼在试验时间 5 min 内在水槽横向上的位置。对照组显示在没有声音刺激的情况下试验鱼在试验过程 5 min 内自由游泳（图 5-30-A）。在播放 500～3 000 Hz 的单纯音时，试验鱼的代表性反应曲线与空白对照无明显差异。但是在播放短吻鳄吼叫声时，从图 5-30-H 中可以看出，试验鱼具有明显的反应和连续反应，在开始放音后，试验鱼作出第一次负趋声反应，并跳到水下喇叭的后面，在这一端停留了约 30 s 后继续对宽频音刺激作出反应，此外，当宽频音播放近 5 min 时，试验鱼躲在喇叭后面，并再不游出，直到试验结束。

（5）试验鱼的反应速度。裸腹叶须鱼的反应速度通过在水槽中游过 2 m 所需的时间来体现（见图 5-31）。在不播放声音时，试验鱼游过 2 m 所需要的平均时间为 17.2 s，即速度为 0.12 m/s。在播放单纯音时，试验鱼游过 2 m 所需的平均时间为 15.0 s（1 500 Hz）～18.1 s（1 000 Hz），速度为 0.11～0.13 m/s。当播放宽频音时，试验鱼游过 2 m 所需时间为 6.4 s，速度为 0.31 m/s，显著低于空白对照及单纯音时试验鱼的游泳速度（$F=10.201$，$P<0.001$）。

（6）试验结果小结。以裸腹叶须鱼为研究对象，通过敏感声音的筛选试验，提取试验鱼对声音的反应次数，游过 2 m 时间及代表性反应，得出了试验鱼的敏感负趋声为短吻鳄的吼叫声。

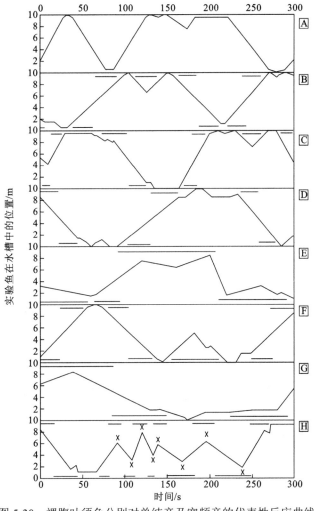

图 5-30　裸腹叶须鱼分别对单纯音及宽频音的代表性反应曲线

A，空白对照；B，500 Hz；C，1 000 Hz；D，1 500 Hz；E，2 000 Hz；F，2 500 Hz；G，3 000 Hz；H，短吻鳄吼叫声。
图中"×"代表试验鱼的负趋音反应，"——"代表两端喇叭的放音时间。

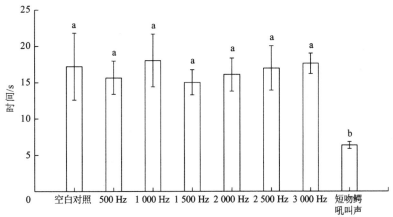

图 5-31　在不同声音下试验鱼在水槽中游过 2 m 所需时间

注：柱形图上相同字母表示差异不显著（$P>0.05$），不同字母则表示差异显著（$P<0.05$）

5.4.4　小结

近年来，我国水利工程的建设规模不断扩大，建设的水平也不断提高，建设过程中对鱼类保护的要求也在提高。定向导鱼技术在防止鱼类进入水轮机、诱导鱼类进入过鱼设施或特定区域有较大的应用空间。声音可以配合水电开发实现驱诱鱼进而保护鱼类，而且可以在海洋牧场中诱捕鱼从而带来经济效益。根据现有声驱诱鱼技术参考资料和研究存在的问题，为满足应用需求，我国水利工作者需要加强对声驱诱鱼技术的研究，最终形成一套较为完整的设计方法或设计标准。其具体内容应包括：①鱼类的发声机制及鱼类的声音信号的采集；②鱼类能感受到的声音的大小和频率规律图；③鱼类对声音的趋避行为研究；④要考虑到今后鱼道发展趋势，明确声驱诱鱼研究方向的同时兼顾实际应用；⑤应加深水域环境对鱼类趋声性影响的研究，为鱼道声诱鱼布置方案提供参考；⑥水下扬声器阵列摆放模式及实际声音区域中各点声音的合成图；⑦提供若干声驱诱鱼布置方案设计方法，以解决技术难题。

5.5　鱼类对气泡幕的趋避行为研究与应用

5.5.1　鱼类对气泡幕趋避反应的研究意义及应用前景

为了提高过鱼设施的过鱼效率，辅助诱驱鱼技术的运用显得至关重要。例如，在鱼道应用中，需要采用一定的手段将过鱼对象吸引、驱赶到鱼道进口，在集运鱼船应用中，运用诱驱鱼技术将鱼类收集起来，通过运鱼船或车将鱼类运往坝体上游。从以往的研究来看，有效的诱驱鱼技术主要包括声音、光、电、气泡幕、水流等。声音诱驱鱼一直被当成一种有效的诱驱鱼手段被学者们研究，光诱驱鱼也是其中一种有效的诱驱鱼方式。其中气泡幕诱驱鱼技术相较于其他诱驱鱼手段其对鱼有引诱、驱赶和阻拦作用，同时也具有成本低、无污染且不会对鱼造成伤害等特点。早期就有学者发现当在水中开启气泡幕时会使尼罗罗非鱼、鲢等淡水鱼产生一定的行为反应变化，并证明了气泡幕对一些淡水鱼类有一定的阻拦作用。为保护生态环境，防止外来物种侵害原生鱼类，国外学者利用气泡幕的特点，将其作为一种防止鲤入侵的技术运用到实际工程中。气泡幕驱鱼技术有着良好的引导鱼类前进的作用，有一定的工程应用前景，国外关于气泡幕的研究相对成熟，有一定的工程应用实例，也取得了良好的效果。但是目前国内对其研究还不够深入，只停留在室内试验阶段。关于气泡幕对鱼类行为影响的机理探究也只是处于初期阶段[124]。

气泡幕对鱼类的驱赶主要是靠其在水中产生的声音、视觉效果以及气泡上升过程中产生的环流三者共同结合的作用，气泡幕不但对鱼类有驱赶作用，在一定的程度上对鱼类还有吸引的作用，试验过程中发现，鱼类虽然难以穿过气泡幕，但其经常在气泡幕周围徘徊。利用以上两种特性，可以将鱼类定向引导至指定地点，比如将目标鱼类引导至鱼道进口或者集运鱼船等过鱼设施中。但目前国内外关于气泡幕的研究还不够深入，如何将气泡幕的特性及其对鱼类行为的影响结合到实际工程中是亟待解决的问题。

5.5.2　鱼类对气泡幕趋避反应的国内外研究进展及研究方法

气泡幕在海洋船舶监控以及军事领域有重要应用。人们通过对气泡幕的光学特性以及声学特性分析，从而实现其对船舶的追踪及监控。气泡幕在水下爆破减震工程中也有一定的运用。气泡幕能有效吸收、衰减爆破震动所产生的水冲击波能量，是一种新型、有效、经济的水下隔震、减震措施。合理的利用气泡幕帷幕，可以在进行爆破作业时，有效的保护水利设施。此外，气泡幕在降低水下噪声，减少声音污染时，也可起到理想的作用[125]。

气泡幕的光学和声学特性对鱼类的行为也有一定影响。在国外，气泡幕驱鱼在工程中的应用十分普遍，实践证明，气泡幕在上升过程中会形成一道对鱼类无伤的气泡墙，其对鱼类的刺激主要有三个方面：视觉效果、声音以及水流湍动。早期，英国学者 Stewart 就研究了气泡幕对鱼类的行为影响[126]。近年来，Perry 等[127]将气泡幕作为一种非物理屏障，用于改变大鳞大麻哈鱼的迁徙路线，并获取得了良好的效果。国外学者 Zielinski 和 Sorensen[128]将气泡幕作为一种防止鲤鱼入侵的技术并运用到实际工程中。同时 Zielinski 也进行了室内试验，同样验证了气泡幕对鲤鱼的阻拦抑制作用，与野外试验相互印证。国外学者 Dawson 等[129]通过室内试验发现，气泡幕虽然在一定程度上可以有效地阻挡鱼类的前进路线，但并不能完全地阻隔。对此，为了更加有效地利用气泡幕的特性，有学者开始从气泡幕对鱼类行为影响的机理进行研究。为了验证气泡幕在视觉效果上对鱼类的影响，有研究人员使用闪光灯和气泡幕的结合屏障进行试验，结果显示，在闪光灯的作用下气泡幕对鱼类的阻拦效果更加显著。除去气泡幕在鱼类行为影响上的研究外，气泡幕还被用来阻隔噪声的屏障。

国内气泡幕的研究虽少有关于工程应用方面的报告，但是相关研究早已展开，1988年，刘理东和何大仁[130]就五种淡水鱼对固定气泡幕的反应进行了初探，研究发现气泡幕对几种淡水鱼均有一定的阻拦效果，但均会产生明显的适应现象。随后，赵锡光等[131]开始对不同孔径、不同孔距及不同孔径孔距的组合进行了研究，研究发现孔径为 0.5 mm时阻拦效果相对较好（75.1%），孔距为 5.0 cm 时的阻拦效果最好（75.1%），研究同时发现固定气泡幕对黑鲷及青石斑鱼均有较好的阻拦效果，阻拦率分别为 75.1%、82.4%。2002年，陈勇等[132]进行了不同空气压力下气泡幕对红鳍东方鲀的阻拦效果，研究发现孔径1.0 mm、孔距 2.5 cm、空气压力为 27.46 kPa 时，气泡幕的阻拦效果最好，平均阻拦率为 71.0%。2013 年，白艳勤等[133]又从不同孔径及孔距出发，研究气泡幕对花鳕和白甲鱼的阻拦效果，研究结果表明，孔距 1.0 cm、孔径 2.0 mm 时气泡幕对花鳕的阻拦效果最好，阻拦率约为 96%，孔距为 1.0 cm、孔径为 1.5 mm 时对白甲鱼的阻拦效果最好，阻拦率约为 95.6%。随后，罗佳等[134]验证了在有流速条件下气泡幕对光倒刺鲃的阻拦效果，研究发现，当有存在流速时，气泡幕的阻拦效果要优于静水中的阻拦效果。在不同孔径及孔距的研究中，国内的学者们已经发现了一定的规律，随后有学者开始研究不同气量下气泡幕的阻拦效果。2018 年，徐是雄等[135]研究在不同气量下气泡幕对鲢幼鱼的阻拦效果，结果显示随着气量的增加阻拦率呈现先上升后下降的趋势，在 40 L/min 时达到最大值。

5.5.3　气泡幕驱鱼研究实例

1. 材料与方法

1）试验材料

试验对象异齿裂腹鱼（体长 BL=（23.67±5.23）cm、湿重 Wg=（146.74±26.45）g），网捕于雅鲁藏布江中游桑日至加查峡谷江段并暂养于直径 2.90 m 的圆形水槽内，暂养 5 d。试验前，禁食 48 h，养殖用水为雅鲁藏布江循环水，水温保持在 12～14 ℃，持续充氧。从大量渔获物中挑取未受伤且活性良好的样本用于试验，共计获得样本数量为 140 尾，每组重复取一尾生理活性良好的鱼展开试验，并于结束后取出暂养于另一个水槽中。同一尾鱼不进行重复试验，以防止试验鱼对环境产生适应而影响结果的可靠性。

2）试验装置

试验装置采用自制的钢质开放水槽（3 m×0.55 m），水槽沿水流方向依次为整流栅、气泡幕管、试验区域、拦鱼网、适应区域。为避免气泡幕产生的视觉影响，整个试验区域用遮光布遮盖，保证试验在黑暗环境中进行。试验用气泡幕管选用直径为 2 cm 的 PVC 管材（孔径 2 mm，孔距 1 cm），45°和 90°摆放时长度分别为 77.78 cm、55.00 cm。试验气泡由申霸静音空气压缩机（规格 1500 W-50 L）产出，通过软管输送至试验气管。下游蓄水池内安装一个潜水泵，通过水槽外部管道连接到上游蓄水池，产生循环水流。试验区上方安装摄像头（红外网络摄像头，焦距 6 mm、帧率 25 Hz）用于记录鱼类行为及相关指标（图 5-32）。

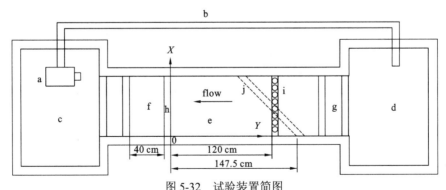

图 5-32　试验装置简图
a.潜水泵；b.输水管；c.下游蓄水池；d.上游蓄水池；e.试验区；f.适应区；
g.整流栅；h.拦鱼网；i.90°气泡幕管；j.45°气泡幕管

3）试验方法

试验在静水和流水两种条件下进行，试验组设有三种不同气量：15 L/min、30 L/min、

45 L/min，以及两种气泡幕管摆放角度 90°和 45°（相对于水流方向）。在静水和流水条件下各设一组空白对照（不开启气泡幕），共计 14 组工况，具体分组见表 5-11。每组试验重复 10 次，每次重复放置一尾鱼。

表 5-11　试验工况分组

工况	水流条件	摆放角度/°	气量/（L/min）
对照组			0
1			15
2		90	30
3			45
4	静水		15
5		45	30
6			45
对照组			0
7			15
8		90	30
9			45
10	流水		15
11		45	30
12			45

试验开始前放鱼适应 20 min，随后开启气泡幕，取出拦鱼网开始试验，试验时长为试验鱼从试验开始至第一次穿过气泡幕的时间，若试验鱼始终未能穿越，则试验时长为 60 min。试验期间用摄像头捕获并记录试验鱼在试验水槽内的行为，试验结束后测量试验鱼的体长及体重。在流水试验中，水槽流速设为 0.2 m/s，可达到大部分异齿裂腹鱼的感应流速[17,18]。

本次试验统计异齿裂腹鱼在试验时间内的尝试次数（将目标鱼离开适应区到重新回到适应区定义为一次尝试）、气泡幕的阻拦时间（异齿裂腹鱼第一次离开适应区到通过气泡幕所用的时间）及尝试距离（目标鱼一次尝试所到达的最远距离）。

4）数据处理

气泡幕对异齿裂腹鱼的行为影响根据阻拦率（OR）、尝试次数、阻拦时间以及气泡幕的影响距离来定量。目标鱼的通过率越小，相对气泡幕的阻拦率越高。

（1）阻拦率（OR）计算公式如下：

$$PR = NPA / NPC \times 100\%$$

$$OR = (1 - PR) \times 100\%$$

式中：PR 为异齿裂腹鱼的通过率；NPA 为通过气泡幕的重复尾数；NPC 为每个工况下试验重复的尾数。

（2）气泡幕的影响距离（L）计算方法为：

90° 摆放时：

$$L = 120 - x_1$$

其中 (x_1, y_1) 为目标鱼一次尝试到达最远距离的坐标点（下同）

45° 摆放时，设气管所在线的方程为：

$$Y = 147.5 - X$$

将 y_1 带入得到 x_2，则：

$$L = x_2 - x_1$$

坐标轴及坐标原点如图 5-32 所示。

试验数据采用 SPSS 进行分析，统计值使用平均值±标准差（Mean±SD）表示，用多因素方差分析法分析各工况下阻拦时间的差异性，用单因素方差分析分析各工况下尝试次数及气泡幕影响距离之间是否存在差异性，$P<0.05$ 表示差异显著。采用回归分析拟合多项式方程，分析鱼类尝试行为随时间变化的趋势。

2. 结果与分析

1）不同规格气泡幕对异齿裂腹鱼的阻拦率

分析水流条件、摆放角度及气量三种影响因素对气泡幕阻拦率的影响，试验结果如表 5-12 所示。

表 5-12　异齿裂腹鱼在不同工况下的阻拦率

工况	静水对照	1	2	3	4	5	6	流水对照	7	8	9	10	11	12
阻拦率/%	0	10	50	10	20	20	10	0	50	30	0	0	0	20

试验结果显示：对照组中，异齿裂腹鱼通过率均为 100%；静水中，工况 2（90° 摆放，气量 30 L/min）时气泡幕阻拦率最高（50%）；流水中，工况 7（90° 摆放，气量 15 L/min）时气泡幕阻拦率最高（50%）。

2）不同因素对气泡幕阻拦时间影响

对气泡幕鱼阻拦时间的分析中发现，气量、摆放方式及水流条件三个因素及其之间交互作用对阻拦时间影响有显著性差异，见表 5-13。

表 5-13　不同工况下阻拦时间的单因变量三因素方差分析

来源	III 型平方和	df	均方	F 值	显著性（P 值）
修正的模型	35 922 574.648	11	3 265 688.604	3.208	0.001
截距	60 561 516.121	1	60 561 516.121	59.494	0.000
气量	1 760 685.836	2	880 342.918	0.865	0.424
水流	474 436.554	1	474 436.554	0.466	0.496
摆放方式	6 400 439.101	1	6 400 439.101	6.288	0.014
气量×水流	13 654 789.644	2	6 827 394.822	6.707	0.002

续表

来源	III 型平方和	df	均方	F 值	显著性（P 值）
气量×摆放方式	9 129 656.056	2	4 564 828.028	4.484	0.014
水流×摆放方式	323 675.545	1	323 675.545	0.318	0.574
气量×水流×摆放方式	4 253 294.458	2	2 126 647.229	2.089	0.129
误差	103 829 791.922	102	1 017 939.136		
统计	202 055 987.000	114			
校正后总数	139 752 366.570	113			

df 表示自由度

如表 5-12 所示，气量×水流及气量×摆放方式的交互作用有显著性（$P<0.05$），而水流×摆放方式和气量×水流×摆放方式的交互无显著性（$P>0.05$）。因此对气量×水流及气量×摆放方式两组交互进行具体分析，结果如图 5-33：

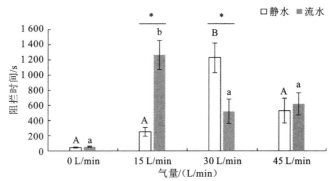

图 5-33　气量×水流的交互作用对阻拦时间的影响

A、B 表示静水条件下不同气量阻拦时间的差异性；a、b 表示流水条件下不同气量阻拦时间的差异性；*表示相同气量下不同水流的差异性

由图 5-33 可得：各试验组阻拦时间均大于对照组（0 L/min），流水 15 L/min 及静水 30 L/min 时显著大于对照组（$P<0.05$）。试验组中，静水条件下，30 L/min 阻拦时间显著大于 15 L/min（$P=0.005$）及 45 L/min（$P=0.034$）；流水条件下，15 L/min 时阻拦时间显著大于 30 L/min（$P=0.024$）及 45 L/min（$P=0.049$）；15 L/min 时，流水条件显著大于静水条件（$P=0.003$）；30 L/min，静水条件显著大于流水条件（$P=0.034$）；45 L/min，流水条件大于静水条件，但无显著性差异（$P>0.05$）。

由图 5-34 得：90° 摆放时，15 L/min、30 L/min 显著大于对照组（0 L/min）（$P<0.05$），45 L/min 显著小于 15 L/min（$P=0.024$）、30 L/min（$P=0.005$），其他工况下阻拦时间均大于对照组，但无显著性差异（$P>0.05$）。45° 摆放时，随气量的增加，阻拦时间呈上升的趋势，但各组间无显著性差异（$P>0.05$）；15 L/min、30 L/min 时，90° 摆放显著大于 45° 摆放（$P=0.019$，$P=0.005$）；气量 45L/min 时，45°摆放大于 90° 摆放，但无显著性差异（$P>0.05$）。

综上所述，在各种工况下，气泡幕开启时阻拦时间均大于对照组，所以气泡幕对异

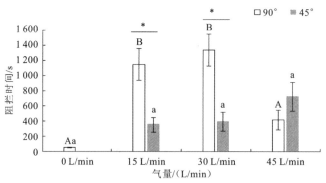

图 5-34　气量×摆放的交互作用对阻拦时间的影响

注：A、B 表示 90° 摆放时不同气量阻拦时间的差异性；a、b 表示 45° 摆放时不同气量阻拦时间的差异性；*表示相同气量时不同摆放的差异性

齿裂腹鱼有较明显的阻拦效果。静水条件下，气量 30 L/min 阻拦效果最好，试验发现当气量过小时，气泡幕产生的扰动较小难以对鱼形成明显的阻拦效果；气量过大时，气泡幕上升过程中会对鱼产生一定的卷吸效果从而影响其阻拦效果。当有水流作用时，气泡幕的形态及鱼类游泳姿态发生变化，所以其阻拦效果与静水存在差异性。气泡幕 90° 摆放，异齿裂腹鱼靠近气泡幕时会产生应激反应从而离开气泡幕；45° 摆放时，则会沿着气管徘徊，并从角度大的一端游向角度小的一端，加大了通过的概率，所以阻拦时间会小于 90° 摆放。

3）异齿裂腹鱼对气泡幕的适应性研究

各试验组中异齿裂腹鱼尝试次数均显著大于对照组（$P<0.05$），各试验组之间均无显著性差异（$P>0.05$）。图 5-35 中显示的是不同工况下气泡幕的阻拦时间与尝试次数之间的关系图，对照组无明显规律，试验组中异齿裂腹鱼的尝试次数随气泡幕阻拦时间变化无明显变化，总体尝试次数趋近于常数 6。不同工况对异齿裂腹鱼的尝试次数均无明显影响，当异齿裂腹鱼尝试到 6 次左右时，对气泡幕产生适应性，但其在不同工况下产生适应性所需的时间不同。

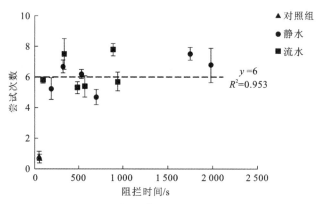

图 5-35　不同工况下气泡幕的阻拦时间与尝试次数的关系

分析所有试验组中每隔 10 min 异齿裂腹鱼总尝试次数随试验时长的变化规律。如

图 5-36，静水与流水条件下，均有随着试验时间的增加，异齿裂腹鱼尝试次数呈先递减后有上升的趋势，尝试次数与试验时间呈二次函数关系。静水中，试验时间在 47.7 min 时曲线达到极小值约为 0，极值点过后曲线有上升的趋势；流水中，尝试次数总体要小于静水，但并无显著性差异（$P>0.05$），试验时间在 48 min 时，存在极小值点约为 1，随后开始有上升的趋势。

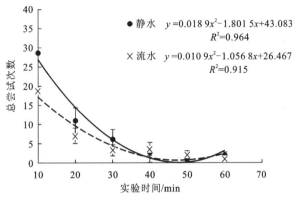

图 5-36　尝试次数随时间变化趋势图

气泡幕刚开启时，异齿裂腹鱼感受到危险在试验水槽中频繁游动，此时间段内异齿裂腹鱼的尝试次数最高。随着试验时间的增加，异齿裂腹鱼发生行为的次数降低，尝试次数出现下降的趋势，当尝试次数达到 6 次过后，开始陆续穿过气泡幕。试验在 48 min 时，几乎所有（98%）的异齿裂腹鱼不再发生任何尝试行为，其中大多数（83%）已经通过气泡幕，另外少部分（15%）的鱼在远离气泡幕的一端静止不动。

4）不同水流条件下气泡幕的影响距离

试验分析了不同工况下气泡幕影响距离的差异性，试验结果如图 5-37 所示。

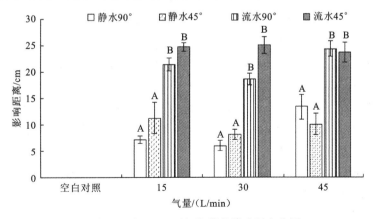

图 5-37　不同工况下气泡幕的影响距离分析

A、B 表示不同工况下影响距离有显著性差异

在气量为 15 L/min 时，流水 90° 摆放和 45° 摆放时气泡幕的影响距离均显著大于静水 90° 摆放及 45° 摆放（$P<0.05$）；气量为 30 L/min 时，流水 90° 摆放和 45° 摆放时气泡

幕的影响距离均显著大于静水 90°摆放及 45°摆放（$P<0.05$）；气量为 45 L/min 时，流水 90°摆放和 45°摆放时气泡幕的影响距离均显著大于静水 90°摆放及 45°摆放（$P<0.05$）。

气量及摆放角度对气泡幕的影响距离无显著影响（$P>0.05$）。静水中气泡幕平均影响距离为 9.2 cm，流水中平均影响距离为 23.7 cm，所以，水流是增大气泡幕影响范围的主要因素。试验观察可得，水流会改变气泡幕的形态及其在水面破裂的位置，从而影响试验鱼的尝试距离。

5.5.4　气泡幕驱鱼技术的工程应用

1. 气泡幕驱鱼技术原理

在水底布置一排出气管，通过空压机等产生压缩空气并将其输送到出气管，压缩空气在与水混合时，产生一片气—液两相流区域，称之为羽流区。压缩空气上升过程中，与水体发生激烈的碰撞，从而产生巨大的声音、气泡屏障以及机械振动。鱼类对这三种物理现象分别产生不同的行为反应，气泡幕上升过程中产生的声音及水流对鱼类有一定的吸引作用，而当鱼类靠近羽流区感受到机械振动时又会被气泡幕吓退，所以在实际应用中，常常将气泡幕作为一种引导技术将鱼类引导至指定的区域。

2. 气泡幕驱鱼技术应用

气泡幕驱鱼技术在鱼道进口、集运鱼船等过鱼设施中皆有一定的应用。为了保护鱼类，早期有学者用气泡幕驱集日本鳗、竹荚鱼的案例，并取得了一定的效果，驱集成功率可达到（75%~98%）。早期国内驱鱼技术落后，用横断水面的几十米的大网，十几条船同时作业最后也不一定奏效，这时有学者尝试用气泡幕代替传统驱鱼技术，并取得了一定的效果。在马马崖集运鱼工程中，有学者将气泡幕作为集运鱼系统中重要组成部分，将鱼类聚集起来。在国外，为保护大鳞大麻哈鱼防止其进入佐治亚娜沼泽，Perry 等[127]运用气泡幕、闪光灯，以及扬声器的非物理屏障组合将进入佐治亚娜沼泽的入口拦截，改变大鳞大麻哈鱼的迁徙路线使其进入萨克拉门托河中，在后期评估中显示，当由气泡幕组成的非物理屏障未开启时，有 22.3%的目标鱼类进入了佐治亚娜沼泽，当屏障开启后，这一数据下降到了 7.7%，阻拦效果显著。

气泡幕驱鱼技术在协助鱼类过坝以及定向驱导鱼类等工程中被证实有实际效果并拥有良好的运用前景。随着科技的发展，气泡幕在鱼类行为领域的研究会越来越深入，实际应用也会越来越广泛。很多学者研究气泡幕对鱼类的阻拦作用，取得了很好的效果，并为在海洋牧场中有效利用气泡幕来控制鱼群行为提供科学依据。在远洋捕捞中，经常使用气泡幕快速聚集鱼群，利用气泡幕的集鱼作用将其驱赶到定置网中，以增加渔获。在池塘养殖中气泡幕多用于鱼类供氧，而在水族箱中气泡幕除了提供氧气外，还能美化环境。

气泡幕除以上在鱼类行为影响中有一定的应用以外，气泡幕在消除水下噪声方面也有一定的应用，随着经济的发展，海运也越来越重要，但随之而产生的噪声对海洋鱼类的危害也越来越大。有学者研究发现鲻在接受长时间声强极为痛觉阈或接近痛觉阈的声音刺激后会短暂的"变聋"。气泡幕可以屏蔽环境噪声保护海洋生物，气泡在上升的过程中不规律的高速运动，使得气泡幕的密度极不均匀，声音在穿过气泡幕时发生了不规则的散射和紊流，从而降低噪声污染，目前已有海港使用气泡幕降低水下噪声，保护海洋生物。

5.5.5　小结

气泡幕对渔业资源养护、减少环境污染、提高渔获量、建设海洋牧场和减少港口噪声等都具有重要的意义。气泡幕驱鱼技术在协助鱼类过坝以及定向驱导鱼类等方面也有良好的应用前景，对于鱼类保护具有深远的意义，对提高各种过鱼设施的过鱼效率方面起着至关重要的作用。现阶段，国内外关于气泡幕对鱼类影响方面的研究较少，为满足更多工程实际的需求，在往后的研究中，我国水利保护科研人员需继续加强对这方面的研究，最终形成一套较为完整且可行的设计方法或设计标准。其具体探究内容应包括：①研究不同的视觉、听觉差异的鱼类对气泡幕的行为反应规律；②结合我国鱼道及其他过鱼设施的设计标准，探究更适用于我国实际情况的气泡幕诱驱鱼技术；③将气泡幕与其他网控、声控、电控机制相结合，研制开发高效节能、环境友好型的气泡幕设备，为不同过鱼设施中气泡幕诱驱鱼布置方案提供基础；④应更多地就实际工程案例提供具体的气泡幕布置方案设计方法，以更好地发现和解决技术问题。

5.6　鱼类对底质类型的偏好

5.6.1　鱼类对底质类型偏好的研究意义及应用前景

鱼类对底质类型的偏好是评价鱼类对某种栖息地的特殊偏好的主要指标之一。鱼类对底质类型的偏好与其生活史有一定的联系，鱼类在生长、肥育、寻找配偶和繁殖过程中存在寻觅躲避敌害捕食者、适口生物饵料和适宜产卵栖息地等行为活动，所以鱼类在不同的生活史对栖息地底质偏好存在明显的差异[136]。

卵，仔鱼是鱼类资源的主要补充群体，也是鱼类必然经历的生理期和最易受侵害的时期。卵，仔鱼在发育过程中会遭受到许多不利因素的影响而导致死亡，如环境水温、水含沙量变化，遭遇捕食者吞食[137]。产卵后的亲鱼为了卵和仔鱼正常发育，会寻找适宜的栖息地进行产卵[138]。如中华鲟产卵亲鱼，繁殖时会对产卵环境的条件进行严格选择。有研究表明河床上沙粒的沉积对中华鲟卵自然繁殖存在一定的限制，中华鲟卵一般黏附在河床底部洁净的石头上。中华鲟卵在河床上的散布及黏附特征一般存在两种类型分别：一种是在大卵石空隙中成团分布，受精卵散布的河床形式一般是以立方体形式疏松排列的较大卵石之间，其中较大卵石间有空隙，受精卵自身成团黏附在一起，依靠团块表面的黏性附着在空隙内部,受精卵团块和外界的黏附作用不强;另一种卵散布类型为卵石夹缝中单粒或数粒分散分布,散布的河床多是以四面体形式精密排列的大小卵石,卵石间没有很大的空隙,但形成了很多的卵石夹缝,受精卵以自身的黏力附着于 2~3 块卵石表面,受精卵黏附牢固[139]。

鱼卵发育成仔鱼后,会通过选择有利的环境而避免敌害鱼类的捕食,所以仔鱼在不同发育期,对栖息地环境存在不同的选择。如 1~3 日龄的胭脂鱼仔鱼因为没有外源营养,游泳和逃避敌害的能力很弱,为了躲避敌害的侵袭,不做远距离的游动,而就地隐匿于石块缝隙中;而 4 日龄胭脂鱼仔鱼开始开口摄食,并具备较强的游泳和逃避能力,它们开始出现明显趋光和选择白色底质的行为,并开始游动离开水体底层[140]。

5.6.2　鱼类对底质类型偏好的研究进展与研究进展

鱼类对底质类型的偏好研究主要分为两个方向:一方面偏向于对底质背景颜色偏好的研究,这方面与鱼类光趋避行为存在一定的联系;另一方面偏向于对底质组成偏好的研究。

不同鱼类在相同环境颜色中表现行为存在的差异与其分辨颜色的能力有一定关系,其中有些鱼类可以依靠眼中的视锥细胞,识别以蓝、绿光或接近于红外光为主的环境。大西洋蓝枪鱼、立翅旗鱼、旗鱼分别对蓝绿光、紫蓝光和绿光等环境有一定的反应;甲尻鱼和新月锦鱼对黄色和蓝色环境有明显的偏好[141];且还有研究表明不同颜色光对鲤诱集效果存在显著性差异,其中白光环境对鲤的诱集效应最佳,红光、蓝光环境次之,绿光环境最差[142]。部分鱼类也存在对不同颜色环境存在无明显偏好的情况。瓦氏黄颡鱼对这 6 种环境颜色没有明显偏好。红色草金鱼在不同颜色背景下,不存在对某一特定环境颜色产生特定偏好。在光照 100 lx 下,大黄鱼在 5 种颜色光背景条件下表现行为相似,同样没有对某一特定光颜色产生特定偏好[143]。

鱼类栖息环境底质主要由不同粒径、密实性、稳定性的沙质和砾石材料组成。因此鱼类对底质组成类型的偏好,即是鱼类对不同底质粒径大小、异质性、密实性和稳定性的偏好。栖息地不同底质组成类型为鱼类提供了特定的寻求配偶、产卵、肥育和逃避敌害等栖息环境。一般来说,了解鱼类栖息环境底质类型组成,有助于了解该栖息环境中的鱼类物种分布特征。如沙质底质环境主要分布滤食性鱼类,如青、草、鲢、鳙;砾石表面可以附着藻类生长,在砾石底质环境中主要分布刮食性鱼类,如裂腹科鱼类[144]。因此,细化了解鱼类对不同类型底质的偏好,有助于为鱼类栖息地保护和修复提供准确的科学依据。

5.6.3　鱼类对底质类型偏好的研究进展与研究方法

1. 材料与方法

1) 试验材料

试验鱼采集时间为 2016 年 8 月 5 日~8 月 31 日。采集地与底质类型调查的区域相同，其中采集到试验鱼的区域为扎曲和热曲河交汇处、扎曲和热曲交汇处的热曲河上游约 200 m 处和果多水电站下游 200 m 处，其中扎曲和热曲河交汇处采集 7 次，扎曲和热曲交汇处的热曲河上游约 200 m 处采集 5 次，果多水电站下游 200 m 处采集 8 次（每天定点定时用刺网采集一次），共采集到 42 尾澜沧裂腹鱼。采集到的试验鱼暂养蓝色圆形帆布水槽里（直径 3.00 m，高 0.61 m），暂养水取自果多水电站下游约 300 m 处的扎曲河段。水温为 16.4±1.5 ℃左右；24 h 持续充氧，溶氧含量大于 7 mg/l；水深约 40 cm。

2）底质调查

于 2016 年 8 月 1 日～8 月 13 日开展试验鱼栖息地底质类型调查。该调查在果多水电站放水量减少期间和水域较浅区域进行调查，调查区水深 0.5～1.0 m，可清楚地识别水底底质类型。调查地点选择可采集到试验鱼的区域，为扎曲和热曲河交会处、扎曲和热曲交会处的热曲河上游约 200 m 处、果多水电站下游 200 m 和 300 m 处。通过实地取样测量和拍摄图像分析试验鱼栖息地的底质类型组成，底质组成类型分类（图 5-38）。

（a）鹅卵石底质（C-F）

（b）鹅卵石和砾石底质（B-F）

（c）沙、砾石和鹅卵石底质（A-D）

（d）沙和砾石底质（A-B）

（e）坝下300 m底质（A-F）

（f）坝下200 m河床底质（A-F）

图 5-38　不同采集地底质类型

每个采样地取面积为 10 m×10 m 的区域进行定性分析。定性分析主要通过对拍摄图像进行分析，并计算各底质在该区域分布的百分比。

3）试验设计

试验采用蓝色圆形帆布水槽，水槽直径 3 m，高 61 cm。在试验水槽中心的正上方放置 1 个摄像头记录鱼的行为。试验所用的底质来源于调查现场。选用 6 种底质类型，按照底质粒径从大到小顺时针方向均匀地铺在试验水槽底部，水槽的中心 P 是放鱼点（图 5-39）。水深为 40 cm。试验用水、水温和溶氧量均与暂养水保持一致。

试验在自然光照和静水条件下进行。试验开始时，从暂养水槽中随机选择健康、活泼的个体相近的 5 尾试验鱼［体长（25.2±4.3）cm，体重（183.1±77.0）g］放入试验水槽中心，适应 30 min，开启视频，录像 5 小时。试验重复 5 次。试验用鱼采集时间主要在 4:00～9:00 和 18:00～23:00，这两个时间段可能是试验鱼的觅食时间，此时试验鱼较为活跃，所以本试验选择该时间段进行试验。其中每个时间段分别分为 4:00～6:30 和 6:30～9:00，18:00～20:30 和 20:30～23:00。

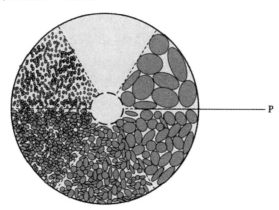

图 5-39　室内试验水槽内底质均匀分布图

4）数据处理

试验完成后，记录在每个时间段内试验鱼在各底质中出现的尾数，每 5 min 记录一次。然后比较鱼类在每个底质中停留时间百分比，获取试验鱼在该时间段内对底质的偏好。

根据不同底质中停留时间百分比之间的差异程度，分析试验鱼在各时间段对某一底质的偏好程度。通过给每个时间段内各种底质的偏好赋不同值，然后将同一底质不同时间段内的赋值相加，来综合比较试验鱼对某一底质的偏好程度。其中存在显著差异的不同底质（$P<0.05$），对停留时间百分比较小的底质类型赋值-1 分，停留时间百分比较大的底质类型赋值 1 分；无显著差异赋值为 0 分。

采用 surfer 软件对野外拍摄照片中的底质粒径组成进行分析。室内试验各重复组中试验鱼在各底质中的百分比进行个案排秩后，采用单因素方差分析；分析均采用 SPSS 统计软件。统计值用平均数±标准差(Mean±SD)描述，差异显著水平为 $P<0.05$，用 Origin 软件制图。

2. 结果与分析

1）采集地底质类型和渔获物

分析水流条件、摆放角度及气量三种影响因素对气泡幕阻拦率的影响，试验结果如表 5-14 所示。

取样调查发现 I 和 II 采集地以粒径为 16～128 mm 砾石和卵石组成，占有百分比分别为 64.6%和 68.8%；III 主要以泥沙和风化碎石颗粒（粒径<16 mm）组成，占有百分比为 77.4%；IV 主要以粒径>128 mm 的大石头或基岩组成，占有百分比约为 79.8%。在采集地 I、II 和 IV 栖息地采集到了试验鱼，其中 I 和 II 采集到的试验鱼数量最多，详见表 5-14。

表 5-14　采集地各底质类型与渔获物

采集地	主要底质类型	试验鱼数量	体长/cm	时间	水温/℃
I	小砾石和卵石	23	27.9±3.7	16:30~19:00	17.5
II	小砾石和卵石	13	22.5±1.8	18:30~22:00	18.1
III	泥沙和风化碎石	6	35.2±6.1	7:00~9:00 和 19:00~21:00	16.59（a.m）和 17.8（p.m）
IV	大石头或基岩	0	22.5	15:00~17:00	16.8

2）鱼类对不同底质的偏好性

研究中发现在 18:00~20:30 时间段，试验鱼在 6 种底质存在显著性差异（F=4.117，df=5，p<0.05）。优先选择 C 底质，其次是 B、D、A 和 F 底质，最后选择 E 底质（图 5-40）。20:30~23:00 时间段，试验鱼在 6 种底质中游动时间存在显著性差异（F=3.639，df=5，p<0.05）。试验鱼优先选择 A 和 D 底质，其次选择 C 和 F 底质，最后选择 B 和 E 底质（图 5-41）。4:00~6:30 时间段，试验鱼在 6 种底质中游动时间不存在显著性差异（F=1.895，df=5，p>0.169）（图 5-42）。6:30~9:00 时间段，试验鱼在 6 种底质中游动时间存在显著性差异（F=4.168，df=5，p<0.05）。优先选择底质 C 和 D，其次是 B 和 F，在 F 底质中稳定性较强；最后选择 A 和 E 底质类型（图 5-43）。

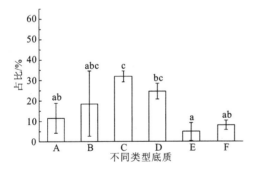

图 5-40　试验鱼在 18:00~20:30 各底质中的分布百分比

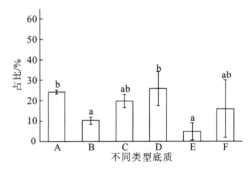

图 5-41　试验鱼在 20:30~23:00 各底质中的分布百分比

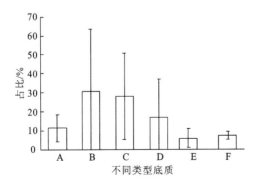

图 5-42　试验鱼在 4:00~6:30 各底质中的分布百分比

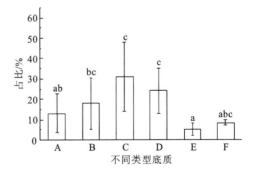

图 5-43　试验鱼在 6:30~9:00 各底质中的分布百分比

对各时间段的不同底质综合赋值发现，发现 D 和 C 底质是试验鱼优先选择的底质（表 5-15），这一结果与采集结果相吻合。

表 5-15　各时间段试验鱼在各底质中的赋值

	A	B	C	D	E	F
4:00～6:30	0	0	0	0	0	0
6:30～9:00	-1	1	1	1	-1	0
18:00～20:30	-1	0	1	1	-1	-1
20:30～23:00	1	-1	0	1	-1	0
合计	-1	0	2	3	-3	-1

5.6.4　小结

在自然界中，底质是鱼类生境的重要组成部分，对维持水质和水生态系统的平衡起着重要作用。底质是鱼类摄食、繁殖的场所，所以显著影响鱼类的分布[145]。底质对于鱼类保护具有深远的意义，在提高各种过鱼设施的过鱼效率方面起着至关重要的作用。现阶段，国内外关于底质、水流综合条件对鱼类影响方面的研究较少，为满足更多工程实际的需求，在往后的研究中，我国科研人员需继续加强对这方面的研究。其具体探究内容应包括：①对我国主要流域的保护鱼类进行更细致的底质偏好研究；②结合我国鱼道及其他过鱼设施的设计标准，探究保护鱼类在不同水力条件下的底质偏好；③更多的就实际工程案例提供具体的底质设置方案及设计方法，以更好地发现和解决技术问题。

5.7　电诱驱鱼技术研究

5.7.1　电诱驱鱼技术研究意义和应用前景

鱼类对电流有着独特的应激反应，当水中有电流通过时，鱼受到电流刺激后，就失去常态，出现异常反应[146]。而脉冲直流电对鱼的生理效应最强，且断电后的持续作用时间最短，此外脉冲直流电还可以大大节省功率[147]，国内外学者利用电诱驱鱼技术控制鱼类运动方向及活动范围。鱼类对脉冲直流电的行为反应研究不仅可以应用于水产养殖、海洋渔业，在水利工程建设中，电驱鱼技术还可以配合声学系统、气泡幕系统等将鱼类驱赶至特定区域以协助鱼类通过各种过鱼设施。

为了更加高效地实现脉冲直流电的拦鱼、导鱼，国内外学者展开了一系列相关的研究。在国外，相关研究较我国起步更早，其中鱼对电信号的应激反应研究已形成了一个较为完整的体系，包括电信号对鱼类生长性能的影响、脉冲直流电对鱼类的生理作用、利用电信号对鱼类的驱吓作用进行拦鱼捕鱼以及与其他诱驱鱼措施相结合的方式在工程实际中实现导鱼的目的等[148]。例如，为了阻止梅花鲈大量地游入北美五大湖，Dawson等[149]通过将电驱鱼技术与气泡幕诱驱鱼技术相结合的方式，构建了一个电气屏障，在室内试验得出了抑制梅花鲈通过的最佳电学参数并验证了在抑制梅花鲈的通过方面有一定效果。Parasiewicz 等[148]学者介绍了一种拦鱼电栅 NEPTUN，其能够连续产生不均匀的低压电场（50～80 V），在对 14 种不同大小鱼类进行试验测试后表明，在流速小于 0.2 m/s 的水流条件下，NEPTUN 能够对 93.8%～98.2%的鱼类起到很好的阻挡效果。在国内，对电驱鱼技术的相关研究大多是集中在拦鱼电栅的设计，绝大部分应用于淡水水域对鱼类行为的控制中。如朱德瑜[150]提出了三种布置于水电站尾水渠处拦鱼电栅的设计方案，发现当拦鱼电栅与主流方向成 60° 夹角时，驱鱼效果最佳，同时设备投资成本也相对较小。但是在水中通以多大的脉冲电压、如何设置水中电场中脉冲频率和脉冲宽度的参数来实现拦鱼电栅对鱼类高效率的驱鱼效果，同时又不使鱼类受到损伤？目前国内外对这一内容的研究还较少，鱼类在不同电学参数的组合下对脉冲直流电的响应行为值得我们进一步研究。

5.7.2　电诱驱鱼技术国内外研究进展与研究方法

脉冲式拦鱼电栅是以拦鱼电栅作为脉冲直流电的载体，通过在水中产生一个无形的电网以刺激鱼类神经肌肉系统，当电流达到某一数值时，鱼类开始惊慌不安地窜游，企图逃离电场，以达到拦鱼、驱鱼的作用[151]。其工作原理是将输入的交流电通过调压器及变压器后整流成直流电，其电能贮存在贮能电容器上。当串接在输出电路上的可控硅被触发开通时，高容量的电能就向负载放电。利用关断电路，经过短时间后可控硅自动关断，负载上就得到一个脉冲电能，如此反复，就可得到连续的一定幅度、宽度的脉冲电能，输出给水中负载电栅的电极阵，以起到导鱼、驱鱼的作用。近些年来，由于在水利工程中，电驱鱼技术越来越受到设计师们的重视。如陈建安[152]将拦鱼脉冲电栅运用于位于江西赣州地区宁都县北部团结水库，相比于拦鱼电栅未建前的大量鱼类外逃，拦鱼电栅在大型水库对鱼类产生了显著的防逃逸效果。朱德瑜[150]介绍了水电站拦鱼电栅三种不同的设计方案、布置方案以及各个方案的计算过程，分析比较了各个拦鱼电栅布置方案的特点，得出了拦鱼电栅与主流方向夹角为 60° 时，拦鱼效果最佳。为了防止一部分鲢、鳙顺水流而下从溢洪道逃走，一些学者考虑到利用拦鱼电栅进行拦鱼、导鱼，并从电栅位置选择是否选择妥当、电极阵的几何参数是否选择正确、脉冲参数选用是否选择合理三个方面进行了阐述。楼文高[153]比较了计算拦鱼电栅电场电学参量(电场强度，相对电位等)各种方法，得出在形伏规则、电极阵离坝或岸很近且符合电轴镜像法简化原理的条件时，应用电轴镜像法才有实际意义。在水面处、电极阵离坝或岸较远时或分析电极阵中心区域时，应用等效电路法得到的计算结果具有足够精度，能满足工程设计需要，这为以后我国拦鱼电栅的设计提供了理论基础。在国外，Palmisano 和 Burger[154]讨论了在芝加哥、明尼苏达州和佛罗里达州通过的拦鱼电栅抑制亚洲鲤，以及在加拿大和美国安全地阻止海洋哺乳动物的非致命的电势梯度，提出了一种创新性的分级鱼类屏障（graduated-field fish barrier，GFFB）概念。

5.7.3　电诱驱鱼技术研究实例

1.试验材料

鲢幼鱼由宜昌渔场提供，体长（10.0±2.0）cm，体重（14.2±3.6）g，暂养于三峡大学生态水利实验室，暂养缸规格为直径 2.5 m、高 0.5 m、水深 0.3 m 的 PVC 圆形水槽，槽内水深为 0.3 m。暂养 7 d，待其生活状况稳定后开始进行试验，暂养水为曝气 72 h 以上的自来水，暂养期间持续充氧，水温（20.2±0.5）℃。在试验结束后，将做完试验的试验鱼放入另一个直径 2.5 m、高 0.5 m、水深 0.3 m 的 PVC 圆形水槽的圆形水槽暂养。

2.试验装置

试验装置包括试验水槽、放置于水槽上方的拦鱼电栅、连接拦鱼电栅的脉冲发生器及监控设备。其中试验水槽规格为 6.0 m×1.0 m×0.5 m，末端设有拦鱼网形成鱼类适应区，槽内试验水深设置为 0.2 m。拦鱼电栅用木制支架固定于试验水槽上方并与试验水槽垂直。当鱼类游泳方向与电场线平行时，根据欧姆定律，鱼类所吸收的电场能量最大，电信号对鱼类的刺激最强，所以本试验采用能够产生与水流方向平行的电场线的双排式拦鱼电栅布置方式。每排拦鱼电栅采用三根电极管，电极管之间的间距为 0.3 m，排电极之间的间距为 0.5 m，电极管采用导电性能良好的不锈钢材质。其中，接近拦鱼网的一排电极管通过电线与脉冲发生器阳极相连接，另一排电极管与脉冲发生器阴极相连接。可调节脉冲发生器的脉冲电压、脉冲频率、脉冲宽度以产生不同的水中电场[155]。试验水槽及拦鱼电栅如图 5-44 所示。

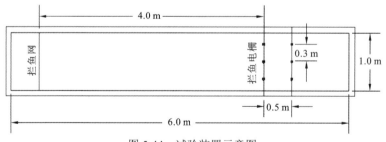

图 5-44　试验装置示意图

3.试验方法

1）脉冲电压对鱼类行为的影响

根据前期的初步试验及结合相关学者进行的研究，本次试验选取了 5 种不同的脉冲电压进行试验，分别为 40 V、60 V、80 V、100 V、120 V，并且脉冲频率、脉冲宽度初步设置为 6 Hz、14 ms。试验在静水条件下进行，试验开始前，测量试验水槽水温，从暂养池中选取 5 条健康无损的鲢幼鱼放入适应区适应 20 min，待适应时间结束后，撤去拦鱼网，用摄像机记录 30 min 内在拦鱼电栅未开启的情况下试验鱼通过拦鱼电栅的次数。开启并调节脉冲发生器至试验所需的脉冲电压、脉冲宽度及脉冲频率，然后再记录 30 min 内试验鱼通过拦鱼电栅的次数，同时观察并记录试验鱼通过电场的行为反应。每种电学参数的拦鱼电栅试验重复 5 组，共 25 尾鱼。试验结束后将试验鱼捞起放入暂养缸中观察 3 d，以判别试验是否对试验鱼造成损伤。根据不同的脉冲电压设置的 5 组拦鱼电栅试验分组编号表（表 5-16）。

表 5-16　不同脉冲电压下试验分组编号表

试验分组编号	脉冲电压/V	脉冲频率/Hz	脉冲宽度/ms	试验鱼数/尾
I	40	6	14	25
II	60	6	14	25
III	80	6	14	25
IV	100	6	14	25
V	120	6	14	25

2）脉冲频率对鱼类行为的影响

本次试验提出了 5 种不同的脉冲频率数值，分别为 2 Hz、4 Hz、6 Hz、8 Hz、10 Hz。选定上述试验所测出的驱鱼效果最佳的脉冲电压数值，脉冲宽度初步设置为 14 ms，试验方法与步骤同脉冲电压试验。根据不同的脉冲频率设置的 5 组拦鱼电栅试验分组编号表如表 5-17 所示：

表 5-17　不同脉冲频率下试验分组编号表

试验分组编号	脉冲电压/V	脉冲频率/Hz	脉冲宽度/ms	试验鱼数/尾
I	80	2	14	25
II	80	4	14	25
III	80	6	14	25
IV	80	8	14	25
V	80	10	14	25

3）脉冲宽度对鱼类行为的影响

本次试验提出了 5 种不同的脉冲宽度数值，分别为 10 ms、12 ms、14 ms、16 ms、18 ms。选定上述试验所测出的驱鱼效果最佳的脉冲电压、脉冲频率数值，试验方法与步骤与脉冲频率试验一致。试验分组编号表如表 5-18 所示：

表 5-18　不同脉冲宽度下试验分组编号表

试验分组编号	脉冲电压/V	脉冲频率/Hz	脉冲宽度/ms	试验鱼数/尾
I	80	6	10	25
II	80	6	12	25

续表

试验分组编号	脉冲电压/V	脉冲频率/Hz	脉冲宽度/ms	试验鱼数/尾
III	80	6	14	25
IV	80	6	16	25
V	80	6	18	25

4. 数据处理

通过视频分析统计试验鱼在拦鱼电栅未开启的情况下 30 min 内通过拦鱼电栅的次数、开启之后 30 min 内试验鱼通过拦鱼电栅的次数、尝试通过拦鱼电栅的次数以及因受到水中电场的刺激作用产生昏迷反应的次数。其中，当试验鱼接近拦鱼电栅或穿过拦鱼电栅过程中因受到电的刺激作用而逃离电场均记为尝试通过。以阻拦率（η）为指标表示拦鱼电栅对试验鱼的阻拦效率，昏迷率（μ）为指标表示试验鱼因受到电场的刺激作用产生昏迷反应的概率。阻拦率越高、通过率以及昏迷率越低，表示拦鱼电栅的驱鱼效果最好。

$$\eta = T/N \times 100\%; \quad \mu = S/N \times 100\%$$

式中：N 为未开启拦鱼电栅时 30 min 内试验鱼通过拦鱼电栅的次数，T 为开启拦鱼电栅后 30 min 内试验鱼尝试通过拦鱼电栅的次数，S 表示开启拦鱼电栅后 30 min 内试验鱼因受到电场的刺激作用产生昏迷反应的次数。用单因素方差分析法分析拦鱼电栅开启前试验鱼通过拦鱼电栅的次数、拦鱼电栅开启后试验鱼通过拦鱼电栅次数、尝试通过拦鱼电栅次数及试验鱼产生昏迷反应次数之间的差异是否显著，以及不同电学参数下试验鱼尝试通过拦鱼电栅次数百分比的差异是否显著，$P<0.05$ 表示差异性显著，$P<0.01$ 表示差异性极显著。统计值使用平均值±标准差（Mean±SD）表示。

5. 试验鱼游泳行为

通过视频回放观察发现，拦鱼电栅开启之前，试验鱼在水槽中的游泳速度为（25.46±7.18）cm/s，呈现为自由游动的状态，并且其游泳行为有着集群现象，部分试验鱼有贴壁的行为，保持着静止状态或者自由游动。当开启拦鱼电栅之后，位于拦鱼电栅附近的试验鱼会因受到水中电场的刺激作用而惊慌失措地窜游，有时缓和有时急促地游向拦鱼电栅阳极或以接近突进游泳速度逃离水中电场至离拦鱼电栅相对较远的区域。拦鱼电栅开启一会后，试验鱼会以自由游动状态慢慢游向拦鱼电栅，当试验鱼感受到拦鱼电栅所产生的水中电场时，部分试验鱼会立即改变方向远离拦鱼电栅，有些会游向拦鱼电栅中间区域，以接近平行水中电场等势线的游泳姿势加速游过一段距离后掉头逃离水中电场或者近乎直线的游泳姿势穿过水中电场。随着电学参数的逐渐递增，少数试验鱼因受到水中电场的刺激作用而昏迷，当关闭拦鱼电栅或者当试验鱼离开了水中电场的作用范围一段时间后，试验鱼会清醒过来，这与 Reid 等[156]研究发现的在电场关闭后或当水流将鱼带出电场后，鱼将在约 300 s 内恢复过来不谋而合。试验鱼的游泳行为因拦鱼电栅的电学参数的变化而改变显著。并且试验后观察试验鱼 3 d，发现脉冲直流电并未对试验鱼造成损伤。

6. 不同脉冲电压下脉冲直流电对鲢幼鱼行为的影响

1）开启拦鱼电栅前后通过拦鱼电栅次数的比较

保持脉冲频率为 6 Hz、脉冲宽度为 14 ms 不变，在试验设计的 5 种不同的脉冲电压的工况下，试验鱼在Ⅰ组试验（脉冲电压 40 V）时，开启拦鱼电栅后通过拦鱼电栅的次数与未开启时通过拦鱼电栅的次数不存在显著性差异（$P>0.05$），尝试通过拦鱼电栅的次数、通过拦鱼电栅产生昏迷的次数与未开启拦鱼电栅时通过拦鱼电栅的次数均存在显著性差异（$P<0.05$）。而在其他四组试验时，开启拦鱼电栅后通过和尝试通过拦鱼电栅的次数以及试验鱼产生昏迷的次数与未开启时通过拦鱼电栅的次数均存在显著性差异（$P<0.05$）（图 5-45）。

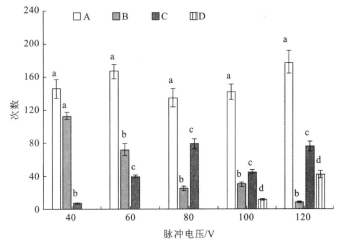

图 5-45　不同脉冲电压下试验鱼在拦鱼电栅开启前后通过、尝试通过以及产生昏迷反应的次数

A.拦鱼电栅关闭时通过拦鱼电栅次数；B.拦鱼电栅开启时通过拦鱼电栅次数；C.拦鱼电栅开启时尝试通过拦鱼电栅次数；D.拦鱼电栅开启时产生昏迷反应次数；同一组中相同字母表示差异性不显著（$P>0.05$），不同字母则表示差异性显著（$P<0.05$）；下同

2）不同脉冲电压下拦鱼电栅对试验鱼阻拦率的比较

在试验所设计的 5 种脉冲电压下，拦鱼电栅对试验鱼均存在一定的阻拦效果，阻拦效果之间差异性极显著（$P<0.01$）。其中在Ⅰ组（脉冲电压 40 V）试验时拦鱼电栅对试验鱼的阻拦率呈最小值，阻拦率为（4.88 ± 0.86）%，在Ⅲ组（脉冲电压 80 V）试验时拦鱼电栅对试验鱼的阻拦率呈最大值，阻拦率为（62.80 ± 22.76）%（表 5-19）。同时在Ⅳ组（脉冲电压 100 V）、Ⅴ组（脉冲电压 120 V）试验时，部分试验鱼因受到水中电场的刺激作用而失去运动控制，产生了昏迷反应。因此本试验中认定拦鱼效果最佳的脉冲电压数值为 80 V。并将脉冲电压为 80 V 运用到下组试验中。

表 5-19　　不同脉冲电压下拦鱼电栅的阻拦率　　　　　　　　（单位：%）

试验分组编号	阻拦率
I	4.88±0.86
II	24.42±4.89
III	62.80±22.76
IV	32.80±9.07
V	53.99±19.33

3）开启拦鱼电栅前后通过拦鱼电栅次数的比较

保持脉冲电压为 80 V、脉冲宽度为 14 ms 不变，在试验设计中 5 种不同的脉冲频率的工况下，试验鱼在 I 组（脉冲频率 2 Hz）试验时，开启拦鱼电栅后通过拦鱼电栅的次数与未开启时通过拦鱼电栅的次数不存在显著性差异($P>0.05$)，在其他四种脉冲频率下均存在显著性差异（$P<0.05$）。试验鱼在试验设计的 III 组（脉冲频率 6 Hz）、V 组（脉冲频率 10 Hz）试验中，尝试通过拦鱼电栅的次数与未开启拦鱼电栅时通过拦鱼电栅的次数不存在显著性差异($P>0.05$)，在其他三组试验中，均存在显著性差异($P<0.05$)。在 V组（脉冲频率 10 Hz）试验中，试验鱼产生昏迷的次数与未开启时通过拦鱼电栅的次数不存在显著性差异($P>0.05$)，而在III组（脉冲频率 6 Hz）、IV组（脉冲频率 8 Hz）试验中，均存在显著性差异($P<0.05$)（图 5-46）。

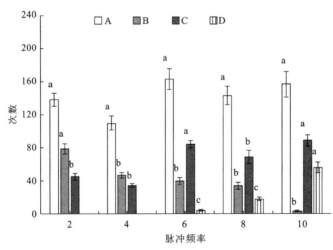

图 5-46　不同脉冲频率下试验鱼在拦鱼电栅开启前后通过、尝试通过，以及产生昏迷反应的次数

4）不同脉冲频率下拦鱼电栅对试验鱼阻拦率的比较

在试验所设计的 5 种脉冲频率下，拦鱼电栅对试验鱼均存在一定的阻拦效果，阻拦效果之间差异性极显著($P<0.01$)。其中在 II 组(脉冲频率 4 Hz)试验时拦鱼电栅对试验鱼的阻拦率呈最小值，阻拦率为(34.29±18.70)%。在 V 组(脉冲频率 10 Hz)试验时拦鱼电栅对试验鱼的阻拦率呈最大值,阻拦率为（61.86±19.69）%，但同时也伴随着有较大的昏迷率。在 III 组（脉冲频率 6 Hz）试验时拦鱼电栅对试验鱼有着较大的阻拦率，阻拦

率为（56.25±17.68）%，同时有着极低的昏迷率（表 5-20）。因此本试验中认定拦鱼效果最佳的脉冲频率数值为 6 Hz，并将 6 Hz 的脉冲频率运用到下组试验中。

表 5-20 不同脉冲频率下拦鱼电栅的阻拦率 （单位：%）

试验分组编号	阻拦率
I	35.01±18.71
II	34.29±18.70
III	56.25±17.68
IV	47.27±14.92
V	61.86±19.69

7. 不同脉冲宽度下脉冲直流电对鲢行为的影响

1）开启拦鱼电栅前后通过拦鱼电栅次数的比较

保持着脉冲电压为 80 V、脉冲频率为 6 Hz 不变，在试验设计的 5 种不同的脉冲宽度的工况下，开启拦鱼电栅后通过拦鱼电栅的次数与未开启时通过拦鱼电栅的次数均存在显著性差异（$P<0.05$）。试验鱼在试验设计的 III 组、V 组试验中，尝试通过拦鱼电栅的次数与未开启拦鱼电栅时通过拦鱼电栅的次数不存在显著性差异（$P>0.05$），在其他三组试验中，均存在显著性差异（$P<0.05$）。在五组试验中，试验鱼产生昏迷的次数与未开启时通过拦鱼电栅的次数均存在显著性差异（$P<0.05$）（图 5-47）。

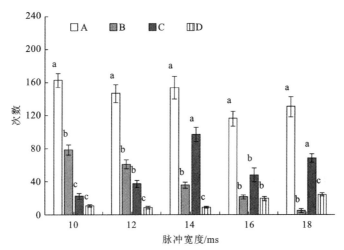

图 5-47 不同脉冲宽度下试验鱼在拦鱼电栅开启前后通过、尝试通过以及产生昏迷反应的次数

2）不同脉冲宽度下拦鱼电栅对试验鱼阻拦率的比较

在试验所设计的 5 种脉冲宽度下，拦鱼电栅对试验鱼均存在一定的阻拦效果，阻拦效果之间差异性极显著（$P<0.01$）。在 I 组（脉冲宽度 10 ms）试验时拦鱼电栅对试验鱼的阻拦率呈最小值，阻拦率为（13.73±5.63）%，在 III 组（脉冲宽度 14 ms）试验时拦鱼电栅对试验鱼的阻拦率呈最大值，阻拦率为（67.17±24.47）%（表 5-21）。在试验所设计

的 5 种脉冲宽度下，每组工况试验鱼均存在着较低的昏迷率。因此本试验中认定拦鱼效果最佳的脉冲宽度数值为 14 ms。

表 5-21　不同脉冲宽度下拦鱼电栅的阻拦率　　　　　　（单位：%）

试验分组编号	阻拦率
I	13.73±5.63
II	24.87±8.1
III	67.17±24.4
IV	41.56±21.98
V	57.79±20.98

8. 结论

1）脉冲式拦鱼电栅的驱鱼机制

脉冲式拦鱼电栅是以拦鱼电栅作为脉冲直流电的载体，通过在水中产生一个无形的电网以刺激鱼类神经肌肉系统，当电流达到某一数值时，鱼类开始惊慌不安地窜游，企图逃离电场，以达到拦鱼、驱鱼的作用[151]。影响拦鱼电栅驱鱼效率的因素多种多样，其中包括水的导电率、鱼类位置的电场强度、鱼的品种大小，以及鱼类在拦鱼电栅作用范围内的停留时间等[157]。本次试验中，未开启拦鱼电栅时，试验鱼以着自由游泳的姿势穿越拦鱼电栅，且穿越次数较为频繁；开启拦鱼电栅之后，试验鱼开始惊慌失措地窜游，这说明试验鱼对水中电流有着强烈的敏感性，部分试验鱼游向阳极并远离阴极或离开电场，这是因为鱼类在突然增长的电场作用下有着趋阳反应，游向电场阳极并远离阴极[158]。而影响脉冲直流电驱鱼效果的电气参数主要有脉冲电压、脉冲频率和脉冲宽度。脉冲电压作为最重要的电学参数，根据欧姆定律及电场原理，直接影响着水中电场的电流大小，脉冲电压取值的合理性决定着驱鱼效果的高效性以及人和鱼类的安全性[151]。脉冲频率与脉冲宽度是指一个周期内直流电刺激试验鱼的次数以及每次刺激所作用的时间，低频率、短脉冲时鱼类对脉冲直流电的反应更敏感，然而这并不意味着拦鱼电栅的驱鱼效果更加高效一些[147]。各个电学参数的变化都会影响到拦鱼电栅的驱鱼效果。如许明昌和徐皓[159]发现，在低脉冲电场的工作条件下，当脉冲频率、脉冲宽度确定为 10～20 ms、5～10 Hz 时，驱鱼装置对底层鱼类有着很好的驱赶作用。平慧敏等[160]通过几次试验结果分析得出，脉冲宽度在 15～20 ms、脉冲频率在 5～14 Hz 时，在脉冲电刺激下能使鱼产生昏迷反应，同时取消脉冲电刺激后一段时间，鱼又能活过来，不致使鱼类受到损伤。

在本次试验中，通过构建一种双排式的拦鱼电栅，发现在脉冲电压设置为 80 V、脉冲频率设置为 6 Hz、脉冲宽度设置为 14 ms 时，拦鱼电栅对鲢的阻拦效果最佳，阻拦率为（67.17±24.47）%。同时，在这种电学参数的组合方式下，鲢的昏迷率也相对较低，昏迷率为（5.03±3.31）%，并且取消脉冲电刺激后一段时间，鲢鱼又能够苏醒过来，在暂养缸观察 3 天后，并未发现鲢有所损伤。与前人的研究成果相比，本次试验提出了一种双排式的拦鱼电栅布置方式，与传统的单排式拦鱼电栅相比较，双排式拦鱼电栅可以产生与鱼类游泳方向近乎平行的电场线，鱼类所受到的电刺激更强，系统运行成本更低，设计更加安全，对鱼类和其他水生生物也更加友好。并细化了在脉冲式拦鱼电栅下拦鱼效果最佳的电学参数数值，为以后电驱鱼技术在鱼类行为中的应用提供更佳的试验依据。总之，脉冲式拦鱼电栅虽然不会成为绝对的屏障，但是凭借着高效、经济、一劳永逸的驱鱼方式，值得广大学者和研究人员关注。

2）趋流性对拦鱼电栅驱鱼效果的影响

本次试验在静水条件下进行的，而鱼类具有趋流的习性，水流对于鱼类行为有一定的诱导作用。一些学者研究表明，低流速的水流条件（小于 0.3 m/s）对拦鱼电栅的驱鱼效果更加有利[148]。如在水流流速为 0.15 m/s 的区域内，用于引导鲑进入鱼梯的拦鱼电栅有着 80% 的引导效果，而在流速为 0.45 m/s 的区域内，引导效果降低至 62%[161]；在美国雅基马河，当拦鱼电栅脉冲电压设置为 125 V、脉冲频率设置为 15 Hz、脉冲宽度设置为 20 ms 时，在 0.2 m/s 的区域内，拦鱼电栅对鲑幼鱼有着 69%～84% 的阻挡率，当流速条件改变至 0.5m/s 时，阻挡效率降低到 40%～53%[162]。

5.7.4　小结

电诱驱鱼技术在渔业管理、水利建设中有着悠久的使用历史。但电诱驱鱼技术对鱼类的阻挡效率并未达到 100%，拦鱼电栅并没有完全阻断上游洄游鱼类的通道，部分鱼类在下行过程中会经历受伤，甚至是死亡。同时，不同体长、种类的鱼类对脉冲直流电的应激反应也各不相同，适用于不同体长、种类鱼类的拦鱼电栅的研制与开发迫在眉睫。现阶段，国内外关于电场、水流综合条件对鱼类影响方面的研究较少，为满足更多工程实际的需求，在往后的研究中，我国科研人员需继续加强这方面的研究。其具体探究内容应包括：①对我国主要流域的保护鱼类进行更广泛、更深入的电诱驱鱼技术研究；②结合我国鱼道及其他过鱼设施的设计标准，探究保护鱼类在不同水力条件下对电场的趋避行为；③针对不同体长、种类的保护鱼类，探索适宜的电学参数设置，降低鱼类的受伤率和死亡率；④应更多地就实际工程案例提供具体的电场布置方案设计方法，以更好地发现和解决技术问题。

参 考 文 献

[1] 蔡露, 房敏, 涂志英, 等. 与鱼类洄游相关的鱼类游泳特性研究进展[J]. 武汉大学学报(理学版), 2013, 59(4): 363-368.

[2] 罗毅平. 鱼类洄游中的能量变化研究进展[J]. 水产科学, 2012, 31(6): 375-381.

[3] MCCORMICK S D. Evolution of the hormonal control of animal performance: Insights from the seaward migration of salmon[J]. Integrative & comparative biology. 2009, 49(4): 408-422.

[4] VELOTTA J P, MCCORMICK S D, JONES A W, et al. Reduced swimming performance repeatedly

evolves on loss of migration in landlocked populations of alewife[J]. Physiological & biochemical zoology. 2018, 91(2): 814-825.

[5] CAREY M P, KEITH K D, SCHELSKE M, et al. Energy depletion and stress levels in sockeye salmon migrating at the northern edge of their distribution[J]. Transactions of the American fisheries society, 2019, 148(4): 785-797.

[6] STEVEN J C, SCOTT G H, GLENN T C, et al. Physiology of individual late-run Fraser River sockeye salmon (*Oncorhynchus nerka*) sampled in the ocean correlates with fate during spawning migration[J]. Journal canadien des sciences halieutiques et aquatiques, 2006, 63(7): 1469-1480.

[7] SINGH W, BÁRARSON B, JÓNSSON S, et al. When logbooks show the path: Analyzing the route and timing of capelin (*Mallotus villosus*) migration over a quarter century using catch data[J]. Fisheries research, 2020, 230: 105653.

[8] JENSEN O P, HANSSON S, DIDRIKAS T, et al. Foraging, bioenergetic and predation constraints on diel vertical migration: Field observations and modelling of reverse migration by young-of-the-year herring (*Clupea harengus*)[J]. Journal of fish biology, 2011, 78(2): 449-465.

[9] KAGLEY A N, SMITH J M, FRESH K L, et al. Residency, partial migration, and late egress of subadult chinook salmon (*Oncorhynchus tshawytscha*) and coho salmon (*O. kisutch*) in puget sound, washington[J]. Fishery bulletin-national oceanic and atmospheric administration, 2017, 115(4): 544-555.

[10] CRESCI A. A comprehensive hypothesis on the migration of European glass eels (*Anguilla anguilla*)[J]. Biological reviews, 2020, 95(5): 1273-1286.

[11] DAVIES P, BRITTON J R, NUNN A D, et al. Cumulative impacts of habitat fragmentation and the environmental factors affecting upstream migration in the threatened sea lamprey, *Petromyzon marinus*[J]. Aquatic conservation: Marine and freshwater ecosystems, 2021, 31: 2560-2574.

[12] OTTOSEN K M, PEDERSEN M W, ELIASEN S K, et al. Migration patterns of the Faroe Plateau cod (*Gadus morhua, L.*) revealed by data storage tags[J]. Fisheries research, 2017, 195: 37-45.

[13] BAYSE S M, MCCORMICK S D, CASTRO-SANTOS M. How lipid content and temperature affect American shad (*Alosa sapidissima*) attempt rate and sprint swimming: Implications for overcoming migration barriers[J]. Canadian journal of fisheries and aquatic sciences, 2019, 76(12): 2235-2244.

[14] HIRANO Y, YOSHIMI. Migrating course of salmonoid fish in North-West Areas of North Pacific as Presumed by tag-experiments during the Years 1917-42. I. Dog-salmon (*Oncorhynchus* keta) and humpback-salmon (*O. gorbuscha*)[J]. Nsugaf, 1953, 18(10): 544-557.

[15] URKE H A, KRISTENSEN T, ARNEKLEIV J V, et al. Seawater tolerance and post-smolt migration of wild Atlantic salmon *Salmo salar X* brown trout *S. trutta* hybrid smolts[J]. Journal of fish biology, 2013, 82(1): 206-227.

[16] DAVIDSEN J G, EIKÅS L, HEDGER R D, et al. Migration and habitat use of the landlocked riverine Atlantic salmon *Salmo salar* småblank[J]. Hydrobiologia, 2020, 847(338/339): 1-12.

[17] SANDLUND O T, MUSETH J, ISTAD S. Migration, growth patterns, and diet of pike (*Esox lucius*) in a river reservoir and its inflowing river[J]. Fisheries research, 2016, 173(1): 53-60.

[18] 涂志英, 袁喜, 韩京成, 等. 鱼类游泳能力研究进展[J]. 长江流域资源与环境, 2011(S1): 59-60.

[19] LU Y, WU H, DENG L J, et al. Improved aerobic and anaerobic swimming performance after exercise training and detraining in Schizothorax wangchiachii: Implications for fisheries releases[J]. Comparative biochemistry and physiology part a: Molecular & integrative physiology, 2020, 245: 695-698.

[20] MCKENZIE D J, PALSTRA A P, PLANAS J, et al. Aerobic swimming in intensive finfish aquaculture: Applications for production, mitigation and selection[J]. Reviews in aquaculture, 2020, 13(1): 138-155.

[21] 王永猛, 李志敏, 涂志英, 等. 基于雅砻江两种裂腹鱼游泳能力的鱼道设计[J]. 应用生态学报, 2020, 31(8): 2785-2792.

[22] SALINGER D H, ANDERSON J J. Effects of water temperature and flow on adult salmon migration swim speed and delay[J]. Transactions of the American fisheries society, 2006, 135(1): 188-199.

[23] HINCH S G, BRATTY J. Effects of swim speed and activity pattern on success of adult sockeye salmon migration through an area of difficult passage[J]. Transactions of the American fisheries society, 2000, 129(2): 598-606.

[24] VELOTTA J P, MCCORMICK S D, JONES A W, et al. Reduced swimming performance repeatedly evolves on loss of migration in landlocked populations of alewife[J]. Physiological & biochemical zoology, 2018, 91(2): 814-825.

[25] KATZ H M. Migrational swimming speeds of the American shad, *Alosa sapidissima*, in the Connecticut River, massachusetts, U.S.A.[J]. Journal of fish biology, 1986, 29: 189-197.

[26] NEWTON M, BARRY J, LOTHIAN A, et al. Counterintuitive active directional swimming behaviour by Atlantic salmon during seaward migration in the coastal zone[J]. ICES Journal of marine science, 2021, 78(5): 1730-1743.

[27] PARR R T, JENNINGS C A, DENSLOW N D, et al. Evaluation of reproductive status in atlantic tripletail by traditional and non lethal approaches[J]. Marine & coastal fisheries, 2016, 8(1): 16-22.

[28] BREDER C M. Studies of social grouping in fishes[J]. Bulletin of the American museum of natural history, 1959, 117(6): 399-481.

[29] SHAW E. Fish in schools[J]. Natural history, 1975, 84(8): 40.

[30] PITCHER T J. Some ecological consequences of fish school volumes[J]. Freshwater biology, 2010, 10(6): 539-544.

[31] PARTRIDGE B L. The effect of school size on the structure and dynamics of minnow schools[J]. Animal behaviour, 1980, 28(1): 68-77.

[32] GROBIS M M, PEARISH S P, BELL A M. Avoidance or escape? Discriminating between two hypotheses for the function of schooling in threespine sticklebacks[J]. Animal behaviour, 2013, 85(1): 187-194.

[33] 温静雅, 陈昂, 曹娜, 等. 国内外过鱼设施运行效果评估与监测技术研究综述[J]. 水利水电科技进展, 2019, 39(5): 49-55.

[34] ROSCOE D W, HINCH S G. Effectiveness monitoring of fish passage facilities: Historical trends, geographic patterns and future directions[J]. Fish and fisheries, 2010, 11(1): 12-33.

[35] WINFIELD I J, FLETCHER J M, JAMES J B, et al. Assessment of fish populations in still waters using

hydroacoustics and survey gill netting: Experiences with arctic charr (*Salvelinus alpinus*) in the UK[J]. Fisheries research, 2009, 96(1): 30-38.

[36] 魏永才, 余英俊, 丁晓波, 等. 射频识别技术(RFID)在鱼道监测中的应用[J]. 水生态学杂志, 2018, 39(2): 11-17, 1674-3075.

[37] ADAMS C F, HARRIS B P, STOKESBURY K. Geostatistical comparison of two independent video surveys of sea scallop abundance in the elephant trunk closed area, USA[J]. Ices journal of marine science, 2008(6): 995-1003.

[38] GEORGAKARAKOS S, KITSIOU D. Mapping abundance distribution of small pelagic species applying hydroacoustics and co-kriging techniques[M]. Berlin: Springer, 2008.

[39] GEORGAKARAKOS S, KITSIOU D. Mapping abundance distribution of small pelagic species applying hydroacoustics and co-kriging techniques[J]. Hydrobiologia, 2008, 612(1): 155-169.

[40] O'BRIEN, RYAN T, STUART I, et al. Review of fishways in victoria 1996—2009[R]. Arthur rylah institute for environmental research technical report No.216.210, Department of sustainability and environment, Heidelberg, Victoria.

[41] MCFARLANE R, LESKOVSKAYA A, LESTER J, et al. The effect of four environmental parameters on the structure of estuarine shoreline communities in Texas, USA[J]. Ecosphere, 2015, 6(12): 1-9.

[42] HUSSEY N E, ORR J, FISK A T, et al. Mark report satellite tags (mrPATs) to detail large-scale horizontal movements of deep water species: First results for the Greenland shark (*Somniosus microcephalus*)[J]. Deep sea research part i oceanographic research, 2018, 134(APR.): 32-40.

[43] LIN M L, XIA Y G, MURPHY B R, et al. Size-dependent effects of coded wire tags on mortality and tag retention in redtail culter culter mongolicus[J]. North American journal of fisheries management, 2012, 32(5): 968-973.

[44] WANG T, WANG X. Research on ocean multi-target tracking control system based on echo state network[J]. Journal of coastal research, 2019, 98(SI): 235-238.

[45] WISZ M S, HIJMANS R J, LI J, et al. Effects of sample size on the performance of species distribution models[J]. Diversity & distributions, 2008, 14(5): 763-773.

[46] ELITH J, GRAHAM C H. Do they? How do they? WHY do they differ? On finding reasons for differing performances of species distribution models[J]. Ecography, 2009, 32(1): 66-77.

[47] ROBINSON J L, FORDYCE J A. Species-free species distribution models describe macroecological properties of protected area networks[J]. Plos one, 2017, 12(3): e0173443.

[48] GUISAN A, RAHBEK C. SESAM-a new framework integrating macroecological and species distribution models for predicting spatio-temporal patterns of species assemblages[J]. Journal of biogeography, 2011, 38(8): 1433-1444.

[49] ZHUANG H, ZHANG Y, WANG W,et al. Optimized hot spot analysis for probability of species distribution under different spatial scales based on MaxEnt model:Manglietia insignis case[J]. Biodiversity science, 2018, 26(9): 931-940.

[50] VITALIEVNA, MAKHLUN, ANASTASIA, et al. Comparative analysis of microelement composition of some

components of the aquatic ecosystems of the volga river delta(English)[J]. Bulletin of astrakhan state technical university. Series: Fishing industry, 2012(1): 149-153.

[51] ZUMHOLZ K, KLUEGEL A, HANSTEEN T, et al. Statolith microchemistry traces the environmental history of the boreoatlantic gonate squid *Gonatus fabricii*[J]. Marine ecology progress, 2007, 333(3): 195-204.

[52] SOSDIAN S M, LEAR C H, TAO K, et al. Cenozoic seawater Sr/Ca evolution[J]. Geochemistry, geophysics, geosystems, 2012, 13(10): 100-104.

[53] 丛旭日, 李秀启, 董贯仓, 等. 基于耳石微化学的黄河垦利段刀鲚生活史初步研究[J]. 渔业科学进展, 2022, 43(1): 31-37.

[54] GUO H Y, ZHENG Y, TANG W Q, et al. Behavioral migration diversity of the Yangtze River Japanese Eel, *Anguilla japonica*, based on otolith Sr/Ca ratios[J]. Zoological research, 2011, 32(4): 442-450.

[55] 付自东, 谢天明, 宋昭彬. 鱼类耳石元素指纹研究进展[J]. 应用与环境生物学报, 2007, 13(2): 276-278.

[56] 朱国平. 金枪鱼类耳石微化学研究进展[J]. 应用生态学报, 2007, 13(2): 278-283.

[57] 刘必林, 陈新军, 马金,等. 头足类耳石的微化学研究进展[J]. 水产学报, 2010, 34(12): 315-321.

[58] ZHANG Z, WANG M, SONG J, et al. Food web structure prior to and following construction of artificial reefs, based on stable isotope analysis[J]. Regional studies in marine science, 2020, 37: 101-115.

[58] LAPEYRE M K, SABLE S, TAYLOR C, et al. Effects of sample gear on estuarine nekton assemblage assessments and food web model simulations-science direct[J]. Ecological indicators, 2021, 12: 133.

[60] PETERSON C T, GRUBBS R D, MICKLE A. Trophic ecology of elasmobranch and teleost fishes in a large subtropical seagrass ecosystem (florida big bend) determined by stable isotope analysis[J]. Environmental biology of fishes, 2020, 103(6): 683-701.

[61] CRAIG H. Abyssal carbon 13 in the South Pacific[J]. Journal of geophysical research, 1970, 75(3): 691-695.

[62] GAONKAR C A, ANIL A C. Stable isotopic analysis of barnacle larvae and their faecal pellets to evaluate the ingested food[J]. Journal of experimental marine biology & ecology, 2013, 441: 28-32.

[63] WHITEHEAD D A, MURILLO-CISNEROS D, ELORRIAGA-VERPLANCKEN F R, et al. Stable isotope assessment of whale sharks across two ocean basins: Gulf of California and the Mexican Caribbean[J]. Journal of experimental marine biology and ecology, 2020, 527: 151359.

[64] HAYWOOD J C, CASALE P, FREGGI D, et al. Foraging ecology of mediterranean juvenile loggerhead turtles: Insights from C and N stable isotope ratios[J]. Marine biology, 2020, 167(3): 1-15.

[65] MASLOV A V, PODKOVYROV V N, RONKIN Y L, et al. Secular variations of the upper crust composition: Implication of geochemical data on the upper precambrian shales from the southern urals western flank and uchur-maya region[J]. Stratigraphy and geological correlation, 2006, 14(2): 126-149.

[66] WANG J, LIU W, LI P, et al. Evidence of return of chum salmon released from Tangwang River by strontium marking method[J]. Acta oceanologica sinica, 2021, 40(8): 182-186.

[67] MIKHEEV P B, SHEINA T A. Application of the analysis of trace elements composition for calcified structures of fish to solve fundamental and applied scientific tasks: A review[J]. Izvestiya TINRO, 2020,

200(3): 688-729.

[68] TULLI F, MORENO-ROJAS J M, MESSINA C M, et al. The use of stable isotope ratio analysis to trace European Sea Bass (D. labrax) originating from different farming systems[J]. Animals, 2020, 10(11): e2042.

[69] TAKAGI T, NASHIMOTO K, YAMAMOTO K, et al. Fish schooling behavior in water tanks of different shapes and sizes[J]. Bulletin of the Japanese society of scientific fisheries, 1993, 59(8): 1279-1287.

[70] FANGSTAM H. Individual downstream swimming speed during the natural smolting period among young of Baltic salmon (*Salmo salar*)[J]. Canadian journal of zoology, 1993, 71(9): 1782-1786.

[71] PARAMO J, GERLOTTO F, OYARZUN C. Three dimensional structure and morphology of pelagic fish schools[J]. Journal of applied ichthyology, 2010, 26(6): 853-860.

[72] BREDER C M. Equations descriptive of fish schools and other animal aggregations[J]. Ecology, 1954, 35(3): 361-370.

[73] AOKI I. A simulation study on the schooling mechanism in fish[J]. Bulletin of the Japanese society of scientific fisheries, 1982, 48(8): 1081-1088.

[74] Huth A, Wissel C. The simulation of the movement of fish schools[J]. Journal of theoretical biology, 1992, 156(3): 365-385.

[75] REYNOLDS A M, FRYE M A. Free-flight odor tracking in drosophila is consistent with an optimal intermittent scale-free search[J]. PLOS ONE, 2007, 2(4): e354.

[76] GRIMM V, AYLLÓN D, RAILSBACK S F. Next-generation individual-based models integrate biodiversity and ecosystems: Yes we can, and yes we must[J]. Ecosystems, 2017, 20: 229-236.

[77] VISCIDO S V, PARRISH J K, GRÜNBAUM D. The effect of population size and number of influential neighbors on the emergent properties of fish schools[J]. Ecological modelling, 2005, 183(2/3): 347-363.

[78] COUZIN I D, JAMES R, MAWDSLEY D, et al. Social organization and information transfer in schooling fishes[M]. New York: Wiley, 2007.

[79] 柳玲飞. 鱼群结构的数学建模[D]. 上海: 上海海洋大学, 2015.

[80] CAMBUÍ D S, ROSAS A. Density induced transition in a school of fish[J]. Physica a: Statistical mechanics and its applications, 2012, 391(15): 3908-3914.

[81] 于洋, 谢明原. 鱼类游泳能力评价指标及其测定方法研究现状[J]. 农业与技术, 2021, 41(19): 116-118.

[82] TUDORACHE C, VIAENE P, BLUST R, et al. A comparison of swimming capacity and energy use in seven European freshwater fish species[J]. Ecology of freshwater fish, 2008, 17(2): 284-291.

[83] STARRS D, EBNER B C, LINTERMANS M, et al. Using sprint swimming performance to predict upstream passage of the endangered macquarie perch in a highly regulated river[J]. Fisheries management and ecology, 2011, 18(5): 360-374.

[84] KATOPODIS C, GERVAIS R. Ecohydraulic analysis of fish fatigue data[J]. River research and applications, 2012, 28(4): 444-456.

[85] 张健. 松新鱼道过鱼效果监测与优化研究[D]. 宜昌: 三峡大学, 2021.

[86] MAKIGUCHI Y, KONNO Y, KNNISH K, et al. EMG telemetry studies on upstream migration of chum

salmon in the Toyohira River, Hokkaido, Japan. Fish Physiol Biochem. 2011, 37(2): 273-84.

[87] HINCH S G, DIEWERT R E, LISSIMORE T J, et al. Use of electromyogram telemetry to assess difficult passage areas for river-migrating adult Sockeye Salmon[J]. Transactions of the American fisheries society, 1996, 125(2): 253-260.

[88] CALLES E O, GREENBERG L A. Evaluation of nature-like fishways for re-establishing connectivity in fragmented salmonid populations in the Emån River[J]. River research & applications, 2006, 21(9): 951-960.

[89] BLOCK B A, DEWAR H, WILLIAMS T, et al. Archival tagging of atlantic bluefin tuna (*Thunnus thynnus thynnus*)[J]. Marine technology society, 1998, 32(1): 37-46.

[90] NOORI A, MOJAZO A B, MIRVAGHEFI A, et al. Enhanced growth and retarded gonadal development of farmed rainbow trout, *Oncorhynchus mykiss* (Walbaum) following a long-day photoperiod[J]. Aquaculture research, 2015, 46(10): 2398-2406.

[91] DØSKELAND I, IMSLAND A K D, FJELLDAL P G, et al. The effect of low temperatures and photoperiods on growth and vertebra morphometry in atlantic salmon[J]. Aquaculture international, 2016, 24(5): 1421-1434.

[92] GU X, ZHUANG P, ZHAO F, et al. Substrate color preference and feeding by juvenile Chinese sturgeon *Acipenser sinensis*: Exploration of a behavioral adaptation[J]. Environmental biology of fishes, 2017, 100(1): 27-33.

[93] BIZARRO Y W S, NAVARRO F, FILHO O, et al. Photoperiodic effects in blood glucose, cortisol, hematological parameters and reproductive indexes of gift lineage reversed male tilapia[J]. Bioscience journal, 2019, 35(6): 1915-1922.

[94] CLAY T W, BOLLENS S M, BOCHDANSKY A B, et al. The effects of thin layers on the vertical distribution of larval Pacific herring, *Clupea pallasi*[J]. Journal of experimental marine biology & ecology, 2004, 305(2): 171-189.

[95] HIBINO M, OHTA T, ISODA T, et al. Diel and tidal changes in the distribution and feeding habits of Japanese temperate bass *Lateolabrax japonicus* juveniles in the surf zone of ariake bay[J]. Ichthyological research, 2006, 53(2): 129-136.

[96] LOGAN-CHESNEY L M, DADSWELL M J, KARSTE N R H, et al. Atlantic sturgeon Acipenser oxyrinchus surfacing behaviour[J]. Journal of fish biology, 2018, 92(4): 929-943.

[95] SHI Y, ZHANG G, ZHU Y, et al. Effects of photoperiod, temperature, and salinity on growth and survival of obscure puffer *Takifugu obscurus* larvae[J]. Aquaculture, 2010, 309(1/4): 103-108.

[96] LIN C, ZHANG L, LIU S, et al. A comparison of the effects of light intensity on movement and growth of albino and normal sea cucumbers (*Apostichopus japonicus* Selenka)[J]. Marine & freshwater behaviour & physiology, 2013, 46(6): 351-366.

[97] TABATA M, MINH-NYO M, OGURI M. Thresholds of retinal and extraretinal photoreceptors measured by photobehavioral response in catfish, *Silurus asotus*[J]. Journal of comparative physiology a, 1989, 164(6): 797-803.

[100] 王萍, 桂福坤, 吴常文, 等. 光照对眼斑拟石首鱼行为和摄食的影响[J]. 南方水产, 2009, 5(5): 57-62.

[101] MERCIER A, BATTAGLENE S C, HAMEL J F. Periodic movement, recruitment and size-related distribution of the sea cucumber *Holothuria scabra* in Solomon Islands[J]. Springer netherlands, 2000, 152: 81-100.

[102] KOSHELEV V N, SHMIGIRILOV A P, RUBAN G I. Distribution, abundance, and size structure of Amur kaluga *Acipenser dauricus* and *Amur sturgeon A. schrenckii* in the Lower Amur and Amur Estuary[J]. Journal of ichthyology, 2016, 56(2): 235-241.

[103] 张宁, 林晨宇, 许家炜, 等. 水流对草鱼幼鱼趋光行为的影响[J]. 水生生物学报, 2019, 43(6): 1253-1261.

[104] TORISAWA S, FUKUDA H, SUZUKI K, et al. Schooling behaviour of juvenile Pacific bluefin tuna *Thunnus orientalis* depends on their vision development[J]. Journal of fish biology, 2011, 79(5): 1291-1303.

[105] CHASSAING O, DESSE-BERSET N, DUFFRAISSE M, et al. Palaeogenetics of western french sturgeons spotlights the relationships between *Acipenser sturio* and *Acipenser oxyrinchus*[J]. Journal of biogeography, 2013, 40(2): 382-393.

[106] 许传才, 伊善辉, 陈勇. 不同颜色的光对鲤的诱集效果[J]. 大连水产学院学报, 2008(1): 20-23.

[107] 白艳勤, 陈求稳, 许勇, 等. 光驱诱技术在鱼类保护中的应用[J]. 水生态学杂志, 2013, 34(4): 85-88.

[108] VOWLES A S, KEMP P S. The importance of seasonal macrophyte cover for the behaviour and performance of brown trout (*Salmo trutta*) in a groundwater-fed river[J]. Freshwater biology, 2019, 64(10): 1787-1796.

[109] KASTELEIN R A, VAN DER HEOLS S, VERBOOM M C, et al. Startle response of captive North Sea fish species to underwater tones between 0.1 and 64 kHz[J]. Marine environmental research, 2008, 65(5): 369-377.

[110] SANTULLI A, MODICA A, MESSINA C, et al. Biochemical responses of European Sea Bass (*Dicentrarchus labrax* L.) to the stress induced by off shore experimental seismic prospecting[J]. Marine pollution bulletin, 1999, 38(12): 1105-1114.

[111] WYSOCKI L E, DITTAMI J P, LADICH F. Ship noise and cortisol secretion in European freshwater fishes[J]. Biological conservation, 2006, 128(4): 501-508.

[112] GRAHAM A L, COOKE S J. The effects of noise disturbance from various recreational boating activities common to inland waters on the cardiac physiology of a freshwater fish, the largemouth bass (*Micropterus salmoides*)[J]. Aquatic conservation: marine and freshwater ecosystems, 2008, 18(7): 1315-1324.

[113] SLABBEKOORN H. The complexity of noise impact assessments: from birdsong to fish behavior[J]. Advances in experimental medicine & biology, 2012, 730: 497-500.

[114] SEBASTIANUTTO L, PICCIULIN M, COSTANTINI M, et al. How boat noise affects an ecologically crucial behaviour: the case of territoriality in *Gobius cruentatus* (Gobiidae)[J]. Environmental biology

of fishes, 2011, 92(2): 207-215.

[115] SARA G, DEAN J M, D'AMATO D, et al. Effect of boat noise on the behaviour of bluefin tuna *Thunnus thynnus* in the Mediterranean Sea[J]. Marine ecology progress series, 2007, 331(1): 243-253.

[116] VOELLMY I K, PURSER J, FLYNN D, et al. Acoustic noise reduces foraging success in two sympatric fish species via different mechanisms[J]. Animal behaviour, 2014, 89(3): 191-198.

[117] MCLAUGHLIN K E, KUNC H P. Changes in the acoustic environment alter the foraging and sheltering behaviour of the cichlid *Amititlania nigrofasciata*[J]. Behavioural processes, 2015, 116: 75-79.

[118] BAGOCIUS, DONATAS. Underwater noise level in Klaipeda strait, lithuania donatas bagocius[J]. Baltica, 2013, 26(1): 45-50.

[119] FEWTRELL J L, MCCAULEY R D. Impact of air gun noise on the behaviour of marine fish and squid[J]. Marine pollution bulletin, 2012, 64(5): 984-993.

[120] WALE M A, SIMPSON S D, RADFORD A N. Noise negatively affects foraging and antipredator behaviour in shore crabs[J]. Animal behaviour, 2013, 86(1): 111-118.

[121] JENSEN F H, BEJDER L, WAHLBERG M, et al. Biosonar adjustments to target range of echolocating bottlenose dolphins (*Tursiops sp.*) in the wild[J]. Journal of experimental biology, 2009, 212(8): 1078-1086.

[122] SABET S S, NEO Y Y. The effect of temporal variation in sound exposure on swimming and foraging behaviour of captive zebrafish[J]. Animal behaviour, 2015, 107: 49-60.

[123] SIMPSON S D, MEEKAN M G, MCCAULEY R D, et al. Attraction of settlement-stage coral reef fishes to reef noise[J]. Marine ecology progress series, 2004, 276(1), 263-268.

[124] 尹入成, 林晨宇, 石小涛, 等. 静水与流水下气泡幕对异齿裂腹鱼的阻拦效应[J]. 水生生物学报, 2020, 44(3): 595-602.

[125] 张兵文, 张文扬, 吴暖, 等. 预裂爆破与气泡帷幕技术在水下爆破中的应用[J]. 工程爆破, 2015, 21(5): 6-9.

[126] STEWART P A M. An investigation into the reactions of fish to electrified barriers and bubble curtains[J]. Fisheries research, 1981, 1(1): 3-22.

[127] PERRY R W, ROMINE J G, ADAMS N S, et al. Using a non-physical behavioural barrier to alter migration routing of juvenile chinook salmon in the sacramento-san joaquin river delta[J]. River research & applications, 2014, 30(2): 192-203.

[128] ZIELINSKI D P, SORENSEN P W. Bubble curtain deflection screen diverts the movement of both asian and common carp[J]. North American journal of fisheries management, 2016, 36(2): 267-276.

[129] DAWSON H A, REINHARDT U G, SAVINO J F. Use of electric or bubble barriers to limit the movement of eurasian ruffe (*gymnocephalus cernuus*)[J]. Journal of great lakes research, 2006, 32(1): 40-49.

[130] 刘理东, 何大仁. 五种淡水鱼对固定气泡幕反应初探[J]. 厦门大学学报(自然科学版), 1988(2): 214-219.

[131] 赵锡光, 何大仁, 刘理东. 不同孔距固定气泡幕对黑鲷的阻拦效果[J]. 海洋与湖沼, 1997(3): 285-293.

[132] 陈勇, 张沛东, 张硕, 等. 不同密度固定气泡幕对红鳍东方鲀的阻拦效果[J]. 大连水产学院学报, 2002(3): 234-239.

[133] 白艳勤, 罗佳, 牛俊涛, 等. 不同密度气泡幕对花鱼骨和白甲鱼的阻拦效应[J]. 水生态学杂志, 2013, 34(4): 63-69.

[134] 罗佳, 白艳勤, 林晨宇, 等. 不同流速下气泡幕和闪光对光倒刺鲃趋避行为的影响[J]. 水生生物学报, 2015, 39(5): 1065-1068.

[135] 徐是雄, 林晨宇, 罗佳, 等. 鲢幼鱼对不同气量气泡幕的趋避行为[J]. 水生态学杂志, 2018, 39(1): 69-75.

[136] SANTOS A B, CAMILO F L, ALBIERI R J, et al. Morphological patterns of five fish species (four characiforms, one perciform) in relation to feeding habits in a tropical reservoir in south-eastern Brazil[J]. Journal of applied ichthyology, 2011, 27(6): 1360-1364.

[137] MICHIE L E, THIEM J D, FACEY J A, et al. Effects of suboptimal temperatures on larval and juvenile development and otolith morphology in three freshwater fishes: Implications for cold water pollution in rivers[J]. Environmental biology of fishes, 2020, 103(12): 1527-1540.

[138] BOZWELL J L, CLAYTON R D, MORRIS J E.Use of hydrogen peroxide to improve golden shiner egg hatchability[J]. North American joural of aquaculture, 2009, 71(3): 238-241.

[139] 杜浩, 张辉, 陈细华, 等. 葛洲坝下中华鲟产卵场初次水下视频观察[J]. 科技导报, 2008, 26(17): 49-54.

[140] 张涛, 庄平, 章龙珍, 等. 胭脂鱼早期生活史行为发育[J]. 中国水产科学, 2002, 9(3): 215-219.

[141] FRITSEHES K A, LITHERLAND L, THOMAS N, et al. Cone visual pigments and retinal mosaics in the striped marlin[J]. Journal of fish biology, 2003, 63(5): 1347-1351.

[142] 许传才, 伊善辉, 陈勇. 不同颜色的光对鲤的诱集效果[J]. 大连水产大学学报, 2008, 23(1): 20-23.

[143] 方金, 宋利明, 蔡厚才, 等. 网箱养殖大黄鱼对颜色和光强的行为反应[J]. 上海水产大学学报, 2007, 16(3): 269-274.

[144] 姜昊, 陆波, 蔡跃平. 4 种高原裂腹鱼类对水流和底质的趋性研究[J]. 安徽农业科学, 2020, 48(9): 117-120, 124.

[144] 柴毅, 黄俊, 朱挺兵, 等. 短须裂腹鱼仔稚鱼底质选择性初步研究[J]. 淡水渔业, 2019, 49(1): 42-45.

[146] 钟为国. 电渔法基本原理讲座 第一讲 鱼在电流作用下的反应[J]. 淡水渔业, 1979(7): 22-26.

[147] 钟为国. 溢洪道拦鱼电栅拦阻效率影响因素的探讨[J]. 水库渔业, 1983(4): 44-47.

[148] PARASIEWICZ P, WIŚNIEWOLSKI W, MOKWA M, et al. A low-voltage electric fish guidance system—NEPTUN[J]. Fisheries research, 2016, 181: 25-33.

[149] DAWSON H A, REINHARDT U G, SAVINO J F. Use of electric or bubble barriers to limit the movement of eurasian ruffe (*Gymnocephalus cernuus*)[J]. Journal of great lakes research, 2006, 32(1): 40-49.

[150] 朱德瑜. 某水电站拦鱼电栅设计[J]. 企业科技与发展, 2012(12): 91-93, 96.

[151] 杨家朋, 唐荣, 田昌凤, 等. 养殖池塘电赶鱼装置的设计与研究[J]. 农业与技术, 2015, 35(20):

183-184.

[152] 陈建安. 拦鱼脉冲电栅在大型水库中的实验运用[J]. 水利渔业, 1987(3): 29-32.

[153] 楼文高. 分压式拦鱼电栅电学参量的计算方法[J]. 上海水产大学学报, 1993(Z1): 87-93.

[154] PALMISANO A N, BURGER C V. Use of a portable electric barrier to estimate chinook salmon escapement in a turbid Alaskan River[J]. North American Journal of Fisheries Management, 1988, 8(4): 475-480.

[155] 石迅雷, 胡成, 达瓦, 等. 不同电学参数和流速下的拦鱼电栅对草鱼幼鱼的拦导效率[J]. 水产学报, 2022, 46(2): 310-321.

[156] REID C H, VANDERGOOT C S, MIDWOOD J D, et al. On the electroimmobilization of fishes for research and practice: Opportunities, challenges, and research needs[J]. Fisheries, 2019, 44(12): 576-585.

[157] 黄晓龙, 白艳勤, 崔磊, 等. 电驱鱼技术在鱼类保护中的应用[J]. 生态学杂志, 2021, 40(10): 3364-3374.

[158] 何大仁, 蔡厚才. 鱼类行为学[M]. 厦门: 厦门大学出版社, 1998.

[159] 许明昌, 徐皓. 养殖池底层鱼类电脉冲捕捞装置设计与实验[J]. 南方水产科学, 2011, 7(3): 62-67.

[160] 平慧敏, 吴永汉, 刘琼. 鱼在脉冲电刺激后产生昏迷反应实验的观察和分析[J]. 云南大学学报(自然科学版), 1998(S1): 27-28.

[161] CHMIELEWSKI A, CUINAT R, DEMBINSKI W, et al. Fatigue and mortality effects in electrical fishing[J]. Polskie archive of hydrobiology, 1973, 20: 341-348.

[162] PUGH J R, MONAN G E, SMTH J R.Efeot of waiter velocity on the fisih-guiding effiency of an electrical guiding system[J]. Fishery Buletin, 1970, 68(2): 307-324.

第6章 典型案例分析

过鱼设施是指让鱼类通过障碍物的人工通道和设施。过鱼设施主要分为上行过鱼设施和下行过鱼设施。上行过鱼设施包括鱼道、鱼闸、升鱼机和上行集运渔系统、鱼泵等，下行过鱼设施包括旁路通道、生态友好型水轮机、溢洪道、下行集运鱼系统等。

6.1 国内过鱼设施案例

6.1.1 汉江崔家营航电枢纽鱼道工程

1. 汉江崔家营航电枢纽鱼道工程概况

汉江是长江重要支流，发源于秦岭南麓，流域跨陕西、甘肃、四川、河南、湖北。干流流经陕西、湖北，于武汉市汇入长江，全长 1 577 km，流域面积 159 000 km² [1]。汉江流域水系呈叶脉状，主要支流上游有褒河、任河、旬河、夹河、堵河、丹江等，中下游有南河、唐白河、蛮河及汉北河等。湖北汉江崔家营航电枢纽工程是湖北交通部门主持建设的第一个航电枢纽，也是湖北水运建设的第一个世界银行贷款项目。该枢纽位于汉江中游丹江口—钟祥河段，坝高 13 m，电站最大水头 7.58 m，是湖北内汉江干流 9 级梯级开发中的第 5 级，上距丹江口水利枢纽 142 km，下距河口 515 km，是一个以航运为主，兼有发电、灌溉、改善环境、旅游等综合开发功能的项目[1]。枢纽建筑物从右岸至左岸依次为右岸连接坝段、船闸、泄水闸、厂房、门机检修平台、左岸明渠段土石坝，左岸河滩段土石坝，坝轴线总长 2 213.4 m[2]。

崔家营航运枢纽的建设和运行改变了工程河段的水文情势和鱼类生境特征，同时上游各梯级的建成影响了库区鱼类生境适宜度。因此，综合考虑工程河段鱼类特点及坝上生境适宜度，崔家营航运枢纽修建鱼道的主要目的是：①促进坝上坝下之间的鱼类群体交流。对于具有一定迁移特征的鱼类，其生境范围已被局限在小范围水域，其种群的发展受到生境面积的限制，通过鱼道可使鱼类有效生境面积得到扩大，有利于这些定居性和小范围迁移鱼类种群的增长。②保障洄游鱼类洄游通道畅通。在坝址河段分布的鱼类中，青鱼、草鱼、鲢、鳙等都具有显著的洄游特征，在生活史过程中需要进行较长距离的洄游和迁移才能寻找到合适的生境完成其生殖等重要生活史过程，针对这几种鱼类，鱼道保护目的是保障其洄游通道畅通，保护鱼类生活史的完整性[2]。

崔家营航电枢纽鱼道（简称崔家营鱼道）为横隔板式设计，鱼道设计水位差 5.5 m，设计流速为 0.677 m/s，鱼道内流速控制在 0.5~0.8 m/s，流量控制在 1.8~2.8 m³/s，鱼道池室宽度 2 m，水深 2 m，鱼道总长 487.2 m，主要过鱼对象为鳗鲡、长颌鲚、草鱼、青鱼、鲢、鳙、铜鱼等[2]。崔家营鱼道于 2012 年 2 月投入试运行。

熊红霞等[1]在 2012 年通过在崔家营鱼道内网捕调查发现，崔家营鱼类组成主要是 3 目，4 科，11 种，分别为瓦氏黄颡鱼、鳌、吻鮈、鳊鱼、蛇鮈、马口鱼、圆吻鲴、犁头鳅、铜鱼、鳜、鲢。回捕到的鱼类组成以鲤形目为主，共 9 种，占总数的 81.8%，其次分别为鲇形目和鲈形目各一种，各占总数的 9.1%，数量比例见图 6-1。共捕获鱼类 37 尾，数量以瓦氏黄颡鱼最多，圆吻鲴次之；捕获鱼体重共计 2 813.4 g，重量以瓦氏黄颡鱼最重，圆吻鲴次之，体重分布见图 6-2。

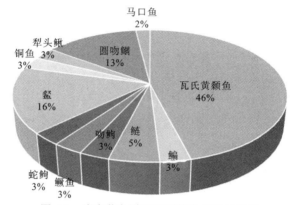

图 6-1　崔家营鱼道网具回捕鱼类数量比例

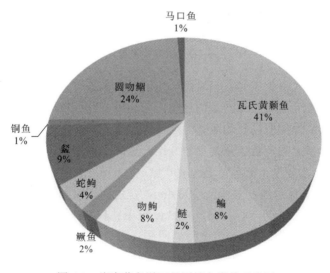

图 6-2　崔家营鱼道网具回捕鱼类体重比例

2. 崔家营鱼道总体布置

崔家营鱼道主要由进口、暗涵段、明渠段、出口组成。鱼道进口运行水位 57.23 m，出口运行水位采用水库正常蓄水位 62.73 m。结合工程的特点，根据工程坝高、水位落差、主要过鱼对象及过鱼时间等因素，确定鱼道设计参数如下：鱼道流速控制在 0.5～

0.8 m/s，流量控制在 1.8～2.8 m³/s，池间落差控制在 0.02～0.04 m，池深 1.8～2.0 m[2]。

　　鱼道进口的位置，直接影响过鱼效果，结合工程各建筑物的布置及河流地形、水文特点，同时考虑水电站尾水处常有水流下泄，鱼类常群集于尾水管附近，所以将鱼道主进口布置在电站厂房尾水渠左侧，并与布置在电站尾水平台上的集鱼系统（集鱼系统用来增加进鱼前沿的长度，布置在整个尾水管上方平台）相连。上游水经鱼道补水渠进入补水系统，再经补水系统与集鱼系统之间隔墙上的补水孔进入集鱼系统，以滴水声诱鱼。集鱼系统在高程 55.3 m、56.95 m 设置两个不同高程的进鱼孔（尺寸 650 mm×650 mm）以便鱼类进入。游入集鱼系统的鱼及从主鱼道进口的鱼通过汇合池进入鱼道上溯。鱼道出口布置在电站厂房进水渠浮式拦漂排的上游，该处远离泄水流道，流速较小，便于鱼类继续上溯[2]，如图 6-3。

图 6-3　崔家营鱼道

　　根据工程特性和过鱼种类的生态习性，鱼道形式采用组合式横隔板鱼道，该种鱼道适用于不同习性、不同克流能力的多种过鱼对象通过，能够较好地发挥各种形式孔口的水力特性，便于灵活控制所需要的池室流速流态分布。综合考虑过鱼量及过鱼对象等，鱼道宽度为 2 m，由上述鱼道一系列参数并结合厂区的整体布置确定鱼道走线，鱼道总长度为 487.2 m，平均坡度 1/85。鱼道池室长度取 2.6 m，水深取 2 m，鱼道每隔 10 个池室设置一个长 5 m 的休息池，隔板厚 200 mm，鱼道明渠段隔板采用预制钢丝网水泥隔板，以便于维修，隔板底部开两个 0.3 m×0.3 m 过鱼孔口，一侧开 1 m×1 m 过鱼孔口（相邻隔板孔口位置错开便于消能）。鱼道暗涵段采用灯光诱鱼，鱼道观测采用光电设备自动计数。鱼道上游出口设两平板闸门，一个用于检修，另一个用于防洪及集鱼系统流量调节[2]。

　　上游补水渠进口底板高程 59.0 m，设一平板闸门，用于防洪及补水渠流量调节，闸门后接 C20 混凝土预制管，管径准 1.0 m。补水渠出口高程 55.0 m，下泄水流击打在下游补水系统的水面并通过补水系统与集鱼系统之间隔墙上直径 0.08 m 的补水孔进入集鱼系统。补水渠长 201.97 m，补水系统与集鱼系统宽度分别为 1 m 和 2 m，长均为 125 m，悬挑于电站厂房尾水管上，顶部高程 58.0m。补水系统、集鱼系统、汇合池、主进鱼口底部高程均为 55.0 m。经计算设计鱼道设计流速 v=0.7 m/s，适宜过鱼对象上溯[2]。

3. 崔家营鱼道监测效果与评价

为了评价崔家营航电枢纽工程鱼道的运行效果，中国水产科学研究院长江水产研究所对该工程鱼道过鱼效果进行了监测，采用网具回捕和水声监测的方法，并结合大坝上下游的渔获物调查，获取了该鱼道过鱼的种类、数量和生物学特性等重要数据。

1）监测时间

崔家营鱼道过鱼效果监测的时间为 2012 年 9 月 19～9 月 26 日，监测地点位于湖北汉江崔家营航电枢纽工程鱼道所在地。

2）仪器设备

水声学监测设备为 SIMRADEY60 型便携式鱼探仪，配备分裂波束式换能器。采用 ER60 软件对声学数据和 GPS 数据同步存储。相关技术参数如表 6-1 所示[3]。

表 6-1　SIMRAD EY60 回声探测仪的主要技术参数

参数	数值	参数	数值
声速/(m/s)	1 450	发射强度/W	300
脉冲宽度/μs	64	时变效益	40lg$R$
发射频率/kHz	200	波束宽度/(°)	7
阈值/dB	−70		

在鱼道内放置的网具采用三层流刺网，每片网长 15 m，宽 1.2 m，中间一层网目是 4 mm，外面两层网目是 8 mm。鱼道隔板底部一侧有 1 m×1 m 的孔口，网具即放置于此[2]。鱼道内水体的理化因子温度和溶解氧的测定采用型号为 YSI 550A 的溶氧仪，pH 和电导率的测定采用型号为 YSI pH100 的 pH 仪，鱼道内流速的测定采用 LS45A 型旋杯式流速仪。

3）监测方法

鱼道内流速测定在距鱼道出口约 12 m 处，分别测定孔口处和隔板处的流速，流速测定取表、中、底层，每层取左、中、右 3 点，最后取平均值得到每层流速数值。网具回捕采用三层流刺网，每次下 3 片网，每片长 15 m，第一片网放置于距鱼道出口约 8 m 的孔口处，其他两片网按 10 m 的间隔放置，用于捕获游完鱼道全程的鱼类。每天下网两次，时间分别为早上 6 点和晚上 6 点，每次下网连续网捕 10 h。水声学仪器放置在距鱼道出口约 7 m 的地方，穿过鱼道孔口水平放置，以监测游完鱼道全程的鱼类数量，监测时间分白天和夜晚。

4）监测结果

监测期间，由于上游来水量的变化，鱼道内水深在 2 m 之间变化，表 6-2 可见，鱼道内水体的理化因子随着水位变动并无明显变化。

表 6-2　鱼道内水体理化指标

指标 Index					
水深/m	水温/℃	pH	溶解氧/(mg·L⁻¹)	电导率/(μS·cm⁻¹)	透明度/cm
2	24.3	7.81	6.03	0.313 1	36
1.75	24.3	7.75	5.96	0.284 3	30

　　鱼道内水深为 2 m 和 1.75 m 时，孔口处和隔板处的流速数值见表 6-3。鱼道内水深为 1.75 m 的情况下，鱼道内孔口处各层的流速明显小于水深为 2 m 时，并且两种情况下均表现为表层流速始终最大，底层流速最小。水深 2 m 的情况下，鱼道孔口处的流速平均值为 0.830 m/s，隔板处的流速平均值为 0.1 m/s；水深 1.75 m 的情况下，鱼道孔口处的流速平均值为 0.487 m/s，隔板处的流速平均值为 0.151 m/s，均为鱼类的上溯和休息提供了合适的位置和水流条件。

表 6-3　鱼道内不同位置流速

水深/m		水层	流速/(m/s)			
			左	中	右	平均值
2	孔口处	表层	0.898	0.961	0.949	0.936
		中层	0.716	0.910	0.884	0.837
		底层	0.756	0.756	0.635	0.716
	隔板处	表层	0.091	0.137	0.112	0.113
		中层	0.113	0.098	0.146	0.119
		底层	0.072	0.065	0.067	0.068
1.75	孔口处	表层	0.269	0.756	0.790	0.605
		中层	0.325	0.562	0.800	0.562
		底层	0.292	0.287	0.301	0.293
	隔板处	表层	0.145	0.151	0.240	0.179
		中层	0.192	0.187	0.173	0.184
		底层	0.095	0.103	0.072	0.090

　　采用三层流刺网在鱼道内共捕获到 11 种鱼通过鱼道上溯，包括瓦氏黄颡鱼、吻鮈、鳊、蛇鮈、马口鱼、圆吻鲴、犁头鳅、铜鱼、鳜鱼、鲢、鲤，其中数量较多的为瓦氏黄颡鱼、鲤和圆吻鲴；水声学监测了 1 267 min，共获得 658 个目标信号，平均每分钟约获得 0.5 个目标，总体体长平均值为 33.50 cm，95% 置信区间为 30.43～36.55 cm。

　　通过网具回捕，在鱼道内捕获的鱼体体长平均值为 16.69 cm，而通过水声学探测得到的鱼类标准体长平均值为 33.50 cm，仪器探测的结果高于捕捞结果，二者之间的差异主要是由于网具捕捞难以捕获到较大个体，而水声学探测可以监测到所有体长范围的鱼，规格较大的鱼将平均值拉高。此外，通过水声学仪器探测结果发现在探测到的 658 个鱼体中，体长介于 1~20 cm 之间的鱼超过一半，这个数值和网捕结果相吻合，也说明有大量中小规格的鱼通过鱼道上溯。

根据本次调查，影响鱼道运行效果的因素主要有以下几个方面：①鱼道进口的位置，直接影响过鱼效果。崔家营鱼道主进口布置在电站厂房尾水渠浮式拦漂排的上游，该处远离泄水流道，流速较小，有利于鱼类继续上溯。②鱼道的结构形式也是影响鱼道过鱼效果的一个关键因素。崔家营鱼道采用组合式横隔板鱼道，这种鱼道适用于不同习性、不同克流能力的多种过鱼对象通过，并且能够较好地控制各种形式孔口的水力学特性和所需要的池室流速流态；③鱼道的出口设置。崔家营鱼道出口傍岸，水流平顺，远离溢洪道、厂房进水口等泄水、取水建筑物，鱼类能沿着水流和岸边线顺利上溯[1]。

为了更为全面的评价崔家营鱼道的过鱼效果，还应进一步对以下方面进行监测和研究：水质清澈时人工观察和摄录过鱼影像；不同季节过鱼种类、数量的区别；持续过鱼效果评价。这些工作的进行，有利于指导我国水电工程建设中过鱼设施的设计与应用，使得由于水电工程建设江河生态受损流域，天然渔业资源得到保护与恢复，水电站上下游鱼类种质通过过鱼设施得到交流，达到渔业生产与生物多样性的可持续发展[5]。

6.1.2　广西长洲鱼道

1. 广西长洲鱼道工程概况

长洲水利枢纽是珠江口以上第一座大型水利工程，位置极为重要，位于西江干流梧州江段，最大坝高 56 m，电站最大水头 16 m，设计水头 9.5 m[4]。该河段历史上是中华鲟、鲥、七丝鲚、鳗鲡、花鳗鲡、白肌银鱼六种鱼类洄游、肥育的主要通道[5]。长洲水利枢纽于 2007 年 8 月开始下闸蓄水，鱼道于同期建成，并于 2011 年 4 月 29 日开始试运行。长洲水利枢纽鱼道（简称长洲鱼道）为横隔板式设计，位于泗化洲岛外江厂房安装间的左侧和外江土坝的右侧，引用流量为 6.64 m³/s，由下至上布置有进口段、鱼道水池、休息池、观测室、拦洪闸段和出口段，鱼道下游进口设在厂房尾水下游约 100 m 处[4]。

长洲鱼道全长 1 423 m，宽 5 m，上下游水头差 15 m，为国内设计的第一座大型鱼道。枢纽泄洪期间上下游水位相差很小，校核洪水时水位差不超过 36 cm。鱼类可以直接通过泄流闸孔过流，同时，由于泄洪流量远大于鱼道流量，很难找到鱼道进口，所以，鱼道设计只考虑电站正常运行时使用[5]。

2. 广西长洲鱼道总体布置

长洲水利枢纽跨越三江（内江、中江、外江）两岛（长洲岛、泗化洲岛），内江布置有厂房（6 台机组）、12 孔泄水闸及重力坝，中江布置有 15 孔泄水闸和重力坝，外江布置有厂房（9 台机组）和 16 孔泄水闸。其主要枢纽建筑物布置见图 6-4。鱼道位于泗化洲岛上[5]。

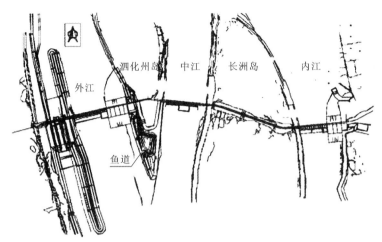

图 6-4　长洲水利枢纽建筑布置示意图

　　鱼类总是循水流上溯，电站的厂房尾水是坝下的经常性流水，鱼类常被诱集在厂房尾水前沿及两侧，所以，鱼道进口考虑布置在厂房尾水附近。枢纽厂房布置有外江厂房和内江厂房，从河道水流情况考虑可布置两条鱼道，但鱼道工程造价较高，宜选用一条鱼道方案。外江、内江坝下均有经常性水流，鱼道既可布置于外江，也可布置在内江。如果鱼道布置在内江，就需要在外江设置拦鱼设施，势必会影响外江船闸的通航，外江为主航道，水深流急，符合大型鱼类的洄游习性，所以将鱼道结合外江厂房布置在外江左岸泗化洲岛上。长洲鱼道位于外江厂房安装间的左侧，外江土坝的右侧。鱼道由下至上布置有进口段、鱼道水槽、休息池、观测室、拦洪闸段和出口段。下游进口设置在厂房尾水下游约 100 m 处，上游出口设置在坝上游泗化洲岛外江侧。鱼道与坝轴线相交处还设一道拦洪闸门，在鱼道进、出口处各设一道检修闸门。鱼道平面布置见图 6-5[5]。

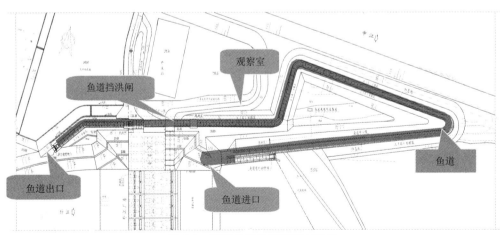

图 6-5　广西长洲鱼道平面布置图

　　长洲鱼道水力设计准则。

　　（1）鱼道主要过鱼对象：鱼道主要通过需上溯产卵的中华鲟和鲴成鱼，成鱼降河产卵后孵出的花鳗鲡和鳗鲡幼鱼，及上溯至上游生长肥育的七丝鲚和白肌银鱼。

（2）鱼道主要过鱼季节：每年 1～4 月。

（3）鱼道主要过鱼季节时上下游水位：上游 20.60 m，下游平均低水位 5.28 m，平均高水位 11.95 m，最大设计水位差 15.32 m。

（4）鱼道隔板过鱼孔设计流速：在同一隔板中形成 0.6～0.8 m/s 及 1.3 m/s 不同流速区，以适应不同规格鱼类通过。

（5）鱼道池室宽度、长度：鱼道宽度视鱼道的重要性、过鱼量及河道宽度而定。我国鱼道宽度一般为 2～3 m，长洲鱼道有中华鲟通过，宽度为 5 m。

鱼道池室宽度一般为 1.0～1.2 m，长洲鱼道池室长度为 6 m。

（6）鱼道池室水深：3 m。

（7）隔板过鱼孔平均流速。在隔板过鱼孔形式及鱼道槽身糙率一定的情况下，过鱼孔平均流速可用下式计算。

$$v = \varphi \sqrt{2gh}$$

式中：φ 是综合流速系数，取决于过鱼孔形式及消能效果；h 为每块隔板前后的水位差。

由于隔板的过鱼孔形式多变，有竖孔，表孔，底孔及边孔，φ 值难以用水力学计算，而是通过水力学模型试验决定。初拟 φ 值为 0.7～0.9。消能效果愈好，φ 值愈小。除 φ 值外，决定 v 值的还有每块隔板水头差 h，h 值直接与鱼道总水头（15.32 m）、鱼道长度（1 423 m）、鱼道水池长度（6 m）、鱼道底坡及过鱼孔设计流速等因素有关。前三个参数已经确定，经综合考虑及试算比较后，鱼道底坡定为 1∶80，则每块隔板水头差：$h=L/80=6/80=0.075$ m，式中：L 为每一水池长度。由此可得过鱼孔平均流速范围为：$v=(0.7-0.9)\sqrt{2g \times 0.075} = 0.849-1.092$ m/s，这是隔板各型过鱼孔的平均流速。长洲鱼道设计要求隔板过鱼孔具有小于 0.6～0.8 m/s 的小流速区和 1.3 m/s 的大流速区。若用单一的矩形断面及单一的矩形竖孔、表孔或底孔，不能达到这一要求。根据以往室内水力学模型及室外原型观测的经验，同时考虑地形和工程量，采用综合断面以达到设计要求[4]。

（8）鱼道槽身断面形式：设计鱼道槽身断面底宽 5 m，两侧边墙高 2.5 m，上接 1∶2 斜坡高 1 m，共高 3.5 m，再接马道，见图 6-6。

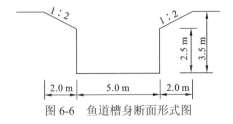

图 6-6　鱼道槽身断面形式图

鱼道进口的位置，直接影响过鱼效果。鱼道进口应设在经常有水流下泄、鱼类洄游路线及经常集群的地方，且鱼道进口附近不应有漩涡和水跃，同时满足在主要过鱼季节适应下游水位变化的需求。因此，长洲鱼道建设时，考虑到厂房尾水流态紊乱，流速较大，鱼道进口布置在厂房尾水下游 100 m 处泗化洲岛外江侧，进口流速较缓和，为改善进口流态，在进口闸右侧设置 8 m 长的导墙，与鱼道中心线成 30° 角，兼其导鱼作用。为便于目标鱼类找到鱼道进口，避免进入外江枢纽建筑物船闸、泄水闸和电站厂房的下游漩涡水域，在鱼道进口上游设置了拦鱼电栅一座，横跨外江直达右岸，将鱼类诱导直至进口附近，通过鱼道上溯。

鱼道出口应远离泄水流道，以免进入上游的鱼再被泄水带回下游；鱼道出口亦应适应主要过鱼季节中上游水位的一般变幅；鱼道出口范围内不应有妨碍鱼类继续上溯的不利环境。长洲鱼道出口设置在厂房上游泗化洲岛外江侧，距离最近的居民点大约为 200 m。出口远离外江泄水闸，附近没有严重污染区、码头和船闸上游引航道出口等不利鱼类上溯的环境[4]。

3. 广西长洲鱼道效果监测与评价

1）监测时间

长洲鱼道投入运行以后，2011～2014 年珠江水资源保护科学研究所对其过鱼效果进行了相关监测。

2）监测方法

利用堵截法对鱼道内的鱼类进行监测。首先在鱼道下游尾水区域使用钢丝网拦截隔板过鱼孔，钢丝网的尺寸为 1.8 m×1.5 m（宽×高），网眼大小为 1.5 cm×1.2 cm，并使用钢管焊接固定。然后将鱼道上的拦洪闸门和出口的检修闸门关闭，将其中的水基本排干，最后进行样品收集。对采集的鱼类进行种类鉴定，并测量体长和体重[6]。

3）监测结果

长洲鱼道内共采集鱼类标本 6 244 尾，合计鱼类 40 种，隶属于 5 目 11 科。总体上，通过鱼道的主要优势种为瓦氏黄颡鱼、赤眼鳟、鳘、银飘鱼、银鲴、鳗鲡及鲮等，洄游性种类花鳗鲡、鳗鲡、弓斑东方鲀及四大家鱼(青鱼、草鱼、鲢、鳙)等均在鱼道中出现。2012 年鱼道监测采集到较大规格的个体，如鳡，体长达 870 mm，体质量 7 061 g[4]。长洲鱼道设计的主要过鱼对象为中华鲟、鲥、七丝鲚、日本鳗鲡、花鳗鲡、白肌银鱼。监测研究表明，日本鳗鲡为优势种类，花鳗鲡偶见，其他种类尚未出现，这可能是由于在长洲鱼道修建前，鱼类本底调查时中华鲟、鲥就难以发现，所以修建后监测其踪迹的难度也变大。目前没有发现七丝鲚及白肌银鱼在珠江的上溯洄游活动，这两个种类有可能已经在西江上游库区形成定居性种群。此外，未监测到某些种类可能还与监测时间较短有关。

根据监测，长洲水利枢纽坝下江段的鱼类种类有 76 种（不包括外来种），据此估计长洲鱼道为大部分鱼类种群提供了洄游通道。与在西江江段的鱼类种群结构及多样性比较，有些优势种类尚未在长洲鱼道出现，如广东鲂、斑鳠、花鳗等。鱼道中鱼类多样性及均匀度指数都偏低，如坝下的江段香农-维纳多样性指数均为（3.073±0.257）。这说明鱼道对不同种类的诱导力有差异，鱼类进入鱼道仍存在偶然性。长洲鱼道中水文状况也是影响过鱼效果的重要环境因子，鱼道过鱼效果与水文状况密切关联。广东鲂是西江水系优势种类，在浔江及郁江历史上都有分布，为避免其栖息地面积缩小、种群数量下降，有必要跟踪监测坝上江段的资源量，必要时可以采取人工放流的方式，维系合理健康的类种群结构[6]。

尽管长洲鱼道的过鱼情况仍受鱼类季节性洄游影响，但分析得知坝上水位是影响过鱼效果的最重要因子，其原因是坝上水位高低影响鱼道流量及下游鱼道入口的流速，关系到入口对鱼类的吸引力。长洲鱼道设计的运行水位为 20.6 m，鱼道出口高程 17.6 m，而汛期坝上水位下降至 18.6 m。坝上低水位运行时，下泄水量不足，入口处水流缓慢，诱导鱼类能力显著下降。从不同批次监测结果上看，不同的水文状况过鱼效果有差别，水声学探测数据显示过鱼峰值可达每天 26.3 万尾。但也有过鱼效果较差的状况，如在 2013 年和 2014 年两次采样中，鱼道中鱼类非常少。目前，鱼道的设计仅关注鱼道内的流速参数，忽略入口流速，且盲目依赖导鱼、诱鱼设施[6]。

6.1.3　贵州马马崖集运鱼系统

1. 贵州马马崖集运鱼系统工程概况

北盘江属珠江流域西江水系，为红水河上游左岸的最大支流，发源于云南曲靖市马雄山西北坡，流经云南、贵州，在贵州望谟县蔗香镇与西南的南盘江会合为红水河。1988 年 12 月编制的《北盘江干流（茅口以下）规划报告》，明确了该河段的规划方案为：光照水电站+马马崖水电站+董箐水电站方案。光照水电站位于北盘江中游，是北盘江上最大的梯级水电站，也是北盘江干流茅口以下的龙头梯级水电站。水库正常蓄水位 745 m，相应库容 31.35 亿 m³，水库淹没面积为 51.54 km²，现已基本完工。马马崖（一级、二级）水电站位于光照水电站下游，开发方式均为坝后式。其中，马马崖一级水库正常蓄水位 585 m，相应库容 1.365 亿 m²，水库淹没面积为 6.45 km²；马马崖二级水库与一级相衔接，正处于规划阶段。董箐水电站位于光照水电站下游，主要任务是发电，其次是航运，开发方式为坝后式，水库正常蓄水位 490 m，相应库容 8.82 亿 m³，水库淹没面积为 24.14 km²。

电站修建后，流域河段原急流生态系统受到影响，鱼类上溯产卵的通道被截断，对北盘江鱼类资源的交流和资源量产生一定影响。根据北盘江流域的鱼类文献和实地调查，北盘江光照水电站库尾至南、北盘江汇合口江段及主要支流有鱼类 57 种，隶属于鲤形目、鲇形目、鲈形目、合鳃目 4 目 10 科 40 属。区域鱼类中发现有长薄鳅、叶结鱼、乌原鲤、长臀鮠等 4 种易危鱼类，需要采取有效保护措施。

根据中华人民共和国环境保护部及各级领导机构的专家意见，贵州北盘江电力股份有限公司决定采用集运鱼系统进行马马崖一级水电站的鱼类保护工作。集运鱼船作为一种活动过鱼设施，具有能适应不同工作情况变换集鱼地点，机动灵活；可在较大范围内根据不同鱼类变换诱鱼流速；当摸清了定向流速后可将鱼放至不再被下泄水流影响的河段上；不需要从上游水库取水；与枢纽布置无干扰等优点。但其运行过程中也存在不少的缺点，如大坝下游河床多以乱石为主，易卡锚，为了安全一般不在尾水处作业，而这里恰恰是鱼类最易聚集的地方；变换水流诱鱼时，发电机的噪声会惊动鱼类对集鱼量造成一定的影响等。

2. 贵州马马崖集运鱼系统总体布置

集运鱼系统包括集运鱼平台及辅助诱驱鱼系统。辅助诱驱鱼系统主要包括网具拦鱼设施、灯光诱鱼系统、水流射流引鱼系统和气泡幕驱鱼系统及放流系统。集鱼平台总长25 m（其中主体外边缘总长为 22.8 m），总宽为 6.6 m，水下集鱼通道深度为 1.5～2.0 m。集鱼平台距离河道右岸约 25 m，距离左岸约 70 m，集鱼平台四周用三根锚链锚接锁定在河道中间（略靠右岸）。根据河道水位涨落情况，通过锚链伸缩调节固定集运鱼平台相对位置，锁链长度随水位高程可人工调节。

集鱼平台为无动力船舶，为使平台安全工作，需将集鱼平台固定在河道中间位置（图 6-7）。主要通过两种方式进行系固：①从集鱼平台的右侧首尾各牵引一条钢丝绳与右岸连接。右岸的钢丝绳固定在稳固的地牛上；②集鱼平台的上游左右两侧各有 1 条锚链牵引固定，下游左侧 1 条锚链牵引固定。

图 6-7　集鱼平台

集鱼平台所使用拦鱼网系统采用通用尼龙渔网，通过将其与平台进鱼口导鱼栅及河床、岸坡进行无缝连接，并结合气泡幕段，达到布置点全横断面（河宽约为 100 m）拦鱼导鱼的目的。

灯光诱鱼系统由 17 只水下 Led 灯和 10 只水上 Led 灯组成。水下 Led 灯可以通过混色获得各种色光，水上 Led 灯为暖白光（图 6-8）。

水流射流引鱼系统主要由安装在集鱼平台主甲板区域的 8 台自吸式离心泵提供水流，主要用于对集鱼通道内进行人工增流，当河道自然流速不足时，可开启水泵组进行人工增加流速吸引鱼群进入集鱼箱。该装置由固定安装在集鱼船下游集鱼舱道喇叭形进鱼口与导鱼栅之间的喷水管，连接喷水管与水泵的输水钢管，以及安装在集鱼船体压载舱内为喷水管提供水流压力的变频水泵组成。通过改变位于集鱼船体压载舱内水泵供水的压力大小，控制安装在集鱼舱道内喷水管的射流流量，并利用这一流量的变化来增大或减小下游出水口的流速，形成鱼类偏爱性的水流条件，以达到诱鱼的导鱼目的。

图 6-8　灯光诱鱼

气泡幕驱鱼系统主要由空压机、氧气管和钻有小孔的不锈钢管组成，由空压机将压缩空气通过钢管上的气孔释放形成。将 40 m 长的气管一段固定在岸边，依次放入水底。气管上栓有网，并且每隔一段距离拴上石头，以防止气管放入水中后被水冲走（图 6-9）。

图 6-9　气泡幕驱鱼

放流系统包括起鱼和运鱼。起鱼方案是待鱼类进入集鱼系统通道后，集鱼平台尾部出水口处的驱鱼栅闸门将目标鱼群关在通道内，鱼道内部的活动驱鱼栅随之逆水流方向运行，将目标鱼群驱赶至集运鱼箱内，最后集运鱼箱的栅门关闭，目标鱼群被集结到集鱼箱。集鱼箱平时固定在集鱼平台水流进口处，箱体进鱼断面与过鱼通道断面尺寸相同，紧密衔接。当驱鱼栅将鱼赶至集鱼箱附近时，提起箱体下游面的拦鱼栅并将鱼赶入箱中。当鱼全部入箱后，放下拦鱼栅，同时缓缓提升集鱼箱，完成起鱼过程。运鱼路线陆路运输采用专用运鱼车由码头运至马马崖水电站库区盘江桥码头放流，运输路程约 85 km，需时 2 h。运输过程从集鱼平台起运至放流共需 3 h。

6.1.4　黄登升鱼机

1. 黄登升鱼机工程概况

黄登水电站 2003 年 11 月开始修建，2005 年 11 月主体工程正式开工，位于云南兰坪县境内，采用堤坝式开发，是澜沧江上游曲孜卡至苗尾河段水电梯级开发方案的第六级水电站，以发电为主。上游与托巴水电站、下游与大华桥水电站相衔接，坝址位于营盘镇上游。电站对外交通便利，坝址左岸有县乡级公路通过，公路里程距营盘镇约 12 km，距兰坪县城约 65 km，距下游 G320 国道约 170 km。坝址控制流域面积 $9.19×104$ km²，多年平均流量 902 m³/s。水库正常蓄水位 1 619.00 m，校核洪水位 1 622.73 m，总库容 16.7 亿 m³；电站装机容量 1 900 MW，电站单独运行时保证出力 362 MW，年发电量 78.11 亿 kW·h。拦河大坝为混凝土重力坝，最大坝高 203 m。工程枢纽主要由碾压混凝土重力坝、坝身溢流表孔、泄洪放空底孔、左岸折线坝身进水口及地下引水发电系统组成。当时根据《防洪标准》（GB 50201—94）及《水电枢纽工程等级划分及设计安全标准》（DL 5180—2003）的规定，本工程为大 I 型，工程等别为一等。水电站在发挥发电、防洪、灌溉等效益的同时，工程的建设也影响到了河流原有的水生生态系统平衡，鱼类的迁移将受阻。所以黄登水电站采用下游诱鱼系统，沿低线公路布置轨道将集鱼箱送至升降机，在左岸折线挡水坝附近转运过坝的升鱼机总体布置方案，以及在上游库区设置集运鱼船、上游左岸和下游右岸码头及运鱼车公路运输的集运鱼系统的过鱼方案。

2. 黄登升鱼机总体布置

升鱼机总体布置依据黄登水电站布置情况和升鱼机总体布置原则综合确定。升鱼机主要由集鱼系统、运输系统、放鱼系统三大部分组成。工作时先由集鱼系统释放诱鱼水流，将下游鱼类诱入集鱼系统内，把鱼驱入集鱼箱，然后关闭集鱼箱进口闸门。启动运输系统，提升鱼类到上游放鱼水位处，打开集鱼箱底部闸门，驱鱼进入上游放鱼系统到合适的区域将鱼放生。

1）集鱼系统布置位置筛选

依据黄登水电站布置，结合诱捕鱼所需的水流条件，升鱼机集鱼系统可以布置在水电站下游的左岸或右岸。黄登水电站下游与大华桥工程水库水位衔接，无断流河段；澜沧江流域已建水电站的实际观测结果表明，电站尾水出口处为鱼类聚集区。黄登水电站厂房尾水位于左岸，左岸的尾水下游侧是黄登水电站建成后鱼类自然的聚集区，所以将集鱼系统布置于左岸可以利用电站尾水作为诱鱼水流。所以升鱼机布置于左岸明显优于右岸。

2）运鱼路线筛选

黄登升鱼机总体布局见图 6-10。集鱼后需将集鱼箱跨过黄登大坝从下游运输到上游，结合大坝布置，运输方式有两种：一是结合已有的公路通过架设轨道、缆索、垂直起运等方式将集鱼箱运输到上游，即明线方案；二是通过开挖贯通上游到下游的运输隧道从集鱼系统处直接将集鱼箱运输到上游放鱼位置，即洞线方案。根据集鱼系统位置和运输路线可以筛选出以下升鱼机布置方案：左、右岸洞线方案和左、右岸明线方案。

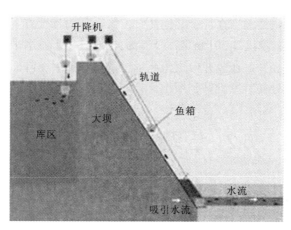

图 6-10   黄登升鱼机的总体布局

黄登水电站下游侧，左右岸均布置有 1 501 m 高程平台，其从尾水处一直通到大坝下游侧。结合 1 501 m 高程平台布置升鱼机的运输方案，不但节省造价，在工期和施工难度上也会有很大优势。明线方案运输距离短，耗时短有利于控制运输过程中鱼的死亡率。但是运输过程中集鱼箱多次转运，平稳性差于洞线方案，同时运行易受天气影响，需采取必要的措施。明线方案对大坝的施工有一定干扰，但是影响总体可控。洞线方案是靠运鱼车将集鱼箱运输过坝，距离长、坡度大，耗费时间长；但是由于洞线运输的坡度均匀，所以集鱼箱运行较平稳。洞线方案需要在两岸山体内重新开挖运输洞，需增加工程投资，此外现场出渣运输和开挖爆破对现在水电站施工有较大干扰。故明线方案与洞线方案各有优劣，总体明线方案略优于洞线方案。

最终，升鱼机推荐采用左岸明线方案：在左岸尾水出口布置诱鱼系统，使用尾水水流诱鱼。通过启闭机将集鱼箱提升到左岸低线公路，在左岸低线公路处将集鱼箱内的鱼卸入放置在运鱼车上的运鱼斗内，经运鱼车将运鱼斗运至 13#坝段 1 501 m 高程平台，通过 1 501 m 高程通道将运鱼斗运至坝内的垂直起吊段，在垂直起吊段用坝顶启闭机将运鱼斗升至坝顶。再通过坝顶启闭机水平移动运鱼斗至上游坝面，然后垂直下放运鱼斗，将运鱼斗内的鱼卸于放鱼系统，最后通过放鱼系统将鱼放生。

3）升鱼机过坝方式筛选

升鱼机总体布置确定推荐左岸明线运输方案，又进一步对左岸明线过坝方式进行了筛选，分别对采用左岸明线垂直运输、左岸明线牵引轨道、左岸明线索道三种方式进行了方案设计：①左岸明线索道方案的运输路线。左岸下游机组尾水出口→左岸索道→13#坝段下游面索道→坝顶→过坝→下放至放鱼系统。②左岸明线牵引轨道方案的运输路线。左岸下游机组尾水出口→左岸低线公路→13#坝段下游面牵引轨道→坝顶→过坝→下放至放鱼系统。③左岸明线垂直运输方案的运输路线。左岸下游机组尾水出口→左岸低线公路→13#坝段 1 501 m 高程通道→垂直起吊段→坝顶→过坝→下放至放鱼系统。

相关部门将三种方案从对坝体的影响、对枢纽主体工程施工干扰的影响、泄洪雾化对升鱼机影响及工程措施、机电及金属结构对比以及工程投资五方面进行分析对比，认为三种运输方案中垂直运输方案优于其他两种方案，作为推荐方案。运鱼车将运鱼斗经左岸低线公路运至 13#坝段 1 501 m 高程平台后，通过坝下游水平通道到达坝体内部，坝内设 4.0 m×4.0 m 竖井，在竖井内运鱼斗上方的自动抓梁下降抓起运鱼斗再在上游台车的牵引下沿运鱼斗导向装置上升到坝顶。

6.2 国外过鱼设施案例

6.2.1 美国邦纳维尔过鱼设施

1. 美国邦纳维尔鱼梯工程概况

邦纳维尔大坝是哥伦比亚河的一项工程，被认为是世界上最大的水力发电系统之一。大坝横跨罗宾斯、布拉德福德和卡斯卡德这三个岛屿，这个地区曾经被称为"瀑布急流"区域，是哥伦比亚河河道上最大的航行障碍区域，该流域水流湍急，地势复杂；邦纳维尔大坝位于华盛顿地区和哥伦比亚地区的交界处[11]。

邦纳维尔大坝引起轰动的不仅仅是因为所处水域内湍急的水流，而是因为每年都有数百万条鱼需要游过大坝[8]，大坝的修建破坏了 40%的鱼类栖息地，这里曾经都是哥伦比亚河流域的鲑鱼和虹鳟的栖息地。在 19 世纪末，人们就已经认识到，需要让幼鱼在下行途中安全通过水坝，让成年鱼在产卵时通过水坝返回产卵场。1933 年，美国陆军工程兵团开始考虑在哥伦比亚河下游 320 英里的邦纳维尔大坝修建过鱼设施。最初邦纳维尔鱼梯的预算是 64 万美元。在对原计划作了许多修改后，最终的花费超过 700 万美元，鱼梯的修建对鱼类洄游起到了促进作用（图 6-11）。

图 6-11 美国邦纳维尔鱼梯

2. 邦纳维尔鱼梯结构

今天邦纳维尔鱼梯位于大坝的两侧，邦纳维尔大坝的最初设计包括三个"过鱼通道"，两个在溢洪道的两端，另一个在俄勒冈州一侧的电站[9]。每个过鱼通道由一个集鱼系统、一个鱼梯和一对鱼闸组成。鱼梯和鱼闸可以同时操作，也可以分开操作。每个鱼梯有 40 ft 宽，从较低的水平面盘旋到较高的水平面。每隔 16 ft 就有道 6 ft 高的障碍来隔断鱼梯池室。在每个隔板内都有 2 ft 长的水槽，鱼可以通过这些水槽进入下一级池室进行上溯。

鱼闸的操作和船闸一样，水是由池室底部和两侧进入。在操作时，首先打开鱼梯入口闸门，从鱼梯池室底部吸入适量的水，通过入口门流出，吸引鱼进入鱼梯池室内。然后，关闭鱼梯入口闸门，通过池室底部进入的水充满了池室。待池室充满水后，打开鱼梯上游出口闸门，让进入鱼梯内的鱼上溯通过大坝。关闭鱼梯入口时，第一级池室地板内一个向下倾斜的隔板会同时慢慢升高，以促使进入鱼梯内的鱼上溯成功。当鱼成功上溯通过坝后，关闭出口通道门，再通过升降机室进行排水，并打开通道入口门开始第二次循环。鱼闸是成对设置的，以便总有通道让鱼类进入。同时在邦纳维尔大坝安装了一个"诱鱼系统"，诱导鱼靠近并进入鱼梯和水闸。同时辅助诱鱼水流可以通过一个管道系统释放，从而增大鱼梯入口的流量进而诱鱼（图 6-12）。

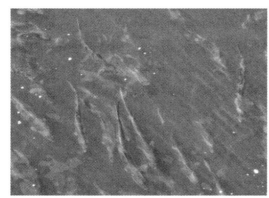

图 6-12 美国邦纳维尔鱼梯过鱼效果

3. 美国邦纳维尔鱼梯效果监测与评价

邦纳维尔鱼梯最早的过鱼数量统计是由一名驻扎在鱼梯旁灯塔上的工作人员人工完成的，当有鱼类进入鱼梯到达一个 2 ft 宽的通道时（通道底部铺满白色的反光膜），工作人员利用灯塔上的灯光人工鉴定过鱼种类和上溯鱼类数量。

为了观察鱼梯的过鱼效果如何，每个鱼梯边上都设置了数鱼台。每个计数站都设置闸门控制的开口，当有鱼上溯至计数门时，观测者会打开闸门，将鱼引入 2 ft 宽的观测通道中，观测通道底部铺设白色的反光膜，以帮助观察者识别物种和计数；在无观察者在场时，计数门保持关闭。统计数据表明，在夜间上溯的鱼很少，是因为统计通常在白天进行，晚上观测口通常是关闭的。在运行高峰期，每个鱼梯上两个或三个计数站同时操作。每一种鱼的数目是分开计算的，每小时记录一次过鱼数量。

如今，邦纳维尔鱼梯过鱼数量的统计是在一个公共观鱼室里完成的。邦纳维尔的鱼梯计数区有一个网络摄像头，可以让世界各地的人们看到鱼如何通过邦纳维尔大坝。

为了评价邦纳维尔鱼梯的过鱼效果，科研人员在鱼梯池室连接处或其上游池室内布设一个或多个天线。将139条带有PIT标记的七鳃鳗放置在鱼梯入口处，通过监测发现其中93条（67%）上溯成功，39条（28%）进入鱼梯内，但没有通过大坝，7条（5%）七鳃鳗在鱼梯入口处被重新捕获。研究结果发现，通过鱼梯的七鳃鳗和没有通过的七鳃鳗在大小和日期上没有明显的差异性[10]（图6-13）。

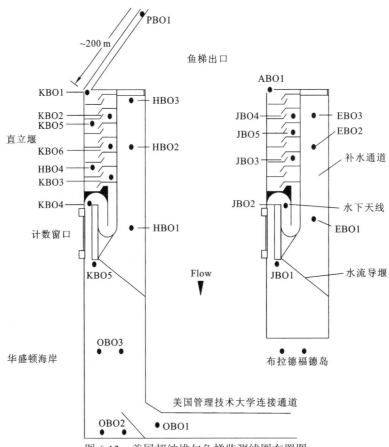

图6-13 美国邦纳维尔鱼梯监测线圈布置图

HBO、OBO、KBO、JBO为线圈编号

近年来，七鳃鳗到达蛇形堰但未能通过鱼梯的比例大致相同。同时还发现在2019年鱼梯蛇形堰段的通过率（28%）低于2018年（34%）[11]。这与2008~2010年的研究相比明显降低。通过近几年的监测发现，2019年的邦纳维尔鱼梯七鳃鳗通过率处于以往研究数据值范围的中间值。

七鳃鳗在首次靠近鱼梯后进入鱼梯的时间中值为0.7 h。从首次进入鱼梯到首次进入过渡池的时间也相对较快（中值=0.016 h），但通过休息室的七鳃鳗速度较慢（中值为1.8 h）。从休息室出口到鱼梯顶部出口的通道时间更长（中位数=27.7 h）。

在邦纳维尔坝下游释放的449只七鳃鳗中，有379只（84%）接近邦纳维尔鱼梯，331只（74%）进入鱼梯，173只（38%）通过大坝（表6-4）。与2019年之前12个研究年份的中值（88%、74%和40%）相比，与这3个估计值发生了2%~4%的变化。在2019

年接近鱼梯的带标签的七鳃鳗中，有 87%的七鳃鳗后来进入了鱼梯。2018 年和 2019 年过鱼效率（通过坝/接近鱼梯）分别为总数的 46%和 52%。在计算中包括重新捕获的七鳃鳗时，发现 449 条七鳃鳗中有 24 条（5%）在被放回下游后在大坝下游被重新捕获。总体过鱼效率为 42%～46%。

表 6-4　邦纳维尔坝下放七鳃鳗通过鱼梯各阶段所花时间

地点		通过时间（h）				
开始	完成	放鱼数量	中值	平均值	Q1 线圈	Q3 线圈
鱼梯下游	第一次靠近	354	6.7	57.6	4.2	59.2
鱼梯下游	第一次进入	267	28.9	75.3	5.3	100.6
鱼梯下游	通过大坝	172	197.2	239.9	79.2	338
尾水渠	第一次靠近	334	6.6	56.1	4.1	53.6
尾水渠	第一次进入	253	28.7	75.1	5.3	100.5
尾水渠	通过大坝	165	197.3	243	79.3	340.1
第一次靠近	第一次进入	267	0.7	33.9	0.2	24.3
第一次进入	进入休息池	258	0.16	5.3	<0.01	0.3
第一次进入	通过大坝	134	73	124.2	26	172.1
进入休息池	出休息池	141	1.8	83.2	0.7	121.6
出休息吃	通过大坝	141	27.7	63.6	23.6	71.9

6.2.2　美国霍利约克升鱼机

1. 美国霍利约克升鱼机工程概况

霍利约克升鱼机是美国马萨诸塞州西部城市霍利约克的一个重要工程，与河上的大坝配套。霍利约克升鱼机隶属霍利约克水利电力公司，1940 年，第一架鱼梯在霍利约克开始建造。两年后，在特纳斯瀑布建造了一个与霍利约克相似的鱼道。然而，霍利约克和特纳斯瀑布的过鱼通道因为其通道入口选址问题，吸引水流不足，鱼道池室太小，水湍流过急，导致鲥鱼无法通过通道进行上溯[16]。1949 年，霍利约克大坝建成 100 年后，美国联邦能源管理委员会命令霍利约克运河系统的运营商霍利约克水利电力公司，为大坝上游及下游的鱼类建造过鱼通道等设施，霍利约克水利电力公司在联邦渔业人员的帮助下，设计并建造了美国东北部第一座升鱼机，为鱼类提供了洄游到栖息地的机会。两个升降机均安装在哈德利瀑布发电站 1 号机组水电站厂房外（图 6-14）。溢洪道升降机入口靠近坝基，尾水升降机入口位于尾水顶部。

霍利约克水利电力公司在 1955 年修建了一座较成功的升鱼机，应用当年成功运送 5 万条鲥鱼过坝，另外在 1978 年首次观测到 187 条大西洋鲑鱼通过此升鱼机返回河道。鱼类通过此类升鱼机迁徙的过程吸引了大量游客观赏，为方便观赏，该工程在升鱼机卸鱼口布置了玻璃墙通道。1987 年该升鱼机由美国联邦能源管理委员会命名为罗伯特·巴雷特鱼道，1990 年此过鱼设施通过了 75 万多尾溯河产卵鱼类。

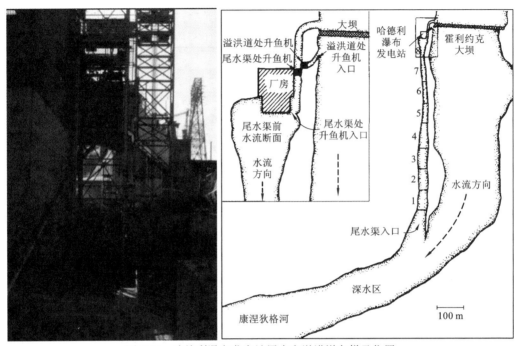

图 6-14 哈德利瀑布发电站尾水和溢洪道鱼梯及位置

霍利约克升鱼机早期并不能满足溢洪道处和尾水处鱼类上溯需求，过鱼效果很差。早期升鱼机为一个容量为 2 498 L 的钢斗，电动缆绳将钢斗拉上至人行道，然后将钢斗里的鱼放入三辆手推车中（每辆容量为 857 L），这些手推车沿着人行道推至霍利约克大坝上方的泄流渠处将鱼进行放流。升鱼机于 1975 年得到改进，取消了手推车，钢斗内部的鱼通过运输管道直接放流至泄流通道[12]。并在通道的出口设置了观测计数窗口和诱鱼池。溢洪道处升鱼机入口靠近坝基，尾水处升鱼机入口位于尾水顶部。

2. 美国霍利约克坝升鱼机结构

美国霍利约克坝升鱼机主要通过诱鱼设施将鱼类诱进金属网笼或水槽式的集鱼箱，再通过垂直升降或倾斜式升降的方法实现集鱼箱的翻坝，从而实现鱼类上行或下行的目的，霍利约克大坝升鱼机及过鱼步骤图如图 6-15、图 6-16 所示。

霍利约克升鱼机的主要结构包括导鱼池，集鱼器，电动起重机，提取器，保护屏障，引水道，诱鱼池、分鱼池、计数窗和参观廊道，其主要设计和构成如图 6-17、图 6-18、图 6-19 所示。霍利约克升鱼机在大型河流康涅狄格河的下游，过鱼需求极高，甚至达到了每一类鱼就有几十万条的过鱼需求。如此庞大的鱼群，已远远超出钢斗的承压极限，这就可能提高鱼类死亡率，尤其是对埃利斯鲱鱼而言。因此，改进的办法就是将原先的过鱼设施合并成一个吸引洄游鱼的大型集鱼池。渠道除污机用来强制鱼进入水槽（位于

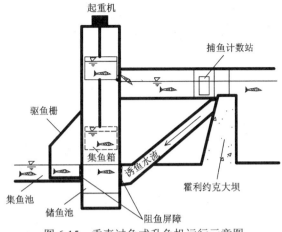

图 6-15　垂直过鱼式升鱼机运行示意图

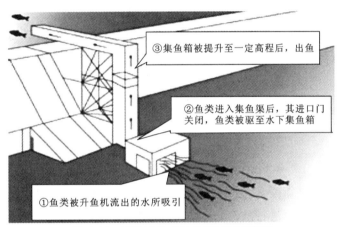

图 6-16　倾斜过鱼式升鱼机运行示意图

图 6-17　霍利约克升鱼机出鱼口和分鱼池

图 6-18　霍利约克坝中升鱼机布置示意图

图 6-19　霍利约克升鱼机主要设备及结构示意图

上游集鱼池的尾端）上方。吸引水流进入侧扩散器和格栅，一部分鱼来到集鱼器的两侧，一部分鱼在上游尾端的水槽。集鱼器在入口处仍是 V 形诱捕形状以防鱼游出入口。在集鱼器里收集到的鱼提升后可以通过升鱼机到达大坝上游，倒入分鱼池，再人工选择目标鱼类。在倒入分鱼池后，可以将不需要的鱼通过回鱼管送回大坝下游，也可以由运鱼车运输到放流地点。该升鱼机主要过鱼对象为美洲鲥，鲱鱼，大西洋鲑，七鳃鳗，美洲鳗等。

3. 美国霍利约克升鱼机监测效果与评价

由于霍利约克升鱼机配备有直接的计数窗和参观廊道，可直接对过鱼效果进行实时监测，并对鱼道过鱼效果进行准确的评估，对于升鱼机这是一种比较好的监测手段。

自 20 世纪 50 年代以来，康涅狄格河内美洲鲥（以及其他上溯性鱼类）的洄游通道恢复项目一直是霍利约克大坝的重点难题。升鱼机的设计与建设实现了自 1955 年以来恢复霍利约克坝鱼类洄游通道这一目标。直到 1976 年，成千上万的美洲鲥通过霍利约克升鱼机第一次到达大坝上游。该升鱼机过鱼效果显著，每年可以通过美洲鲥几十万尾。在 1990 年，此升鱼机通过了 75 万多尾溯河产卵鱼类。1980～1988 年升鱼机每年过鱼数量和通过霍利约克坝的大致鱼类数量见表 6-5。

表 6-5　1980～1988 年监测期间，升鱼机集鱼数量与通过坝址的鱼类数量

年份	升鱼机收集数量（尾）	通过坝上鱼类数量(尾)	通过时间	通过时段温度（℃）
1980	380 000	142 000	6.02～6.30	20～25
1981	380 000	31 000	6.06～7.02	20～24
1982	290 000	3 000	6.02～7.02	19～22
1983	530 000	120 000	6.15～7.15	22～26
1984	500 000	58 000	6.19～7.04	20～24
1985	480 000	123 000	6.01～6.30	19～22

续表

年份	升鱼机收集数量（尾）	通过坝上鱼类数量（尾）	通过时间	通过时段温度（℃）
1986	350 000	50 000	5.27～6.27	19-20
1987	280 000	38 000	6.03～6.24	23-23
1988	290 000	22 000	6.03～7.03	18-21

6.2.3 盖特豪斯鱼道和卡伯特鱼道

1. 美国盖特豪斯鱼道和卡伯特鱼道工程概况

鱼道在美国有较长的发展史，过鱼效果较为成功，具备较为丰富的实践经验。美国康涅狄格河是美国东部第三大河流，流经康涅狄格州，马萨诸塞州和佛蒙特州等。在康涅狄格河主河道上有一系列梯级大坝，如霍利约克大坝和特纳斯福尔斯大坝，同时在河流上修建了若干人造渠道，如特纳斯福尔斯渠道。特纳斯福尔斯渠道在康涅狄格河的马萨诸塞州特纳斯福尔斯地区，其修建阻碍了美洲鲥等多种鱼类的洄游，为了解决鱼类的洄游问题，在特纳斯福尔斯渠道的上下游分别修建了东港形式的卡伯特鱼道和竖缝式的盖特豪斯鱼道。

2. 美国盖特豪斯鱼道和卡伯特鱼道结构

盖特豪斯鱼道和卡伯特鱼道位于特纳斯福尔斯渠道的上下游，距离康涅狄格河河口120 英里①。在盖特豪斯鱼道和卡伯特鱼道，鱼类上溯过程中必须通过与天然河流类似的各级鱼道池室。与霍利约克升鱼机不同，洄游鱼类必须完全自主游泳以通过盖特豪斯鱼道和卡伯特鱼道，最终到达产卵场，所以盖特豪斯鱼道和卡伯特鱼道的各级鱼道池室设计均对鱼类的上溯洄游有一定影响。盖特豪斯鱼道和卡伯特鱼道在 1980 年即已建造成功。卡伯特鱼道位于盖特豪斯鱼道的下游 2 英里，通过卡伯特鱼道后的个体必须进一步通过盖特豪斯鱼道以完成完整的上溯路径。卡伯特鱼道通过鱼道进口的吸引水流吸引康涅狄格河干流上的上溯鱼群，卡伯特鱼道由 66 级鱼道池室组成，两级鱼道间的水头落差为 0.3 m（图 6-20）。盖特豪斯鱼道分两个部分，一个是溢流堰处的入口鱼道，一个是特纳斯福尔斯渠道里的鱼道。溢流堰处的鱼道经过 42 级鱼道池室后与特纳斯福尔斯渠道里的鱼道合并，连接到上游的鱼道出口。盖特豪斯鱼道每个池室都有两个 1.75 ft 的垂直槽，以便鲥鱼通过，到下一个水池。鱼类在进入特纳斯福尔斯鱼道后经过一个过鱼计数天线和观测池室。盖特豪斯鱼道和卡伯特鱼道目前的运行效果一般，但在美洲鲥和七鳃鳗的洄游过程中发挥了重要作用，使得上述两个物种在美国东部得到保护。

---

① 1 英里=1.609 344 km。

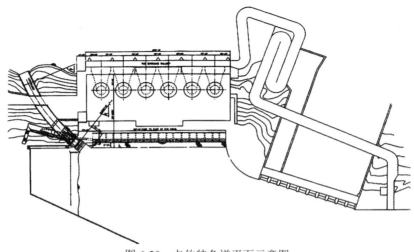

图 6-20   卡伯特鱼道平面示意图

3. 美国盖特豪斯和卡伯特鱼道监测效果与评价

科研工作者运用先进的射频技术（radio frequency identification，RFID）和无线电技术评估鱼道效果，针对过鱼效果展开分析，通过监测掌握鱼类通过卡伯特鱼道到达上游堰的情况（图 6-21），图中斜体百分比是根据观察通过多节池室的过鱼数量所得出每个池室的大致通过率。通过 2000 年至 2005 年的 PIT 遥测技术监测卡伯特鱼道结果得知[13]，美国鲱鱼通过 22 m 高的卡伯特鱼道效果并不理想，虽然在不同年份之间有一定的变化，但鱼道的总体通过率较低。进一步的调查发现只有 2.25% 的鱼进入鱼道进口，鱼道内紊动流较大，鱼群在鱼道中迷失方向，导致鱼类难以上溯，甚至在夜间鱼群会从鱼道中逃离；而且巨大的鱼道垂直高度（22 m）和长度（22 m）会导致美洲鲥的通过时间过长，产生疲劳；同时研究发现卡伯特鱼道的转角处是导致鱼效果不理想的主要原因，经过转角处的鱼仅有 78.3% 进入下一池室。

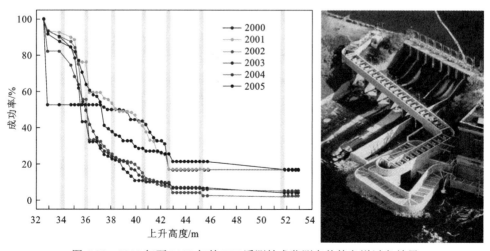

图 6-21   2000 年至 2005 年的 PIT 遥测技术监测卡伯特鱼道过鱼效果

针对盖特豪斯鱼道进口诱鱼类效果差的现象，相关学者分析了鱼道下游鱼类个体的分布规律，认为应调整鱼道进口位置。通过调整，鱼类通过上述两座鱼道的效率提高了 6 倍，与过去十年的监测数据相比，有 40%~60%的鱼类从鱼道进口进入鱼道。另一方面，盖特豪斯鱼道和卡伯特鱼道进口处的弧形入口降低了鱼类逃逸的概率，同时提高了鱼类下行过坝的概率。美国国家地理署洄游鱼类研究中心人员通过射频信号系统跟踪鱼在鱼道内的通过情况：百分比表示各级鱼道的鱼类通过率，N 表示鱼的尾数。盖特豪斯鱼道无线电系统跟踪示意图如图 6-22 所示。

图 6-22　盖特豪斯鱼道无线电系统跟踪示意图

盖特豪斯鱼道的 PIT 线圈，采用长方形固定在孔口四周，线圈高约 1.5 m，宽约 0.6 m。PIT 射频信号系统可以非常准确的跟踪鱼类在鱼道内的通过情况，监测效果好。从盖特豪斯鱼道至坝前转弯瀑布处布置的 40 个 PIT 线圈，通过监测结果发现有 36%的鱼类以非常快的速度通过鱼道，剩下的鱼群最长在鱼道中滞留了一周的时间，2011 年有 16 000 条鱼通过盖特豪斯鱼道；数据表明，鱼道进口的吸引水流对鱼类的吸引力较低，还需要进一步调整；同时鱼道池室内部水流紊乱，这是造成大部分鱼类无法通过鱼道的主要原因。

6.2.4　苏达斯普林斯坝过鱼设施

1. 苏达斯普林斯鱼梯工程概况

苏达斯普林斯大坝建于 1952 年，为混凝土拱坝，坝长 100 m，高 23.1 m，位于美国俄勒冈州北部的乌普库河。该坝阻断了鱼上溯洄游的通道，但没有修建任何过鱼设施。后为了修复近 7 英里长的鱼类产卵场和栖息地，修建了一座过鱼设施。该过鱼设施包括上行过鱼设施——鱼梯和下行过鱼设施——溢洪道，项目于 2012 年完工。

2. 苏达斯普林斯鱼梯结构

鱼梯入口设在大坝拱形部分，能很好地利用大坝尾水诱鱼。大坝的尾水和水库上游的水位差为 18.29 m。修建鱼梯的目的就是为了将 18.29 m 的落差设置成了一个个小的上升的台阶，迁徙的鱼类就可以凭借自身的游泳能力进行上溯。设计要求鱼梯由 59 个池室组成，每个池室有高为 0.304 8 m 的堰。鱼通过池室底部 0.46 m 的正方形孔口，或者跳跃通过 1.22 m 宽的溢流堰以达到过鱼目的。苏达斯普林斯鱼梯的设计参数见表 6-6。

表 6-6　苏达斯普林斯坝上行过鱼设施—鱼梯的设计参数

参数	大小单位
鱼梯高度	18.290 0 m
鱼梯池室数量	59 个
每个池室高度	0.304 8 m
淹没孔口尺寸	0.46（高）×1.22（宽）m/s
鱼梯设计流量	0.707 m³/s
进口最小生态流量	7.780 m³/s
V 型拦污栅面积	455.22 m²
V 型拦污栅过流能力	53.06 m³/s

3. 苏达斯普林斯鱼梯总体布置

为了提高鱼梯对鱼的吸引效果，鱼梯进口需要达到最小生态流量 7.78 m³/s 需求。鱼梯出口的流量大小可以提高鱼道吸引率。

该工程设置了拦污栅，拦污栅能通过 53.06 m³/s 的流量（包括产生的 45.28 m³/s 加上 7.78 m³/s 的最小生态基流量，这也是鱼道的吸引流量。）拦污栅被设计为 V 型结构，水流穿过 455.22 m³ 的拦污栅，平均速度接近 0.12 m/s。V 型拦污栅引导鱼进入 V 型的顶端，进入反向系统，使之到达大坝下的河流中。拦污栅的水通过直径为 3.66 m 的钢管，横跨 39.62 m 长的河流到达线管中，最终进入右岸河流。

进口漏斗可自动上升和下降，能适应水库水位在 4.27 m 上下变化的范围。漏斗充当一个水的过渡部分进入到固定管部分，经由 12.19 m 长的斜坡连接到位于上游端的混凝土底板，水从堰顶在下游端进入到漏斗。这个斜坡所产生加速流能吸引成鱼，使鱼在进入钢管之前不能转向。

压力管道部分的设计是为了降低对鱼类的伤害以及碎屑堵塞，所以它配备有半径小于 4.57 m 的清扫装置。部分管子能延长到下游，穿过河流，跌到水力坡降线 9.45 m 到 13.72 m 距离，水平方向超过 182.88 m 距离。在一个固定的过渡结构中，流量被转移到明渠中。

重力自流管部分的水流过渡是从整个管子到明渠水槽。在正常条件下，需先对鱼类游泳能力进行测试评估。

苏达斯普林斯坝的溢洪道最初的结构包括在溢洪道底部的一个短挡板，它建立在坝址基岩上，高于正常的尾水池 31 ft。在鱼类洄游季节容易发生中、小型溢水事件时，水流通过溢洪道闸门下泄，跌落到岩石表面，对鱼类的通过鱼梯创造了潜在的吸引，同时对通过溢洪道的水流中下行的鱼类造成潜在影响。为了减少对岩基表面的潜在影响，溢洪道被延伸并采用双弯曲线型。

4. 苏达斯普林斯坝的鱼道效果监测与评价

乌普库河水电工程由 8 个独特的小型和中型的水电项目结合而成。为了在调峰运行阶段更好地发挥作用，需要苏达斯普林斯大坝去实行流量反调节功能。为了提供安全的过鱼设施，太平洋公司进行了投资，并且克服了一些挑战，新的过鱼设施在 2012 完成建设。

通过将水力学设计、机械系统和机械自动化相结合，最具有意义的一个挑战就是在维持水库水位的波动的同时，保证其能够帮助鱼类过坝。针对该鱼道设施项目的监测和过鱼效果评估一直都在进行中，但是起初的结果表明过鱼设施设计需要参考水力学标准，并且鱼可以从上下游的方向通过大坝。修建的上行过鱼设施—鱼梯每年通过 600～900 条成年鳟鱼和虹鳟，在繁殖季节数量会持续增加，且这些鱼将在来年返回海洋产卵。

参 考 文 献

[1] 熊红霞, 林宇, 吴世红, 等. 航电枢纽鱼道运行效果监测: 以崔家营航电枢纽鱼道为例[C]//2015 年水资源生态保护与水污染控制研讨会论文集. 2015.

[2] 胡正福. 汉江崔家营航电枢纽工程鱼道设计[J]. 低碳世界, 2015(10):2.

[3] 王珂, 刘绍平, 段辛斌, 等. 崔家营航电枢纽工程鱼道过鱼效果[J]. 农业工程学报, 2013, 29(3): 184-189.

[4] 谭细畅, 陶江平, 黄道明, 等. 长洲水利枢纽鱼道功能的初步研究[J]. 水生态学杂志, 2013, 34(4): 58-62.

[5] 农静. 长洲水利枢纽工程鱼道设计[J]. 红水河, 2008(05): 50-54.

[6] 谭细畅, 黄鹤, 陶江平, 等. 长洲水利枢纽鱼道过鱼种群结构[J]. 应用生态学报, 2015, 26(05): 1548-1552.

[7] HATTEN J R, BATT T R. Hydraulic alterations resulting from hydropower development in the Bonneville reach of the Columbia River[J]. Northwest science, 2010, 84(3): 207-222.

[8] MUIR W D, EMMETT R L. Food habits of migrating salmonid smolts passing bonneville dam in the Columbia River, 1984[J]. River research & applications, 2010, 2(1): 1-10.

[9] TURNER A, SHEW D M, BECK L M, et al. Evaluation of adult fish passage at Bonneville lock and dam in 1983[J]. Unpublished works, 1984, 76(1): 213-216.

[10] JOHNSON E L, PEERY C A, KEEFER M L , et al. Effects of lowered nighttime velocities on fishway entrance success by Pacific lamprey at Bonneville Dam and fishway summaries for lamprey at Bonneville and the Dalles Dam[J]. Reports, 2009, 160(5): 1039-1141.

[11] STEVE C, KINSE Y E, MARY L, et al. Adult Pacific lamprey passage structures: Use and development at Bonneville Dam and John Day Dam south fishway Northwest fisheries science cente, 2014, 12(26):

1014-1136.

[12] RIZZO B. Fish passage facilities design parameters for Connecticut River Dams: Holyoke Dam, Holyoke, Massachusetts[J]. Unpublished works, 1968, 59(2): 174-179.

[13] ALEX H, THEODORE CS. Passage of American shad: Paradigms and realities[J]. Marine and coastal fisheries, 2010, 4: 106-108.